大学计算机实训

——计算文化与计算思维

主　编　张岩　罗旭　杨亮

副主编　丁茜　刘哲　黄志丹

北京大学出版社
PEKING UNIVERSITY PRESS

内 容 简 介

本书是高等学校非计算机专业大学计算机基础课程的实践训练教材，通过完成本书设计的训练任务，可帮助学生巩固所学知识，熟练掌握 Office 高级应用和数字媒体的设计，提高学生的计算机应用水平和实践能力。

本书以新颖的模块形式组织实践训练内容，每个模块由一定数量的训练任务组成。全书共分上、下两篇，上篇是 Office 高级应用，包括 Word 高级应用、电子表格数据处理、演示文稿的制作 3 个模块；下篇是数字媒体设计，包括数字图像处理和设计、数字音频和视频的处理与设计、数字动画的设计、微课的设计与制作 4 个模块，以及 AI 数字媒体设计与制作技能拓展。每个模块中有不同的操作任务，先提出任务目标、任务要求，再配以详细的任务步骤，既满足学生的学习兴趣，又符合学生的认知过程。根据具体情况和实际需要，教师可以选择讲授或由学生自学其中的部分模块，以提高学生的信息技术素养和能力水平。

本书可作为高等学校非计算机专业大学计算机基础课程的教材，也可作为其他各级各类学校计算机基础课程的教材。

前　言

随着人类社会进入信息技术高速发展的信息时代，各行业、各领域的信息化进程不断加快。数字化的生存环境不仅改变了人们的学习、工作和生活方式，同时也对人们的信息素养提出了更高的要求。计算机与信息技术知识和技能的广泛推广和普及，使高等学校计算机基础教育面临着严峻的形势和挑战。本书是在深入研究以计算思维为核心的计算机基础教学改革的基础上，为适应新形势、新任务而推出的新型教材，体现了计算机基础教育的新思路和新办法，突出了培养学生“知识先进、技能实用”的教学理念。

本书是高等学校非计算机专业大学计算机基础课程的实践训练教材，目的是使学生掌握高级办公自动化和数字媒体设计的方法和技能，培养学生利用计算机解决问题的思维与能力，提高学生的计算文化水平和数字素质。本书可以为学生通过全国计算机等级考试提供材料，为学生参加中国大学生计算机设计大赛开辟思路，为学生将来利用计算机知识与技术解决本专业实际问题打下基础。

本书以新颖的模块形式组织实践训练内容，每个模块由一定数量的训练任务组成。全书共分上、下两篇，上篇是 Office 高级应用，下篇是数字媒体设计。上篇包括 3 个模块，第一个模块是 Word 高级应用，包括 Word 基本操作综合训练、表格的计算和设计、毕业论文排版、邀请函的批量制作；第二个模块是电子表格数据处理，包括 Excel 基本操作综合训练、员工档案数据的汇总分析、全国人口普查数据透视表；第三个模块是演示文稿的制作，包括 PowerPoint 基本操作综合训练、结构清晰的教学课件、绚丽多彩的摄影相册。下篇包括 4 个模块及技能拓展内容，第一个模块是数字图像处理和设计，包括图像色彩校正及滤镜的使用、图像的修复、图像的拼接合成、使用蒙版合成图像、使用选区绘制简单图像并合成、海报制作；第二个模块是数字音频和视频的处理与设计，包括利用转场和滤镜设计数字短片，利用抠像制作动画视频，利用动画效果制作拼图，利用音频素材制作设计诗朗诵，利用音乐素材和歌词字幕制作设计音乐短片，音频、视频素材获取与优化；第三个模块是数字动画的设计，包括使用 Animate 软件绘制苹果、简单人物动画的制作、利用遮罩制作动画、树上的彩灯动画、鱼儿游动动画、多场景动画；第四个模块是微课的设计与制作，包括录制与剪辑，库、字幕与注释的使用，转换、光标效果与音效的使用，动画、视觉与行为效果，制作旁白与生成视频，微课设计与制作综合任务；技能拓展包括 AI 内容创作模型、AI 图片创作、AI 视频创作 3 个部分。

本书由张岩、罗旭、杨亮担任主编，丁茜、刘哲、黄志丹担任副主编。全书由张岩统稿。邓之豪、付小军、吴奇、易克、汤烽提供了版式和装帧设计方案，在此一并表示感谢。

本书由工作在教学一线的经验丰富的教师编写，但也难免会有错误和不妥之处，敬请广大读者在使用中提出宝贵意见和建议，以便我们及时改正。希望所有读者能从本书中得到有益的知识和指导。

编者

2024年1月

目　　录

上篇　Office 高级应用

下篇　数字媒体设计

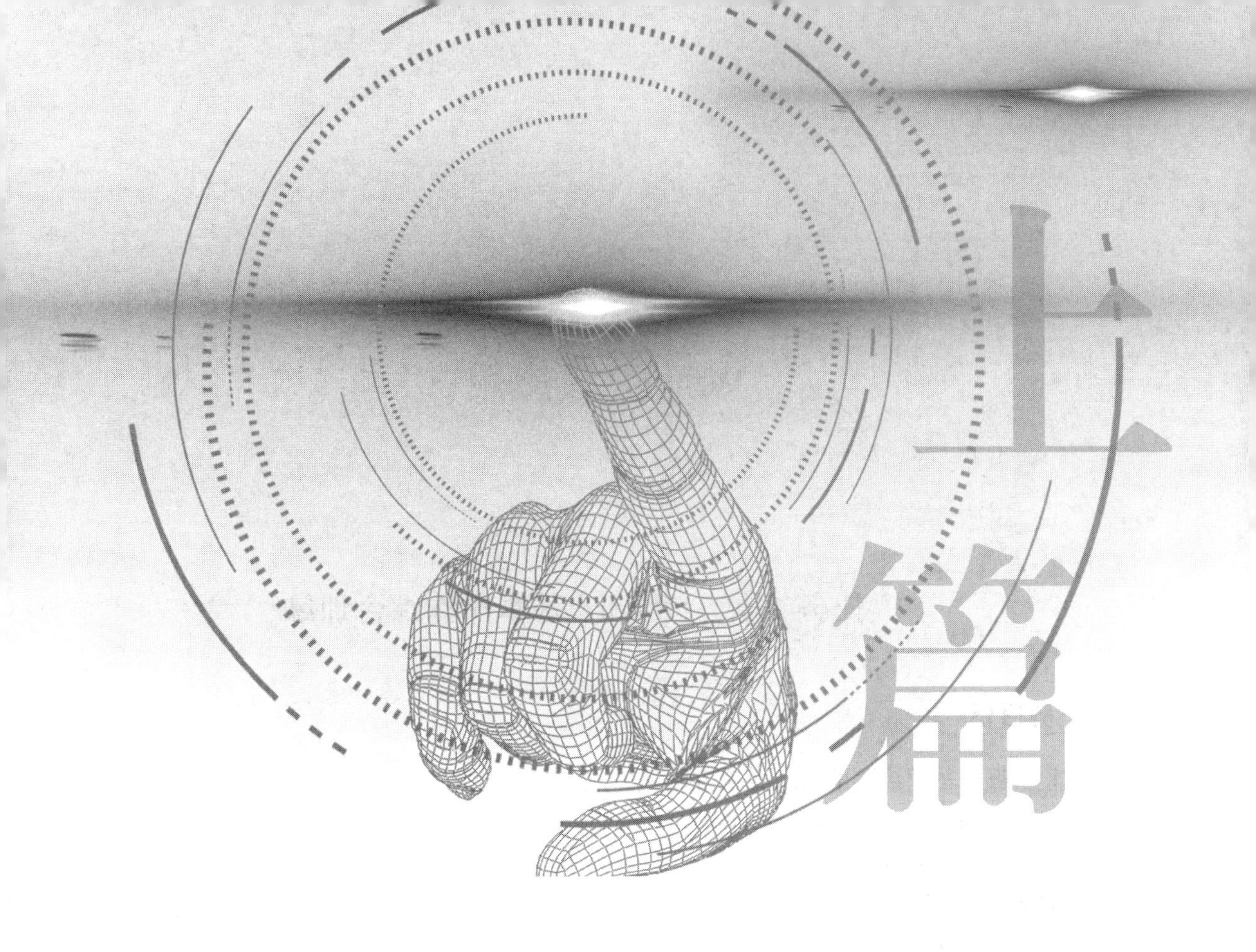

Office高级应用

模块1 Word高级应用

任务1 Word 基本操作综合训练

1. 任务目标

(1)掌握文字及段落的格式设置方法。

(2)掌握图片、文本框等对象的插入及格式设置方法。

(3)掌握页面的设置方法。

(4)掌握表格的制作方法。

(5)掌握查找和替换的方法。

2. 任务要求

将“综合练习.docx”文档进行格式设置,文档完成效果如图 1.1 所示。

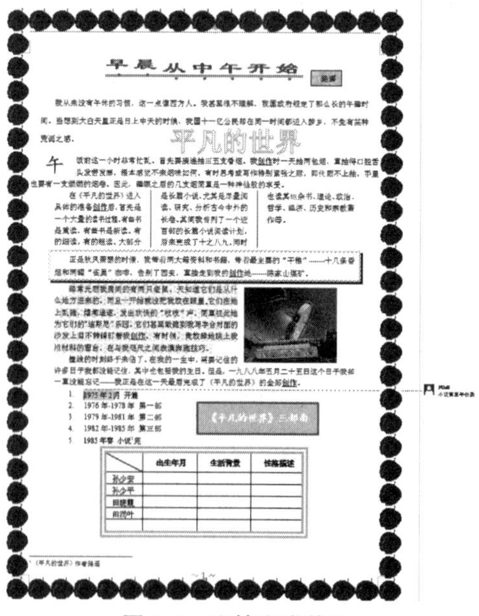

图 1.1 文档完成效果

3. 任务步骤

步骤 1　打开“综合练习.docx”文档。将标题(第一行)设置为隶书、二号字、加粗、红色、加蓝色双下画线、加着重号、字符缩放 150%、字符间距加宽 3 磅，“早晨”2 字提升 5 磅、居中对齐。

小提示

使用“开始”选项卡下的“字体”选项组(也可简称为组)，单击右下角的小箭头 (对话框启动器按钮)，打开“字体”对话框进行设置，如图 1.2 所示。字符缩放、字符间距、位置等在“高级”选项卡中设置，如图 1.3 所示。

图 1.2　字体设置

图 1.3　高级设置

小技巧

编辑文档时，难免会出现错误的操作，使用窗口标题栏左侧的按钮可以撤销上一步操作，连续使用可以进行多步撤销；如须恢复已撤销的操作，可以使用窗口标题栏左侧的按钮。

步骤 2　将正文第 1 段(从“我从来没有……”开始)设置为 2 级大纲级别、左右各缩进 0.5 厘米、段前间距为 0.5 行、段后间距为 10 磅、行距为 15 磅。

小提示

使用“开始”选项卡下的“段落”选项组，单击右下角的小箭头 ，打开“段落”对话框进行设置，如图 1.4 所示。

当系统中度量单位与实际要求不相符时，可以直接输入单位名称。例如，如果要求设置段落左缩进为“2 厘米”，而打开的对话框中显示单位为“字符”，则可以直接将“字符”删除，并输入“2 厘米”。

步骤 3　将全文(除了标题)设置为首行缩进 20 磅。

小提示

在“段落”对话框的“特殊格式”中选择“首行缩进”，在“缩进值”中输入“20 磅”，如图 1.5 所示。

图 1.4　段落设置

图 1.5　首行缩进设置

步骤 4　将正文第 2 段(从“午饭前……”开始)设置为首字下沉 2 行、距正文 15 磅、下沉字体为楷体。

小提示

选择“插入→文本→首字下沉”命令，打开“首字下沉”的下拉列表，选择“首字下沉选项...”命令，打开“首字下沉”对话框进行设置，如图 1.6 所示。

“插入→文本→首字下沉”中的“→”表示操作顺序，即在“插入”选项卡中选择“文本”选项组中的“首字下沉”命令，为给出明确、易读、易理解的操作轨迹，本书中将简写为上述形式。

步骤 5　将正文第 3 段分为 3 栏，栏间距为 2.5 字符，加分割线。

小提示

选择“布局→页面设置→分栏”命令，打开“分栏”下拉列表，选择“更多分栏...”命令，打开“分栏”对话框进行设置，如图 1.7 所示。

步骤 6　将正文第 4 段设置为阴影边框、边框线型为单波浪线、颜色为紫色、宽度为 1.5 磅、应用范围为“段落”。

小提示

可用两种方法实现：①选择“开始”选项卡，单击“段落”选项组中“边框”按钮旁边的向下箭头，选择“边框和底纹...”命令；②选择“设计”选项卡，单击“页面背景”选项组中的“页面边框”按钮，打开“边框和底纹”对话框，选择“边框”选项卡，如图 1.8 所示。

图 1.6　首字下沉设置

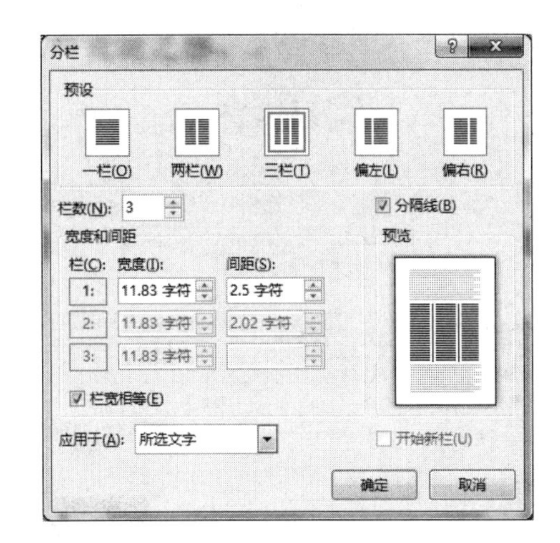

图 1.7　分栏设置

步骤 7　将正文第 5 段设置为底纹填充颜色“无颜色”，图案样式为“25%”，图案颜色为主题颜色“白色，背景 1，深色 25%”，应用范围为“文字”。

小提示

打开“边框和底纹”对话框，在“底纹”选项卡中进行设置，如图 1.9 所示。

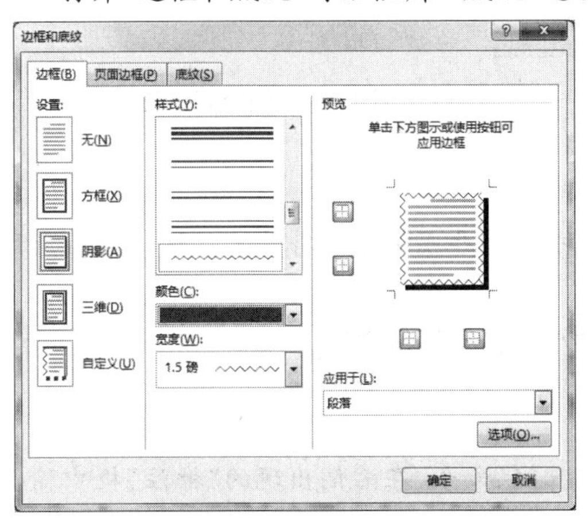

图 1.8　边框设置

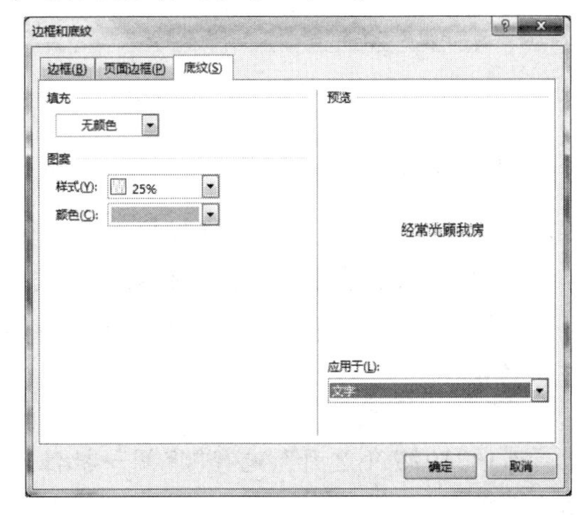

图 1.9　底纹设置

步骤 8　设置全文边框艺术型为“苹果”，应用范围为“整篇文档”。

小提示

打开“边框和底纹”对话框，在“页面边框”选项卡中选择“艺术型”中的苹果图案，如图 1.10 所示。

步骤 9　为正文最后 5 段年份“1975 年—1985 年”添加项目编号，编号样式为“1. 2. 3.”。

小提示

将这 5 段内容选中，选择“开始”选项卡，单击“段落”选项组中“编号”按钮旁边的向下箭头，在下拉列表的编号库中选择相应样式，如图 1.11 所示。也可以在选中内容后，在弹出的浮动工具栏中进行相应设置。

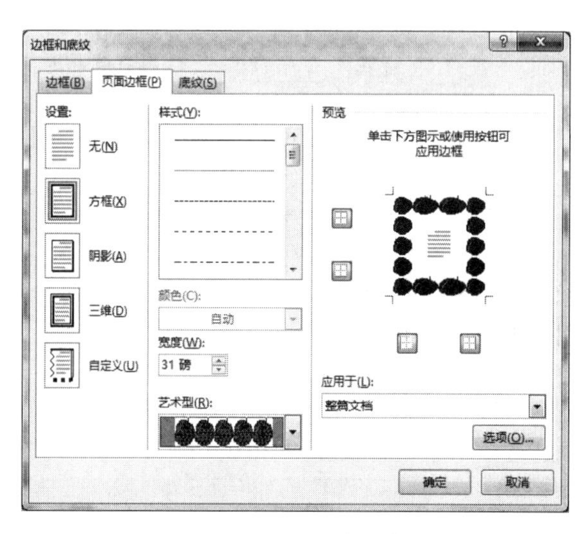

图 1.10　页面边框设置

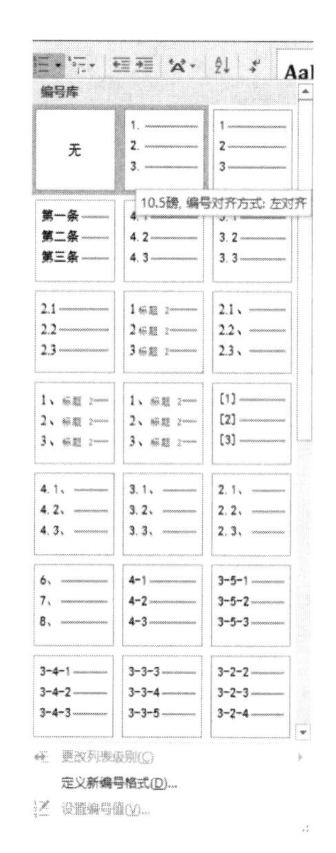

图 1.11　项目编号设置

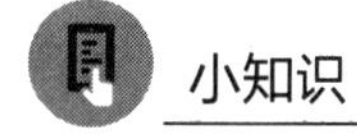

小知识

项目符号和编号用于编辑标题或项目时自动添加符号或编号。符号可以选择字符或图片，编号和多级编号可以选择多种数字形式。

步骤 10　为“1975 年 2 月”插入批注，内容为“小说篇章年份表”。

小提示

选中“1975 年 2 月”，选择“审阅→批注→新建批注”命令，在右侧出现的“批注”框中输入相应内容。

步骤 11　在任意位置插入自选图形“矩形”，设置填充颜色为浅绿色，线条颜色为红色，线条线型为“▬▬”，线条粗细为 3 磅，图形大小为高度 50 磅、宽度 120 磅，文字环绕方式为“四周型”。在矩形中添加文字“《平凡的世界》三部曲”，文字格式设置为楷体，小四号字，白色，加粗。

小提示

选择“插入→插图→形状”命令，打开“形状”下拉列表，选择矩形，用鼠标拖曳产生一个矩形。单击“绘图工具→格式”选项卡下“形状样式”选项组右下角的小箭头 ↘，在打开的“设置形状格式”任务窗格中进行“填充”和“线条”属性设置，如图 1.12 所示。图形的高度、宽度、环绕方式及对齐方式在“绘图工具→格式”选项卡下的“大小”选项组中设置，单击该选项组右下角的小箭头 ↘，打开“布局”对话框，分别在“大小”“文字环绕”选项卡中进行设置。例如，在

“大小”选项卡中，取消勾选“锁定纵横比”复选框，按照要求输入高度绝对值和宽度绝对值，如图 1.13 所示。

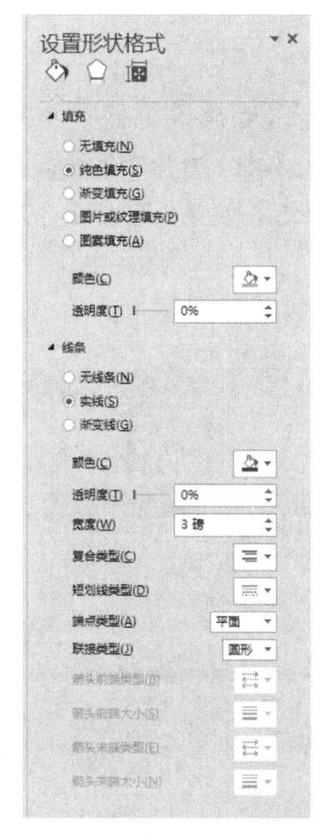

图 1.12　“填充”和“线条”属性设置

图 1.13　图形大小设置

步骤 12　插入一幅图片，设置环绕方式为“紧密型环绕”，艺术效果为“塑封”。

小提示

选择“插入→插图→图片”命令，打开“图片”下拉列表，选择“此设备…”命令，选择任意一幅图片插入到文档中。选择“图片工具→格式”选项卡，在“排列”选项组的“环绕文字”下拉列表中选择“紧密型环绕”，在“调整”选项组的“艺术效果”下拉列表中选择“塑封”，完成环绕方式和艺术效果的设置，如图 1.14 和图 1.15 所示。

图 1.14　设置图片的“紧密型环绕”

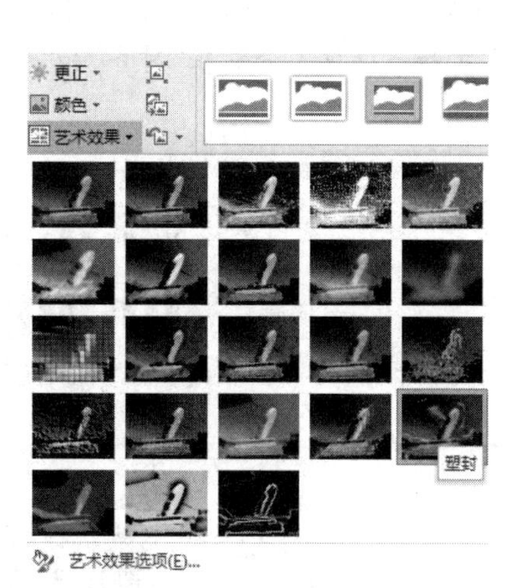

图 1.15　设置图片的“塑封”艺术效果

步骤 13　插入艺术字，样式为第 1 行第 4 列的样式，文字内容为“平凡的世界”，文本效果为“半映像，接触”，环绕方式为“浮于文字上方”。

小提示

选择“插入→文本→艺术字”命令，打开“艺术字”下拉列表，选择第 1 行第 4 列的样式（见图 1.16），在出现的文本框中输入相应文字。选中艺术字的文本框，选择“绘图工具→格式”选项卡，在“艺术字样式”选项组的“文本效果”下拉列表中设置文本效果（见图 1.17），在“排列”选项组的“环绕文字”下拉列表中设置环绕方式。

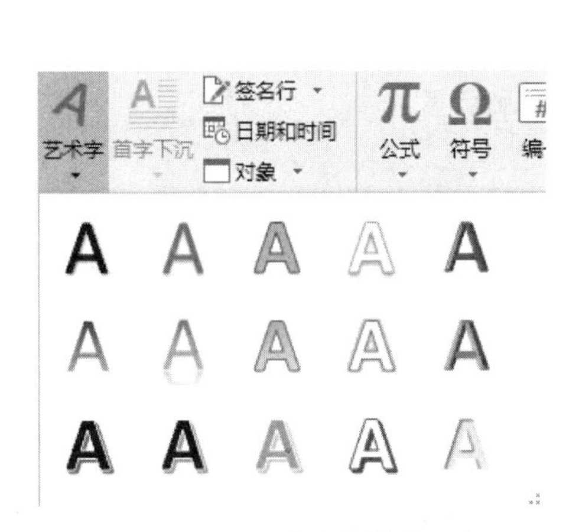

图 1.16　艺术字样式

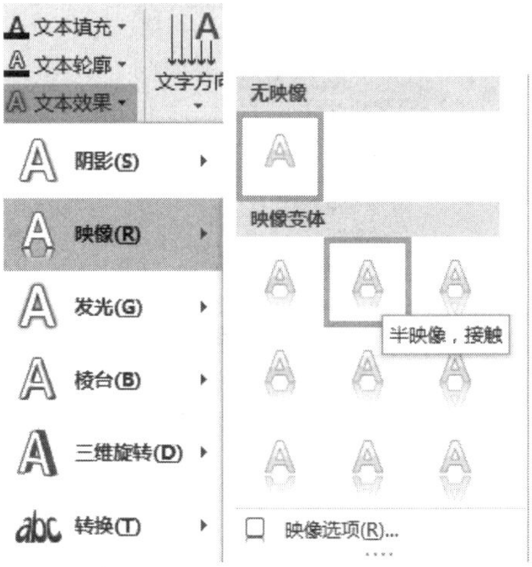

图 1.17　设置文本效果

步骤 14　插入文本框，在文本框中输入“路遥”。文本框填充效果为“花束”纹理，水平对齐方式为“右对齐”，三维效果样式为“倾斜：右上”。

小提示

选择“插入→文本→文本框”命令，打开“文本框”下拉列表，选择“绘制横排文本框”命令，用鼠标拖曳产生文本框，输入相应文字。选中文本框，在“绘图工具→格式”选项卡下“形状样式”选项组的“形状填充”下拉列表中，选择“纹理”命令，找到“花束”纹理，如图 1.18 所示。水平对齐方式和三维效果分别在“对齐”和“形状效果”下拉列表中设置。

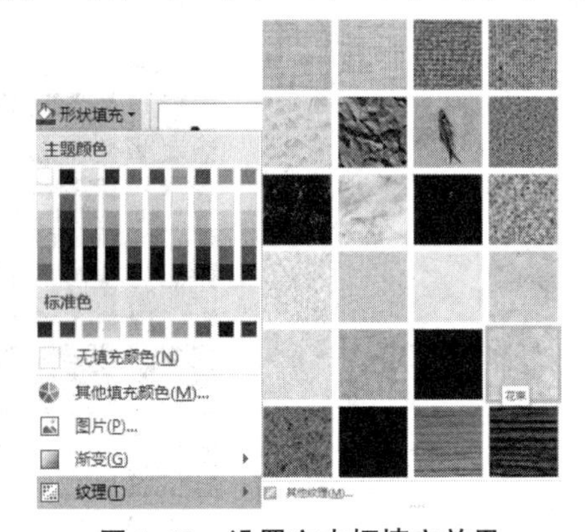

图 1.18　设置文本框填充效果

小技巧

对文本框操作时，要注意鼠标指针的位置及状态。当鼠标指针移动到文本框的边缘时，鼠标指针变形为✥，此时单击鼠标，表示选中整个文本框，可以移动文本框，通过拖曳四周的小圆圈可以调整文本框的大小。如果用鼠标单击文本框内部，则进入输入文字状态。

小知识

文本框的详细设置在"设置文本框格式"对话框中，如文本框的环绕方式、文本框内部文字的对齐方式、文本框内部文字与文本框的距离等。

步骤 15　在页眉输入"创作随笔"，在页脚的当前位置插入页码"颚化符"，居中对齐。设置起始页码为"1"。

小提示

选择"插入→页眉和页脚→页眉"命令，打开"页眉"下拉列表，选择"编辑页眉"命令，进入页眉页脚编辑状态，在页眉中输入相应文字。在页眉页脚编辑状态中选择"页眉和页脚工具→页眉和页脚→导航→转至页脚"命令，继续选择"页眉和页脚→页码"命令(或者在主菜单中选择"插入→页眉和页脚→页码"命令)，在页脚的"当前位置"插入颚化符页码，如图 1.19 所示。在"页码"下拉列表中选择"设置页码格式..."命令，在"页码格式"对话框中，选中"页码编号"组中的"起始页码"选项按钮，在文本框中输入"1"，如图 1.20 所示。分别选中页眉和页码，在弹出的浮动工具栏中将对齐方式设置为"居中"。选择"关闭"选项组的"关闭页眉和页脚"命令，返回文档的编辑状态。

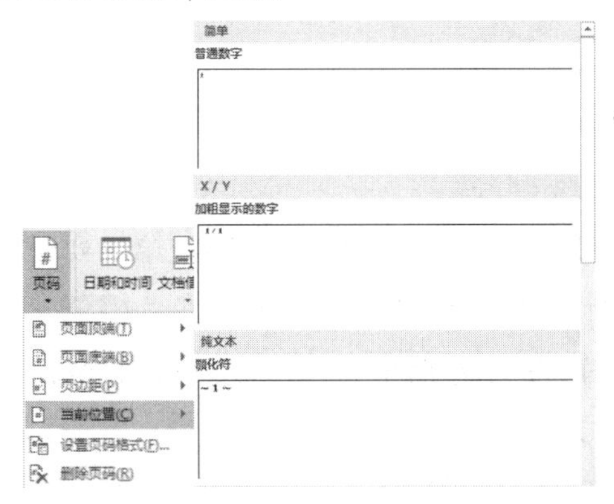

图 1.19　设置页码

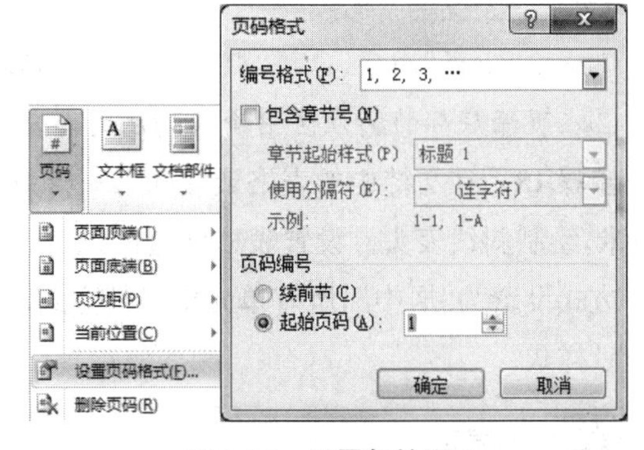

图 1.20　设置起始页码

小知识

页眉是文档版心顶端的内容，页脚是文档版心底端的内容。

步骤 16　页面设置：上、下、左、右页边距均设置为 2 厘米，装订线设为 1 厘米，位置为上，纸张大小为 A4。

小提示

选择"布局"选项卡，单击"页面设置"选项组右下角的小箭头 ，打开"页面设置"对话框，设置页边距，如图 1.21 所示。在“纸张”选项卡中设置纸张大小，如图 1.22 所示。

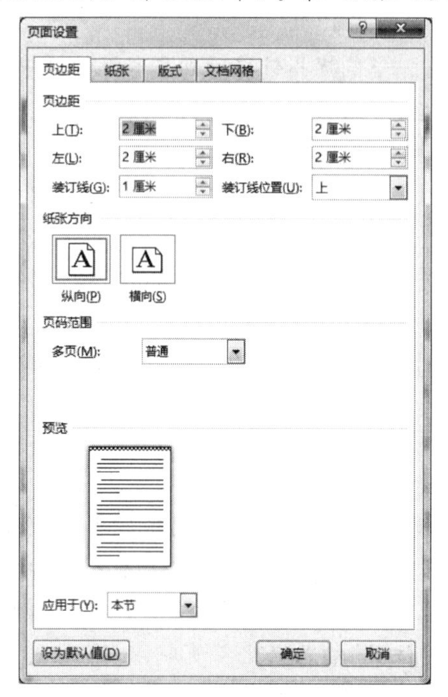

图 1.21　设置页边距

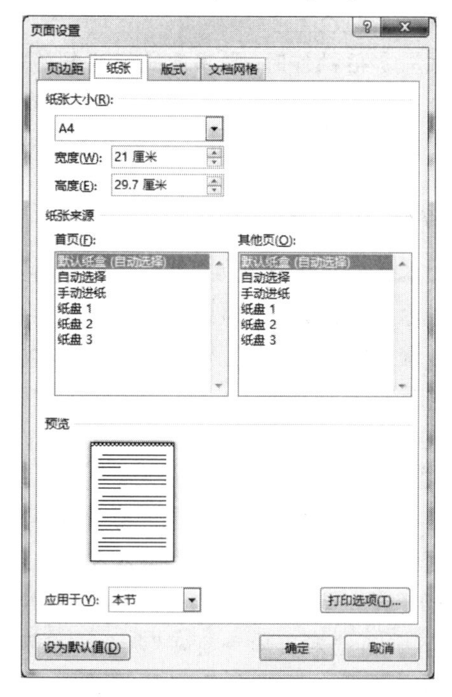

图 1.22　设置纸张大小

步骤 17　为正文最后一段文本“1985 年……”中的“小说”添加脚注，脚注内容为“《平凡的世界》作者路遥”。

小提示

①选中“小说”两字，选择“引用→脚注→插入脚注”命令。

②在页面底部的脚注区中输入脚注的内容。

步骤 18　在文档中的表格最后插入一行单元格，设置第 1 行行高为 25 磅、第 1 列列宽为 2 厘米，绘制斜线表头。设置表格外边框，框线线型为双实线，宽度为 3 磅，颜色为橙色。表格对齐方式设置为“居中”，所有单元格对齐方式均设置为“水平居中”。输入文字，列标题设置为“要点”样式。

小提示

①在表格最后插入一行单元格：将光标定位在表格最后一行，选择“表格工具→布局→行和列→在下方插入”命令。

②设置行高、列宽：选中第 1 行第 1 列单元格，在“表格工具→布局”选项卡下“单元格大小”选项组中的“高度”“宽度”后分别输入“25 磅”“2 厘米”，如图 1.23 所示。

③绘制斜线表头：选中第 1 行第 1 列单元格，在“表格工具→设计”选项卡下的“边框”选项组中，打开“边框”下拉列表，选择“斜下框线”命令，如图 1.24 所示。

④设置表格外边框：选中整个表格，单击“表格工具→设计”选项卡，在“边框”选项组中，分

别设置边框的笔样式、笔画粗细及笔颜色，如图1.25所示。然后打开“边框”下拉列表，选择“外侧框线”命令。

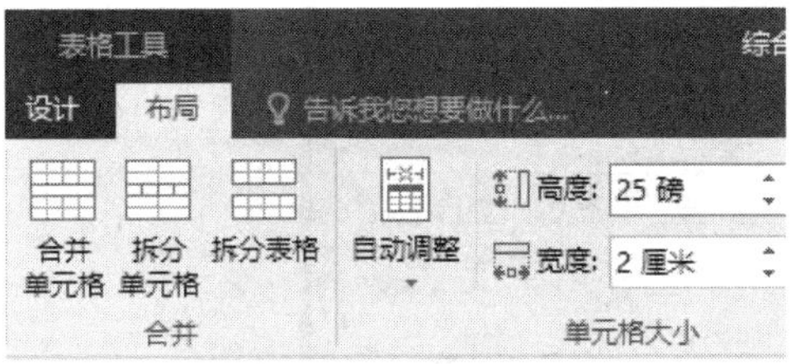

图1.23 设置行高、列宽

图1.24 绘制斜线表头

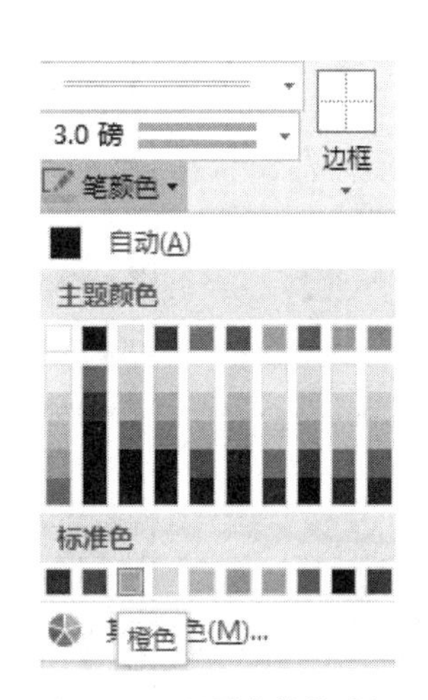

图1.25 设置表格外边框

⑤设置表格对齐方式：单击任意单元格，选择“表格工具→布局→表→属性”命令，在打开的“表格属性”对话框中设置表格对齐方式，如图1.26所示。

⑥设置表格单元格对齐方式：选中整个表格，选择“表格工具→布局→对齐方式→水平居中”命令，如图1.27所示。

图1.26 设置表格对齐方式

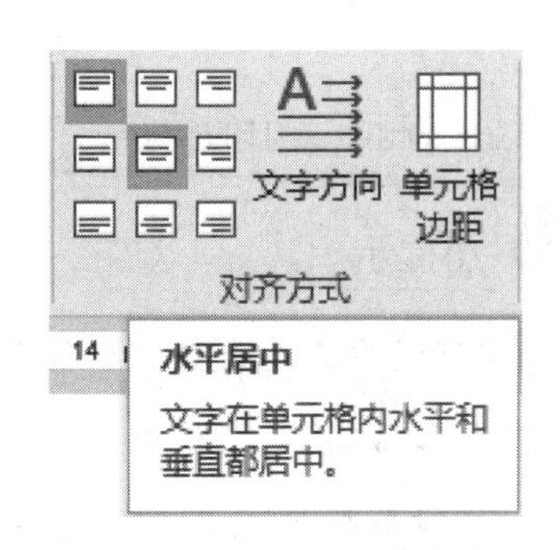

图1.27 设置表格单元格对齐方式

⑦设置表格列标题样式：选中表格第 1 行，选择“开始→样式→要点”命令。

步骤 19　将文中所有的“工作”替换成“创作”，“创作”的文字格式为黑体，加单下画线。

选择“开始→编辑→替换”命令，打开“查找和替换”对话框，“查找内容”输入“工作”，“替换为”输入“创作”，单击“更多”按钮，在“替换”组中，选择“格式→字体”命令，设置替换文字的格式，确定后单击“全部替换”按钮，如图 1.28 所示。

图 1.28　“查找和替换”对话框 1

步骤 20　删除文中的空行。

删除空行的方式就是将 2 个段落结束标记替换成 1 个。

在“查找和替换”对话框中，打开“特殊格式”下拉列表，如图 1.29 所示。在“查找内容”文本框中插入“段落标记”2 次，在“替换为”文本框中插入“段落标记”1 次，单击“全部替换”按钮，如图 1.30 所示。

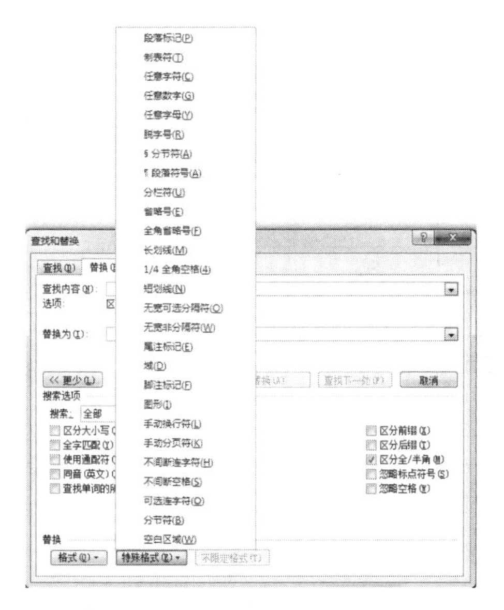

图 1.29　“查找和替换”对话框 2

图 1.30　“查找和替换”对话框 3

步骤 21　保存文档。

选择“文件→另存为”命令，选择保存路径，输入文件名，单击“保存”按钮。

任务 2　表格的计算和设计

1. 任务目标

(1)掌握将文字转换成表格的方法。

(2)掌握表格的行、列增加和删除等操作。

(3)掌握表格数据的计算方法。

(4)掌握表格数据的排序方法。

(5)掌握表格的格式设置方法。

2. 任务要求

为了让家长能够全面了解子女在校的学习情况，以便配合学校做好教育工作，某学校准备召开期末家长会，向家长介绍本学期学生的学习情况。Word 素材中包含学生的各科期末考试成绩，需要完成学生个人总分、班级科目的平均分、总分的平均分，以及学生个人成绩排序等，要求为表格设置一定的格式。表格处理效果如图 1.31 所示。

学号	姓名	语文	数学	英语	总分
4	陈诚	82	85	83	350.1
5	刘畅	87	80	92	360.9
2	王晓江	90	80	89	361.8
3	张扬帆	85	86	90	364.5
1	李明	88	89	86	368.7
班平均分		86.4	84	88	361.2

图 1.31　表格处理效果

3. 任务步骤

步骤 1　打开“Word 素材.docx”文档，将其中的内容转换成 6 行 5 列的表格。

小提示

选择“插入→表格→表格→文本转换成表格...”命令，如图 1.32 所示，在打开的“将文字转换成表格”对话框中，设置表格的列数和行数，单击“确定”按钮，如图 1.33 所示。

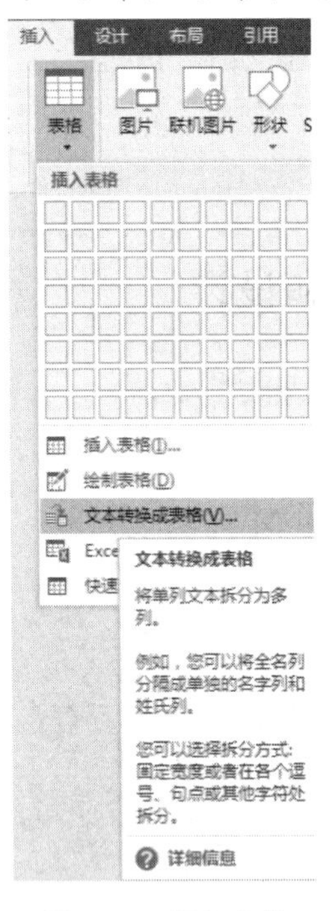

图 1.32　插入表格

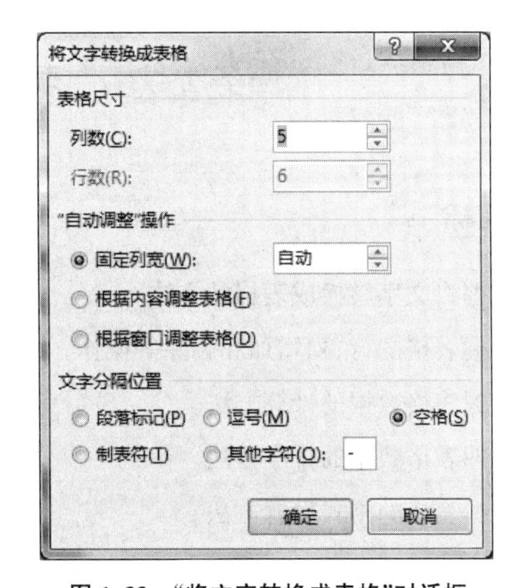

图 1.33　“将文字转换成表格”对话框

步骤 2　在表格第 5 列的后面增加 1 列，列标题输入“总分”。在表格的第 6 行后增加 1 行，行标题输入“班平均分”。

小提示

将鼠标指向“英语”列的顶端表格线上，当鼠标指针形状变成向下箭头↓时，单击选中该列（也可以拖动鼠标，选中该列）。选择“表格工具→布局→行和列→在右侧插入”命令（见图 1.34），列标题输入“总分”。

将鼠标指向“5”行的左端表格线的左侧，当鼠标指针形状变成反向箭头光标时，单击选中该行(也可以拖动鼠标，选中该行)。选择“表格工具→布局→行和列→在下方插入”命令(见图1.35)，行标题输入“班平均分”。

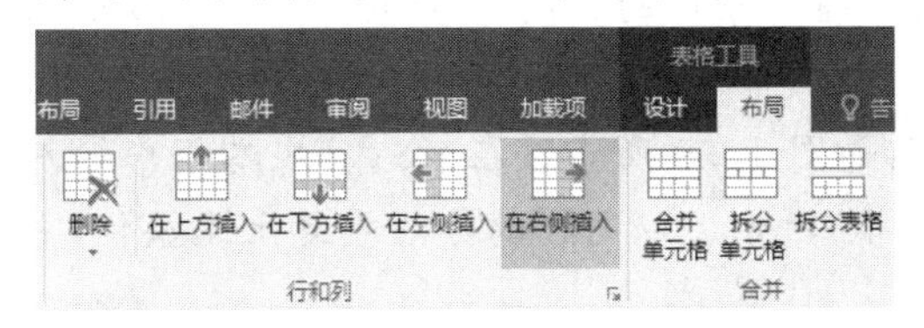

图1.34　插入列

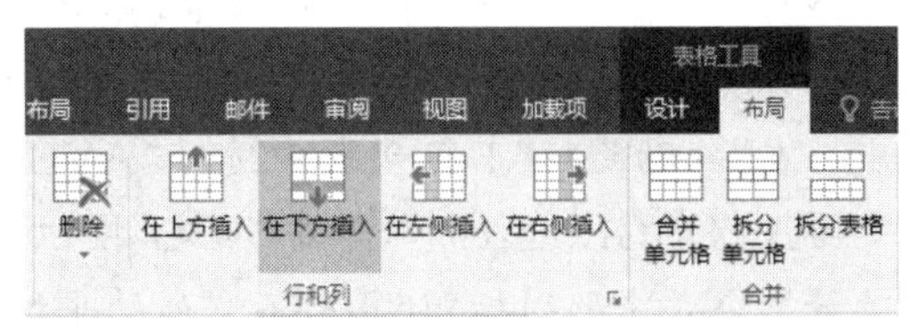

图1.35　插入行

小知识

单元格是表格中行与列的交叉部分，它是组成表格的最小单位，单个数据的输入和修改都是在单元格中进行的。单元格按所在的行、列位置来命名，行号采用数字形式，列标采用英文字母形式。例如，“A3”指的是第A列与第3行交叉位置上的单元格。

步骤3　在对应的单元格中计算每名学生的“总分”，其中语文和数学的权重是1.5，外语的权重是1.2。

小提示

将插入点定位到第一个需要计算总分结果的单元格F2，选择“表格工具→布局→数据→公式”命令(见图1.36)，打开“公式”对话框，其中“公式”文本框中默认的公式为“=SUM(LEFT)”，表示计算该单元格左侧的各个单元格数值的和，如图1.37所示。

在“公式”文本框中输入“=c2*1.5+d2*1.5+e2*1.2”(其中的c,d,e使用大、小写均可)，单击“确定”按钮，如图1.38所示。以同样的办法重复上述操作，更改计算公式中的行号，计算出不同行的总分。

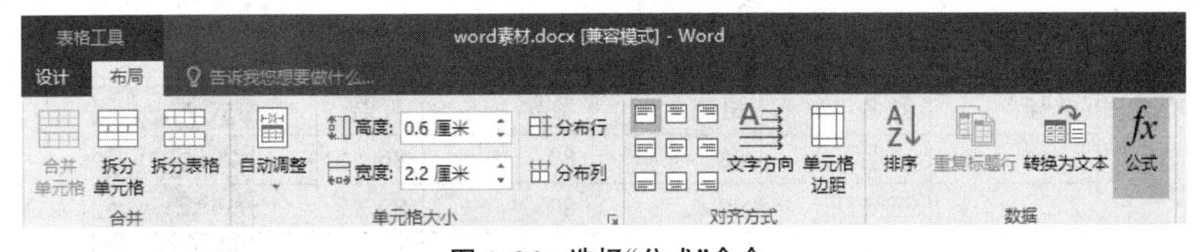

图1.36　选择“公式”命令

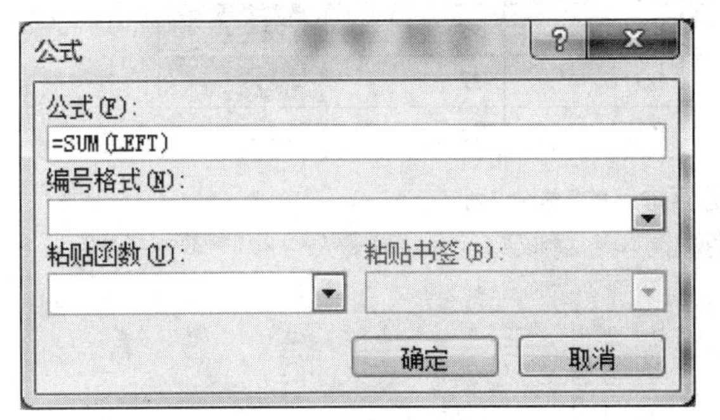

图1.37　打开“公式”对话框

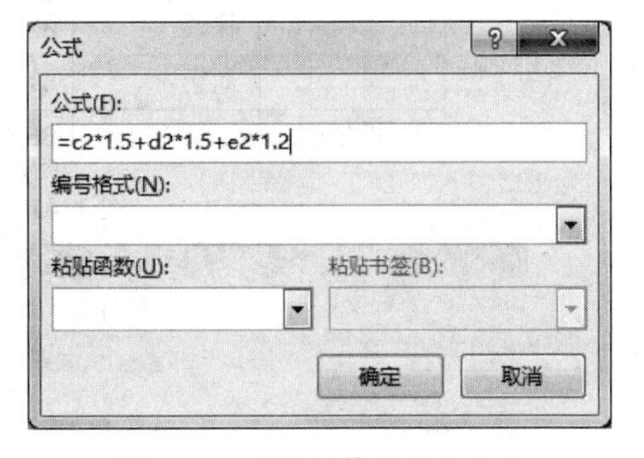

图1.38　编辑计算总分的公式

步骤4　在对应的单元格中计算每个科目及总分的“班平均分”。

小提示

将插入点定位到第一个需要计算平均分结果的单元格 C7，选择“表格工具→布局→数据→公式”命令，打开“公式”对话框，其中“公式”文本框中默认的公式为“=SUM(ABOVE)”，表示计算该单元格上方的各个单元格数值的和。

在“粘贴函数”下拉列表中选择“AVERAGE”，如图 1.39 所示。在“公式”文本框中输入“=AVERAGE(c2:c6)”，单击“确定”按钮，如图 1.40 所示。以同样的办法重复上述操作，更改计算公式中的列标，计算出不同列的平均分。

图 1.39 “粘贴函数”下拉列表

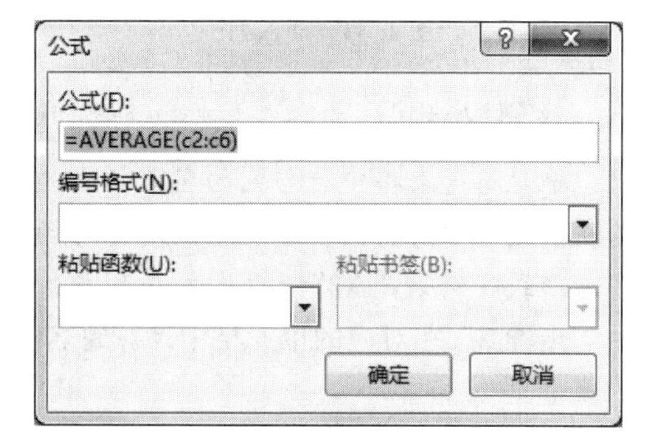

图 1.40 编辑计算平均分的公式

步骤 5 根据“总分”列，按照“数字”类型升序排列表格中的内容。

小提示

选中“总分”列（不含该列的班平均分单元格，该单元格不参与排序），如图 1.41 所示。选择“表格工具→布局→数据→排序”命令（见图 1.42），打开“排序”对话框，选中“列表”组中的“有标题行”选项，此时“主关键字”文本框中自动出现“总分”，表明该列的最顶端单元格是标题，不参与排序。在“类型”下拉列表中选择“数字”，选中“升序”选项，单击“确定”按钮，如图 1.43 所示。

学号	姓名	语文	数学	英语	总分
1	李明	88	89	86	368.7
2	王晓江	90	80	89	361.8
3	张扬帆	85	86	90	364.5
4	陈诚	82	85	83	350.1
5	刘畅	87	80	92	360.9
班平均分		86.4	84	88	361.2

图 1.41 选中需要排序的“总分”列

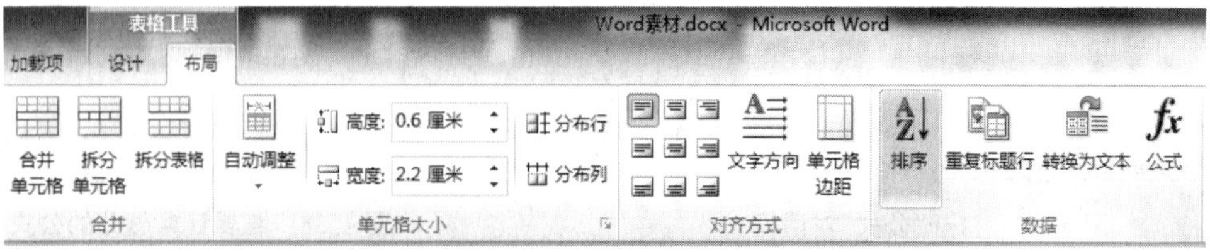

图 1.42 选择“排序”命令

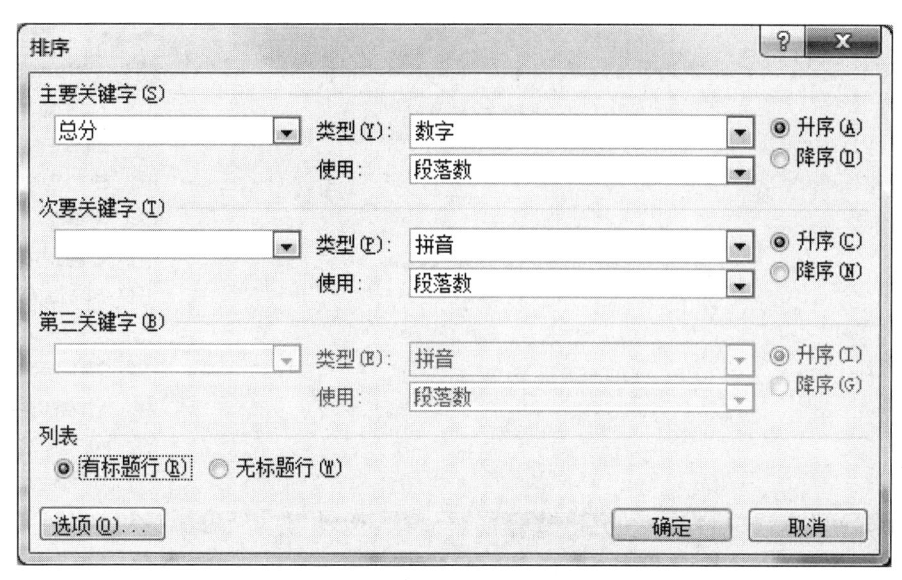

图1.43　设置“排序”对话框

步骤6　设置表格列宽为2.2厘米,行高为0.6厘米。

小提示

选中整个表格,在“表格工具→布局”选项卡下“单元格大小”选项组的“高度”文本框中输入“0.6厘米”,“宽度”文本框中输入“2.2厘米”,如图1.44所示。

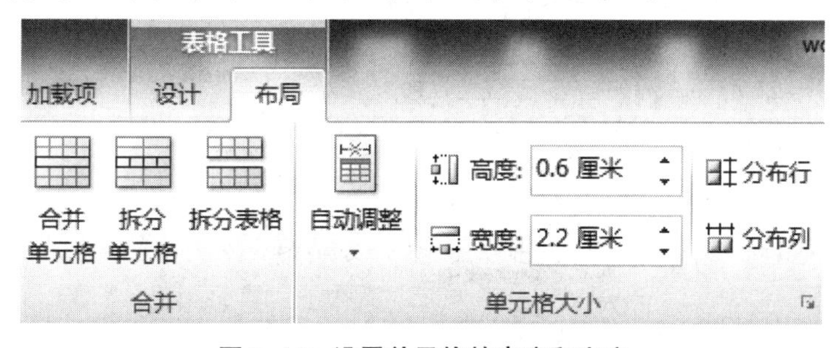

图1.44　设置单元格的高度和宽度

步骤7　设置表格外框线,第1行和第6行的下框线为红色、3磅单实线,其余框线为红色、1磅单实线。

小提示

选中整个表格,选择“表格工具→设计→表格样式→边框”命令,在其下拉列表中选择“边框和底纹...”命令,如图1.45所示。

在打开的“边框和底纹”对话框中,“设置”选择“全部”,“样式”选择“单实线”,“颜色”选择“红色”,“宽度”选择“1.0磅”,如图1.46所示。

选中表格的第1行,再按住Ctrl键,选中表格的第6行,如图1.47所示。选择“表格工具→设计→表格样式→边框”命令,在其下拉列表中选择“边框和底纹...”命令,在打开的“边框和底纹”对话框中,“设置”选择“自定义”,“样式”选择“单实线”,“颜色”选择“红色”,“宽度”选择“3.0磅”,在“预览”区中的各个框线按钮中,两次单击下框线按钮,如图1.48所示。

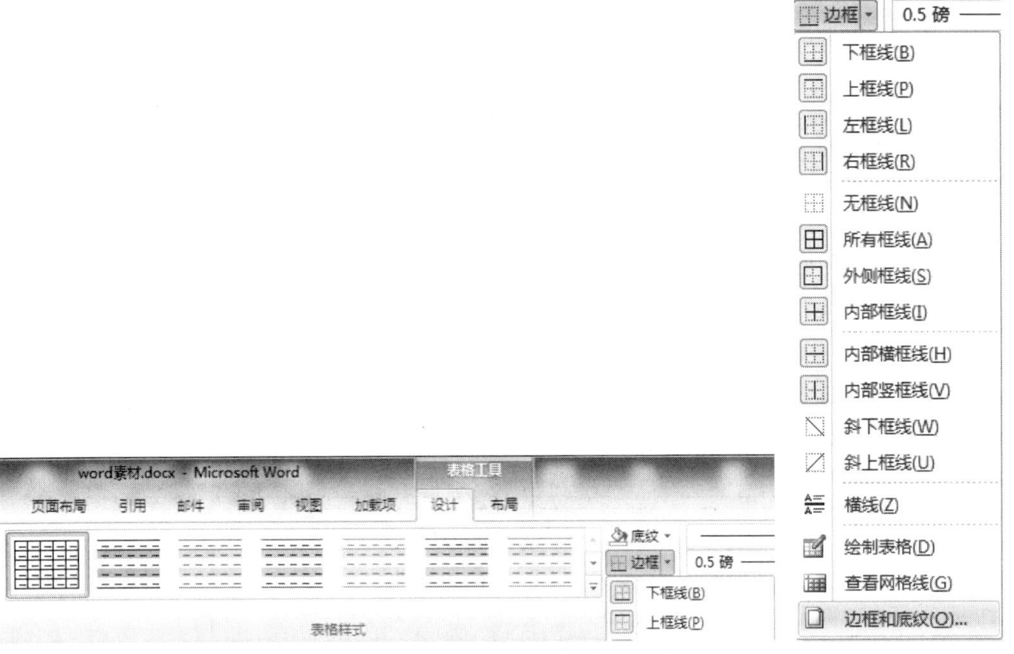

图 1.45　选择“边框和底纹…”命令

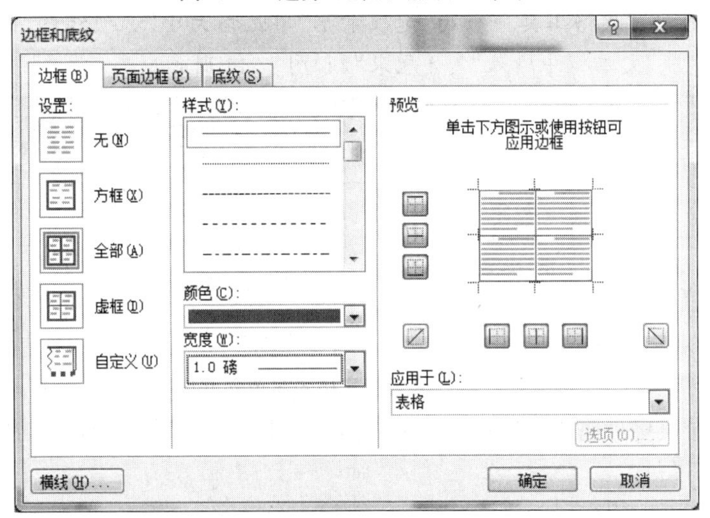

图 1.46　设置“边框和底纹”对话框

学号	姓名	语文	数学	英语	总分
4	陈诚	82	85	83	350.1
5	刘畅	87	80	92	360.9
2	王晓江	90	80	89	361.8
3	张扬帆	85	86	90	364.5
1	李明	88	89	86	368.7
班平均分		86.4	84	88	361.2

图 1.47　选中表格的第 1 行和第 6 行

图 1.48　设置表格第 1 行和第 6 行的下框线

步骤 8　将“班平均分”和其右侧的单元格合并成一个单元格。

小提示

拖动鼠标选中“班平均分”及其右侧的单元格，选择“表格工具→布局→合并→合并单元格”命令，如图 1.49 所示。

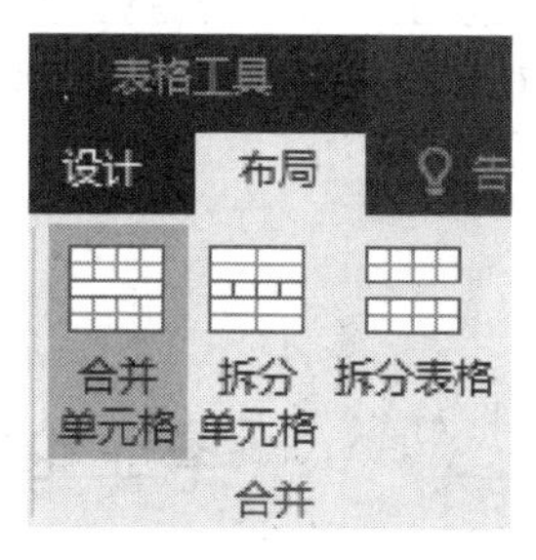

图 1.49　合并单元格

步骤 9　设置表格所有单元格内的文字水平和垂直都居中，表格居中。

小提示

选中整个表格，选择“表格工具→布局→对齐方式→水平居中”命令，如图 1.50 所示。选择“表格工具→布局→表→属性”命令(见图 1.51)，在打开的“表格属性”对话框中，选择“表格→对齐方式→居中”命令，如图 1.52 所示。

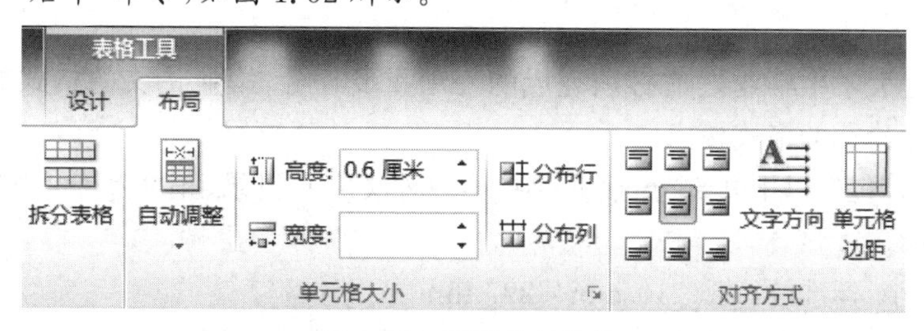

图 1.50　设置对齐方式

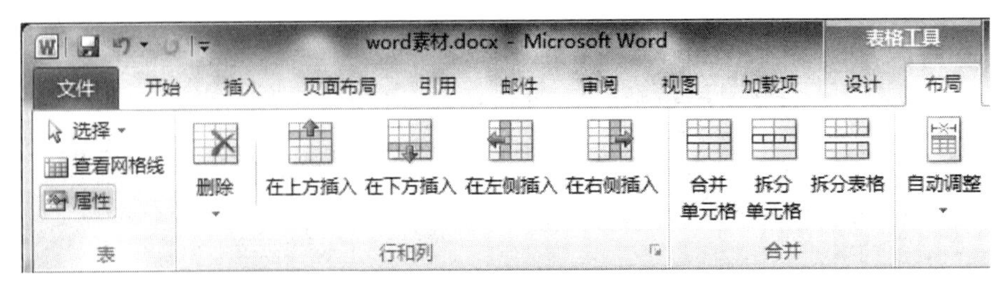

图 1.51　选择“属性”命令

图 1.52　设置“表格属性”对话框

步骤 10　保存文档。

任务 3　毕业论文排版

1. 任务目标

(1)掌握样式的创建和使用方法。

(2)掌握利用样式为文章生成目录的方法。

(3)掌握脚注与尾注、页眉页脚的设置方法。

2. 任务要求

毕业论文是大学生毕业之前必须完成的一项重要任务,毕业论文的格式要求非常严格。下面为模拟毕业论文的格式要求。

(1)论文内容包括以下几部分:摘要(中、英两种文字)、目录、正文和参考文献。每一部分从新的一页开始。

(2)纸张大小:标准 A4 纸(210 mm×297 mm)。

(3)页边距:上、下、右页边距均为 2 厘米,左页边距为 2.7 厘米;文档网格设置为每页 30

行，每行 38 个字。

(4)页码：页码在页脚居中。

(5)页眉：为每部分的标题，楷体、五号字，右对齐。

(6)各标题级别及正文排版格式如表 1.1 所示。

表 1.1 排版格式

级别	编号	字体字号	样式
一级	第一章	宋体、二号、加粗	标题 1
二级	一、	黑体、三号	标题 2
三级	(一)	黑体、四号	标题 3
正文		宋体、小四号	正文

3. 任务步骤

步骤 1 打开论文的原始文件"论文 结果.docx"。

步骤 2 页面设置。

(1)选择"布局"选项卡，单击"页面设置"选项组右下角的小箭头，打开"页面设置"对话框。设置页边距，上、下、右页边距均为 2 厘米，左页边距为 2.7 厘米，应用于"整篇文档"，如图 1.53 所示。

(2)在"页面设置"对话框中，选择"文档网格"选项卡，设置为每页 30 行，每行 38 个字，应用于"整篇文档"，如图 1.54 所示。

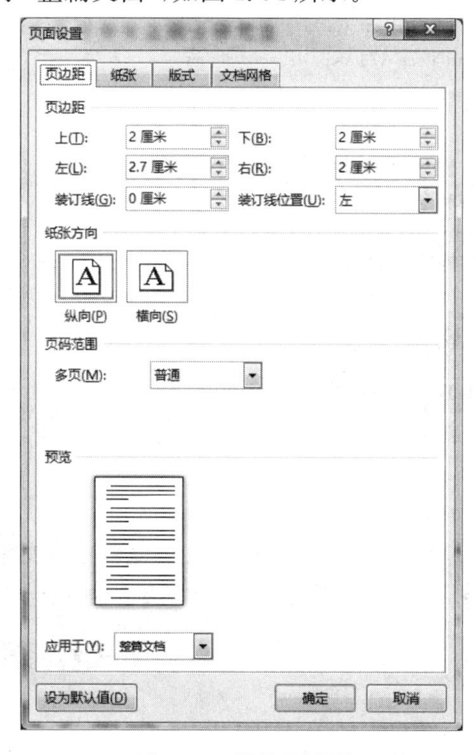

图 1.53 页边距设置

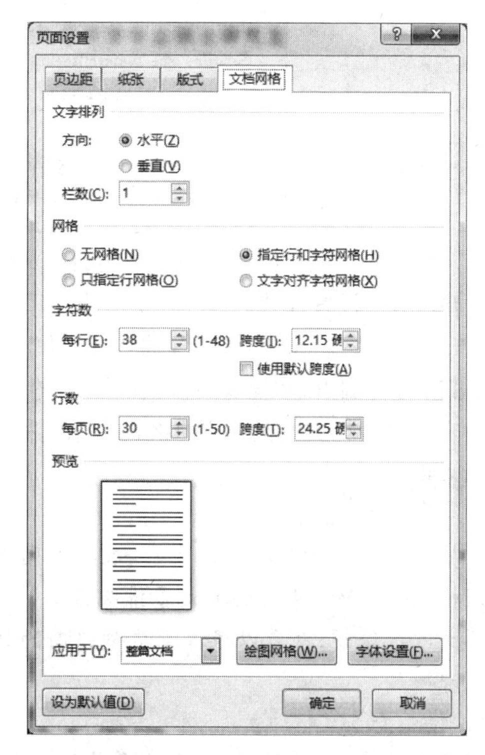

图 1.54 文档网格设置

步骤 3 设置摘要字体。

字体要求如图 1.55 所示，其中英文全部为“Times New Roman”字体，设置方法略。

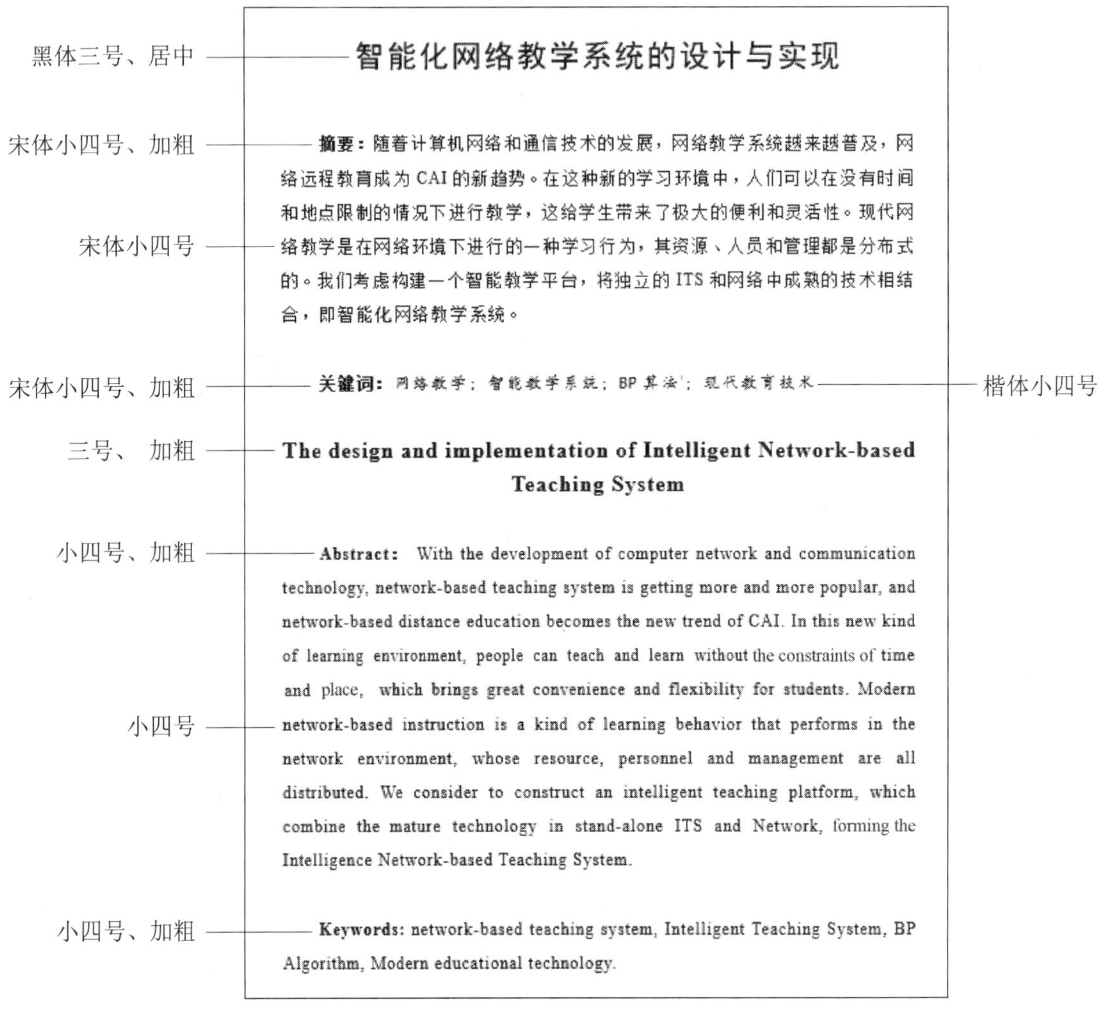

智能化网络教学系统的设计与实现

摘要：随着计算机网络和通信技术的发展，网络教学系统越来越普及，网络远程教育成为 CAI 的新趋势。在这种新的学习环境中，人们可以在没有时间和地点限制的情况下进行教学，这给学生带来了极大的便利和灵活性。现代网络教学是在网络环境下进行的一种学习行为，其资源、人员和管理都是分布式的。我们考虑构建一个智能教学平台，将独立的 ITS 和网络中成熟的技术相结合，即智能化网络教学系统。

关键词：网络教学；智能教学系统；BP 算法；现代教育技术

The design and implementation of Intelligent Network-based Teaching System

Abstract: With the development of computer network and communication technology, network-based teaching system is getting more and more popular, and network-based distance education becomes the new trend of CAI. In this new kind of learning environment, people can teach and learn without the constraints of time and place, which brings great convenience and flexibility for students. Modern network-based instruction is a kind of learning behavior that performs in the network environment, whose resource, personnel and management are all distributed. We consider to construct an intelligent teaching platform, which combine the mature technology in stand-alone ITS and Network, forming the Intelligence Network-based Teaching System.

Keywords: network-based teaching system, Intelligent Teaching System, BP Algorithm, Modern educational technology.

图 1.55 摘要页的格式设置

步骤 4 设置样式。

(1)选中“第一章 绪论”，选择“开始”选项卡，单击“样式”选项组右下角的小箭头，在 Word 窗口右侧出现“样式”任务窗格，如图 1.56 所示。选择样式列表中的“标题 1”，即可将选中内容设置为样式“标题 1”的格式。用同样的方法将其他章标题也设置为“标题 1”样式。

样式是应用于文档中的文本、表格和列表的一套格式特征，它能迅速改变文档的外观并保持风格统一。Word 提供了大量排版样式，如各级标题、表头、列表编号、题注等。可以对已有的样式进行修改，也可以根据需要创建新的样式。

还可以在“开始”选项卡下的样式列表中选择样式，如图 1.57 所示。

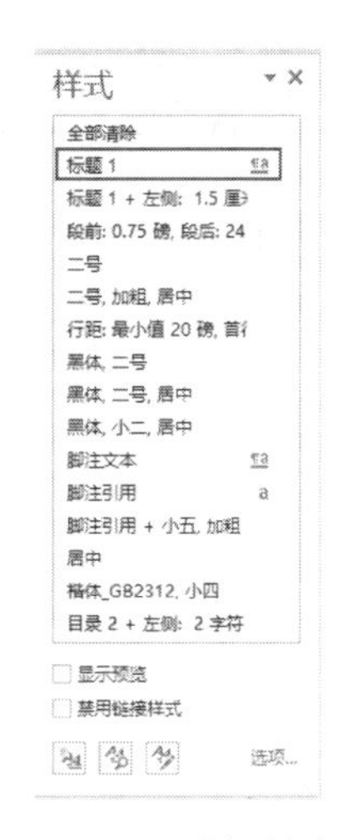

图 1.56　选择样式

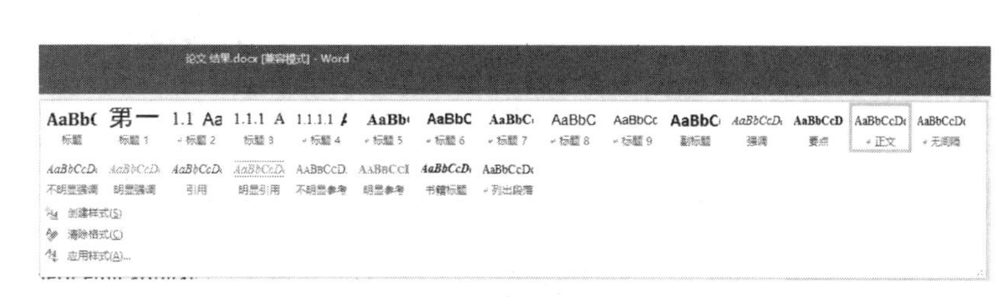

图 1.57　“开始”选项卡下的样式列表

(2)选中“一、课题背景”，设置为样式列表中的“标题 2”样式，将其他相同级别的标题均设置为“标题 2”样式。

小技巧

按住 Ctrl 键可以进行不连续的多个内容的选中。同时选中所有相同级别的标题，然后再选择样式列表中的“标题 2”样式，即可同时设置所有标题的样式。

也可使用格式刷将已有的格式复制到其他内容上。方法为：选中已设置完格式的标题，双击“开始→剪贴板→格式刷”按钮，此时鼠标指针变形为小刷子，然后去刷其他标题，即可将其设置为相同的“标题 2”样式。注意，单击“格式刷”按钮只能刷 1 次，双击可以刷多次。刷完所有格式以后，必须再次单击“格式刷”按钮，取消格式刷，鼠标指针才可变为正常状态。

(3)将所有三级标题，如“(一)网络教学系统”设置为样式列表中的“标题 3”样式。

小知识

如何修改现有样式的格式？如果需要一些样式列表中没有的样式，可以创建新样式或者修改已有样式。例如，将“标题 1”样式修改为“幼圆、加粗、二号字、蓝色”的方法如下。

在样式列表中右击“标题 1”，选择“修改...”命令，在“修改样式”对话框中间部分有常用的字体和段落格式的设置，如图 1.58 所示。其他详细设置需要单击“格式”按钮，在菜单中选择“字体...”命令，打开“字体”对话框(见图 1.59)，设置字体为幼圆、字形为加粗、字号为二号、字体颜色为蓝色。

步骤 5　插入分节符。

小知识

分节符可以将 Word 文档分成若干独立的排版单位，在不同的节中，可以设置不同的页眉、页脚、页边距、页面大小和纸张方向等格式。

分节符有 4 种：“下一页”指分节符后的新节从新页面开始；“连续”指新节在同一页显示；“偶数页”指新节从下一个偶数页开始；“奇数页”指新节从下一个奇数页开始。

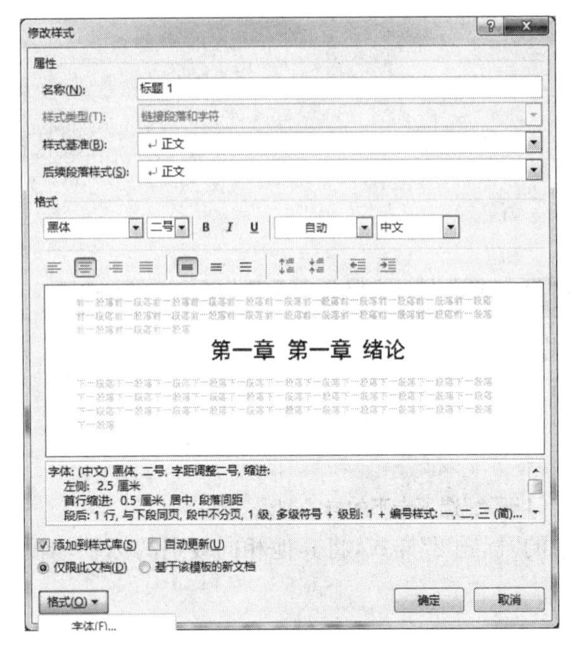

图 1.58　样式的格式设置

图 1.59　样式的“字体”对话框

(1)将光标定位在英文关键词的末尾，使用“布局→页面设置→分隔符”命令，打开“分隔符”下拉列表，选择“下一页”，如图 1.60 所示。

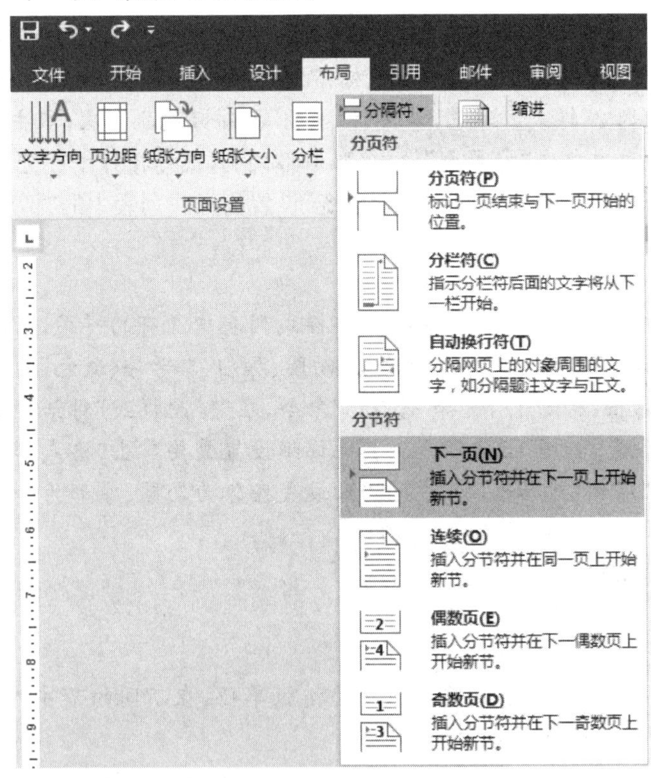

图 1.60　插入“下一页”分节符

(2)在每一章末尾都插入“下一页”分节符。分节以后，文档共 8 页。

小知识

分页和分节：分页符只强制分页；分节符可以分出不同的排版单元，不同节中可以设置不同的页眉、页脚、页边距、纸张方向等格式。

步骤6　添加目录。

目录页为文档第2页。

(1)在第一页末尾插入一个“下一页”分节符，以便在新的空白页插入目录。

(2)输入“目录”2字，设置为黑体，二号字。

(3)选择“引用→目录→目录”命令，在其下拉列表中选择“自动目录1”，如图1.61所示。也可以选择“引用→目录→目录”命令，在其下拉列表中选择“自定义目录…”命令，打开“目录”对话框，如图1.62所示。

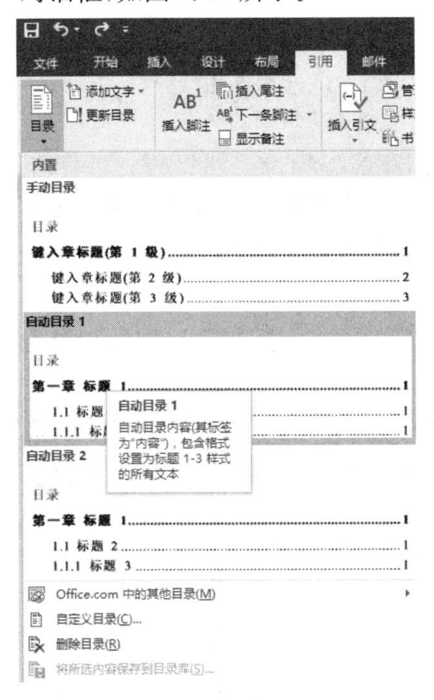

图1.61　设置自动目录

图1.62　自定义目录的对话框

小知识

自定义目录需要自己手动输入目录中要显示的各级标题名称，“自动目录1”和“自动目录2”可根据文档中各级标题的设置情况，自动生成目录，不需要手动输入，两者之间的格式有些差异。

(4)在“目录”对话框中选择“目录”选项卡，设置目录显示级别为3级。单击“选项…”按钮，在“目录选项”对话框中找到样式“标题1”“标题2”和“标题3”，将其右侧级别分别设置为1,2,3(一般已经是默认设置)，如图1.63所示。设置完成后，生成目录如图1.64所示。

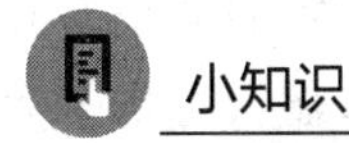

小知识

目录是文档中标题的列表。Word具有自动编写目录的功能，最简单的方法是使用标题样式或大纲级别来创建目录，前提是文档中的标题已经使用了样式或设置了大纲级别。

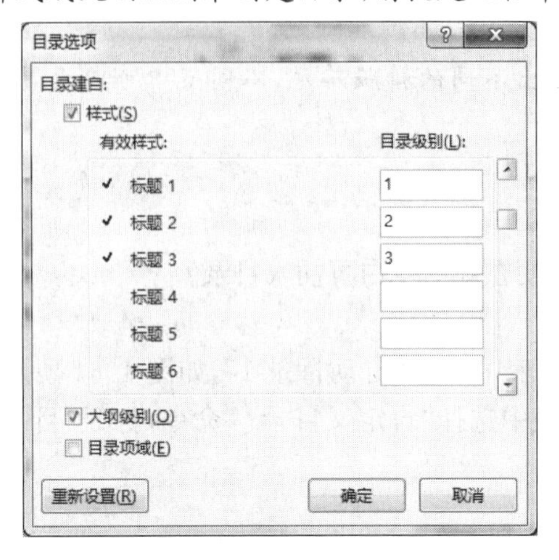

图 1.63 “目录选项”对话框

第一章 绪论 1
一、课题背景 1
二、计算机辅助教学系统研究综述 1
（一）网络教学系统 1
（二）现有教学系统的不足 1
第二章 智能化网络教学系统分析与设计 2
一、智能化网络教学系统的设计目标 2
二、相关理论及技术 2
（一）BP 算法 2
（二）数据库技术 3
（三）Web 技术 3
三、智能化网络教学系统的结构 3

图 1.64 生成目录

小技巧

如果在生成目录后对文章的内容做了调整，章节的页码等发生了变化，也不用删除原有的目录重新生成，只要右击目录部分，选择“更新域”命令，即可根据当前的情况更新目录。

步骤 7 设置页眉页脚。

页眉要求按每部分内容设置，例如“摘要”“目录”及每一章的标题。页脚插入页码，设置为格式“1，2，3，…”。

(1)选择“插入→页眉和页脚→页眉”命令，打开“页眉”下拉列表，选择“编辑页眉”命令，或者选择“插入→页眉和页脚→页脚”命令，打开“页脚”下拉列表，选择“编辑页脚”命令，可以进入页眉和页脚的编辑状态，如图 1.65 所示。

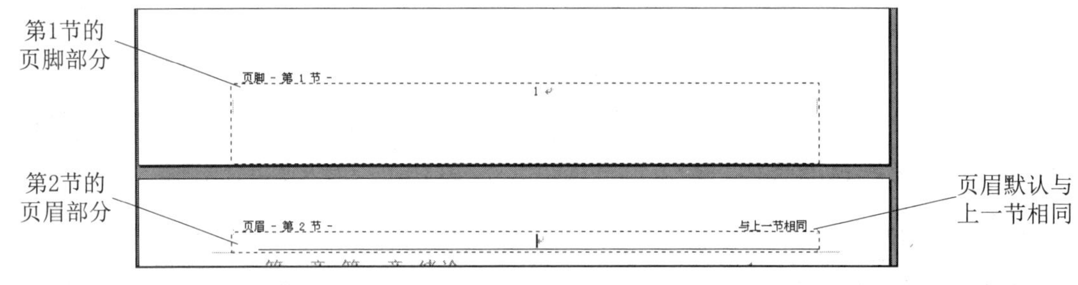

图 1.65 分节后的页眉页脚编辑状态

(2)将光标定位到第 1 节(摘要)的页眉，输入“摘要”，设置为楷体，单击“开始→段落”选项组中的右对齐按钮，将其设置为右对齐。

(3)将光标定位到第 2 节(目录)的页眉，单击“页眉和页脚工具→设计→导航”选项组中的“链接到前一条页眉”按钮，将其设置为不选中状态，此时页眉右上角的“与上一节相同”字样消失，这样就可以设置与前一节不同的页眉了。在页眉输入“目录”，设置为楷体、右对齐。

(4)移动光标到其他章页眉，按上面的操作，分别取消与前一节的链接，输入每章的标题，并设置为楷体、右对齐。

(5)设置页码。将光标定位到第一页的页脚。选择“页眉和页脚工具→设计→页眉和页脚→页码”命令，在“页码”下拉列表中选择“页面底端→普通数字 2”命令，插入页码。此时，后续页面都会自动插入页码，而且是连续的。选择“关闭”选项组中的“关闭页眉和页脚”命令，关闭页眉页脚编辑状态，如图 1.66 所示。

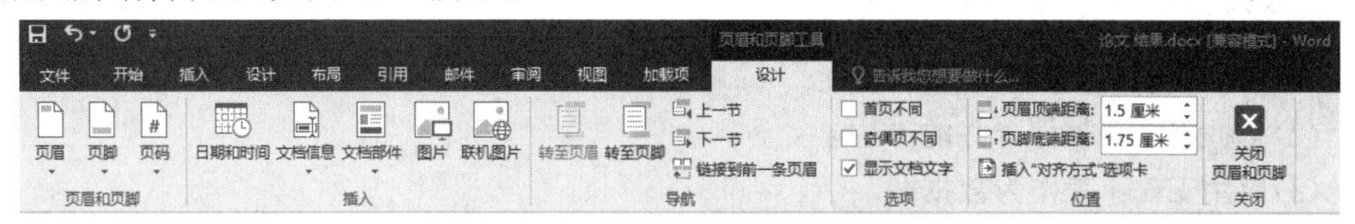

图 1.66　“页眉和页脚工具→设计”选项卡

修改页码格式可以选择“页眉和页脚工具→设计→页眉和页脚→页码→设置页码格式”命令，打开“页码格式”对话框进行设置，如图 1.67 所示。

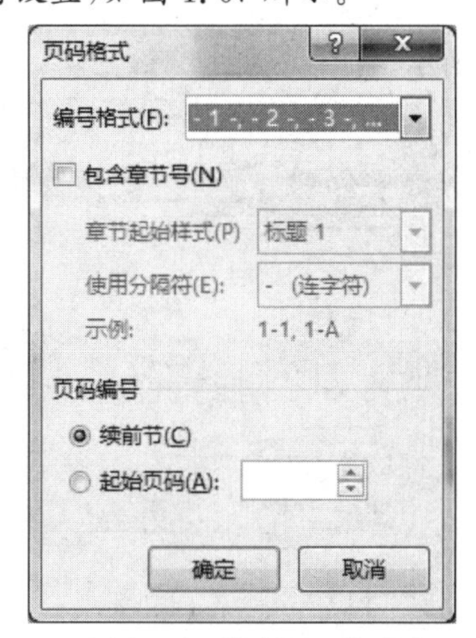

图 1.67　修改页码格式

页码也可以设置为各节不连续的，即单击“页眉和页脚”选项卡中的“链接到前一节”按钮。

步骤 8　设置脚注和尾注。

在论文题目下面的空行插入作者，例如“李明达”。为“李明达”添加脚注，脚注的内容为“沈阳师范大学教育科学学院教育学专业硕士研究生”。

在关键词部分，为“BP 算法”添加尾注，尾注内容为“人工神经网络的误差反向传播(Error Back Propagation，BP)算法”。

选择“引用→脚注→插入脚注”命令，然后在文档当前页的底端输入脚注内容。选择“引用→脚注→插入尾注”命令，然后在文档当前节的末尾位置输入尾注内容。

脚注和尾注用于对文档中的文本进行标注和解释。脚注显示在当前页底端或所选文字下方，尾注显示在文档末尾或节末尾。

步骤 9　保存文档。

任务 4　邀请函的批量制作

1. 任务目标

(1)掌握模板的使用和创建方法。

(2)掌握 Word 邮件合并的方法。

(3)应用 Excel 表作为数据源。

(4)掌握文档保护的方法。

2. 任务要求

某高校学生会计划举办一场“大学生网络创业交流会”的活动，拟邀请部分专家来校进行主题演讲。根据已给工作簿“邀请函. xlsx”中的数据，应用 Word 中“邮件合并”功能批量制作邀请函。邀请函效果如图 1. 68 所示。

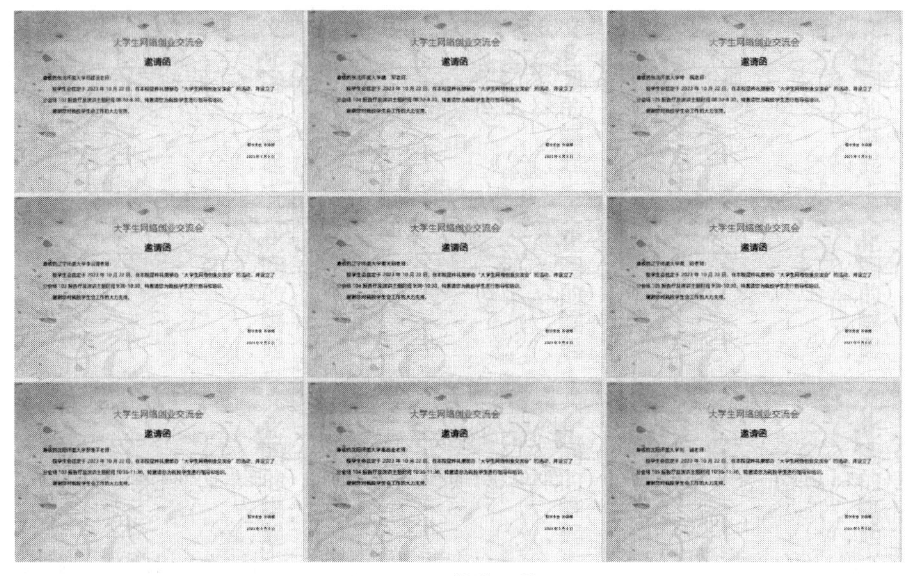

图 1. 68　邀请函效果

3. 任务步骤

小知识

“邮件合并”最初是在批量处理“邮件文档”时提出的。具体是指在邮件文档(主文档)的固定内容中，合并与发送信息相关的一组通信资料(数据源，如 Excel 表、Access 数据表等)，从而批量生成需要的邮件文档，大大提高工作的效率，“邮件合并”因此而得名。

显然，“邮件合并”功能除了可以批量处理信函、信封等与邮件相关的文档外，一样可以轻松地批量制作标签、工资条、成绩单、准考证、邀请函等。

步骤 1　在 Word 中创建邀请函的模板，如图 1. 69 所示。进行适当格式化，以及文档的布局和设计，将其命名为“邀请函(模板). docx”。

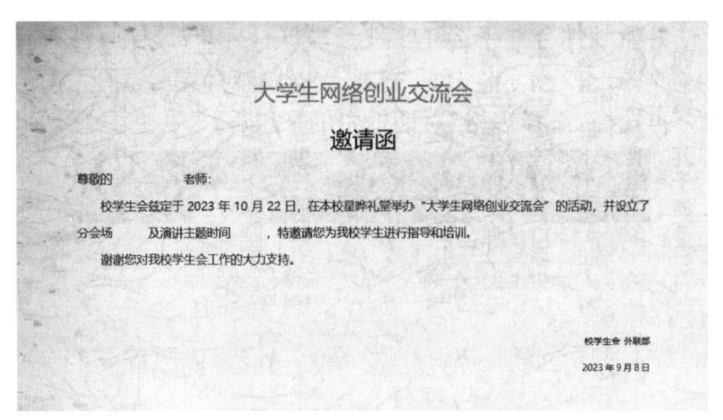

大学生网络创业交流会

邀请函

尊敬的　　　　老师:

校学生会兹定于 2023 年 10 月 22 日，在本校星晔礼堂举办“大学生网络创业交流会”的活动，并设立了分会场　　及演讲主题时间　　，特邀请您为我校学生进行指导和培训。

谢谢您对我校学生会工作的大力支持。

校学生会 外联部

2023年9月8日

图 1.69　邀请函的模板

小提示

由于邀请函的版面内容较少，需要调整文档版面。单击“布局→页面设置”选项组右下角的小箭头，打开“页面设置”对话框。在“页面设置”对话框中，选择“页边距”选项卡，设置上、下页边距均为 2 厘米，设置左、右页边距均为 3 厘米；选择“纸张”选项卡，设置纸张大小为“自定义大小”，宽度为 30 厘米，高度为 18 厘米。调整字体、字号和颜色，以及段落的对齐方式。设置页面背景，将“背景图片.jpg”作为邀请函的填充效果。

步骤 2　在 Excel 中查看邀请函的数据源——“邀请函.xlsx”，如图 1.70 所示。

	A	B	C	D
1	姓名	学校	分会场	演讲时间
2	邓建设	东北师范大学	103报告厅	08:30-9:30
3	魏　军	东北师范大学	104报告厅	08:30-9:30
4	叶　枫	东北师范大学	105报告厅	08:30-9:30
5	李云青	辽宁师范大学	103报告厅	9:30-10:30
6	谢天明	辽宁师范大学	104报告厅	9:30-10:30
7	高　岭	辽宁师范大学	105报告厅	9:30-10:30
8	罗维平	沈阳师范大学	103报告厅	10:30-11:30
9	秦基业	沈阳师范大学	104报告厅	10:30-11:30
10	刘　诚	沈阳师范大学	105报告厅	10:30-11:30

图 1.70　数据源“邀请函.xlsx”

步骤 3　进行邮件合并。

(1)选择“邮件→开始邮件合并→开始邮件合并”命令，打开“开始邮件合并”下拉列表，选择“普通 Word 文档”命令，如图 1.71 所示。

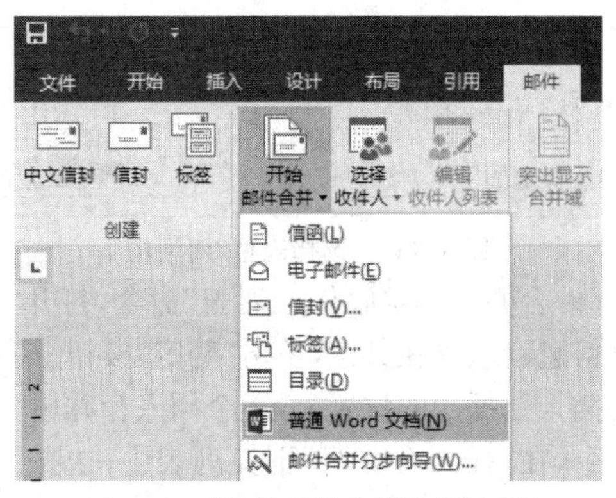

图 1.71　“开始邮件合并”下拉列表

(2)选择“邮件→开始邮件合并→选择收件人”命令,打开“选择收件人”下拉列表,选择“使用现有列表…”命令,如图1.72所示。打开“选取数据源”对话框,选择“邀请函.xlsx”作为数据源,如图1.73所示。再选择“选择表格”对话框中的“Sheet1 $”(见图1.74),单击“确定”按钮。

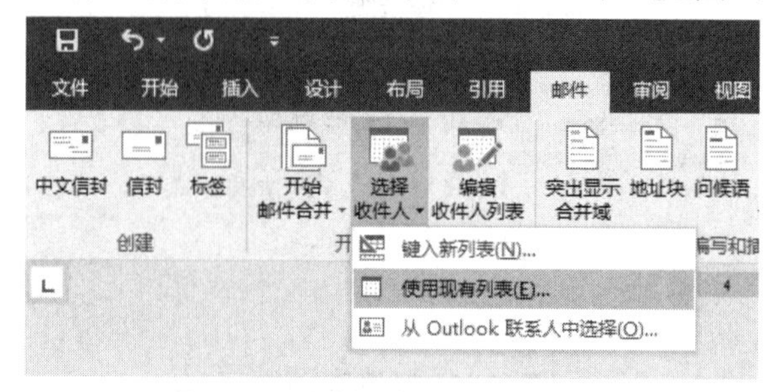

图1.72 “选择收件人”下拉列表

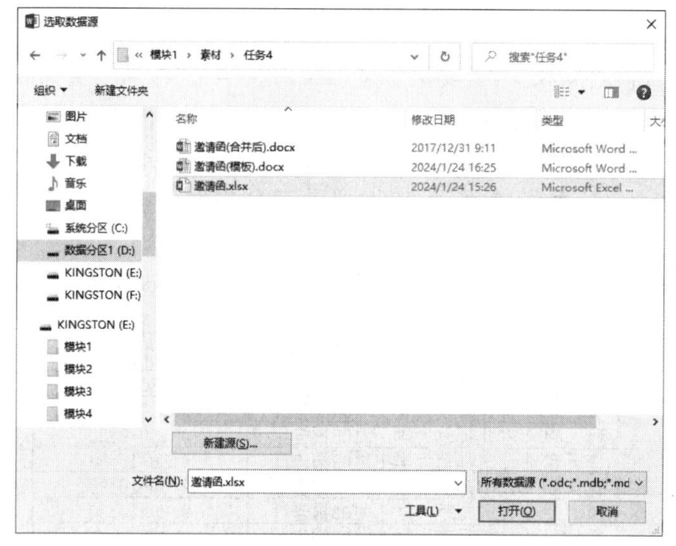

图1.73 “选取数据源”对话框

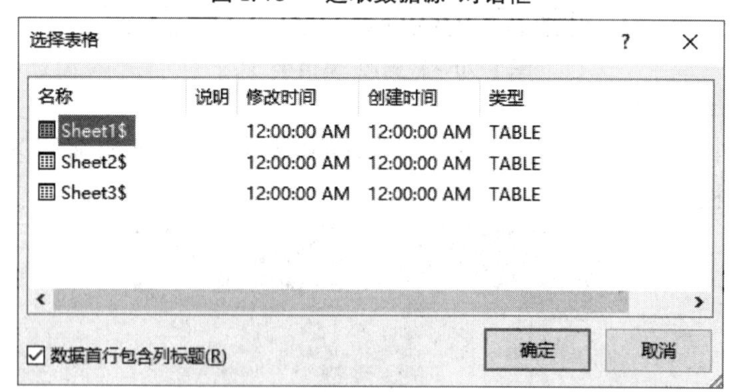

图1.74 “选择表格”对话框

(3)选择“邮件→开始邮件合并→编辑收件人列表”命令,打开“邮件合并收件人”对话框,如图1.75所示。所有专家信息均包含在其中,单击“确定”按钮。

(4)在文档中各个需要插入数据源的位置上,逐个插入合并域。方法是:选择“邮件→编写和插入域→插入合并域”命令,在“插入合并域”下拉列表中,选择“学校”“姓名”等合并域,如图1.76所示。

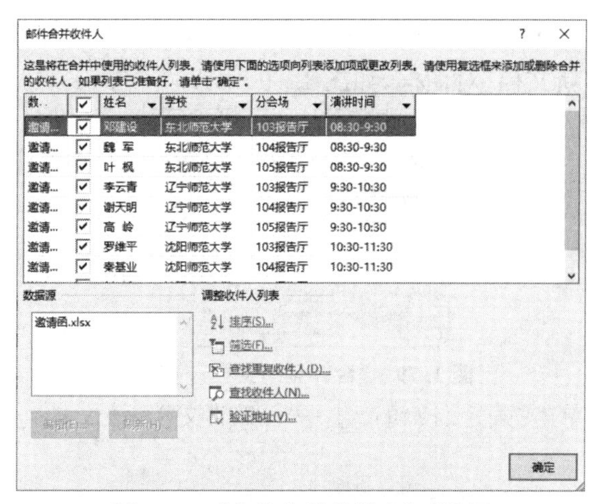

图 1.75 “邮件合并收件人”对话框

图 1.76 “插入合并域”下拉列表

(5)插入合并域的完成效果如图 1.77 所示。

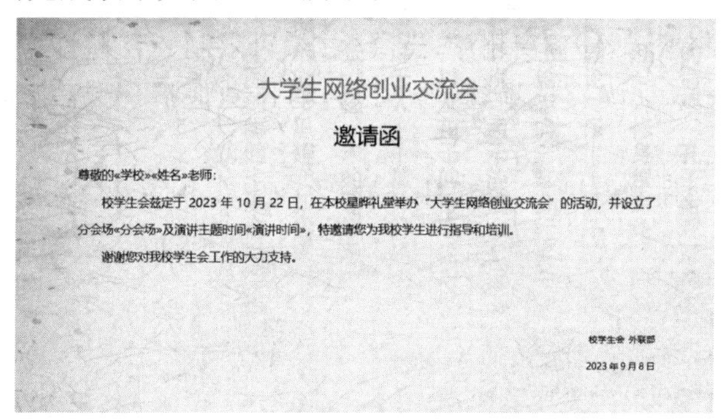

图 1.77 插入合并域的完成效果

(6)选择“邮件→预览结果→预览结果”命令，即可得到邮件合并以后的预览效果，如图 1.78 所示。

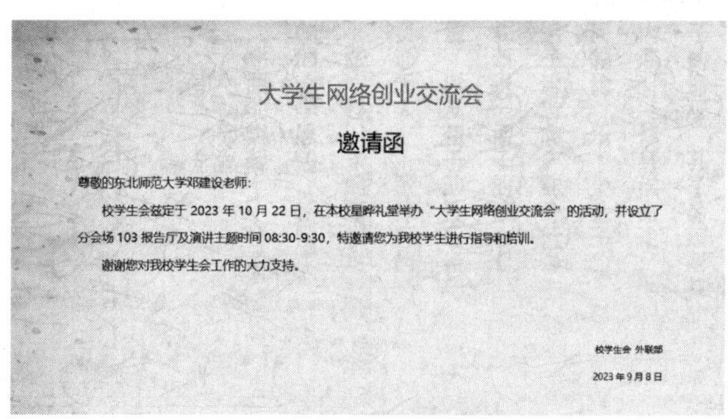

图 1.78 邮件合并预览效果

(7)选择“邮件→完成→完成并合并”命令，在“完成并合并”下拉列表中，选择“编辑单个文档...”命令，打开“合并到新文档”对话框，如图1.79所示。

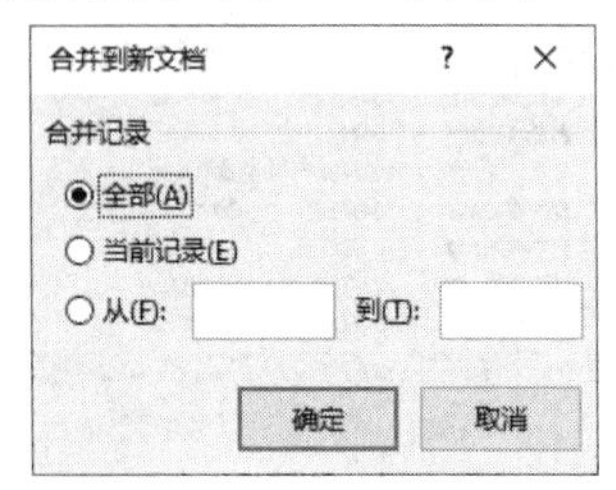

图1.79 “合并到新文档”对话框

(8)选择“全部”后，单击“确定”按钮产生一个新的文档，该文档包含Excel中所有专家的邀请函。

步骤4 保存文档，命名为“邀请函(合并后).docx”。

步骤5 为“邀请函(合并后).docx”设置编辑限制保护，即编辑时需要进行密码验证，密码正确才可以编辑文档。

(1)选择“审阅→保护→限制编辑”命令，如图1.80所示。

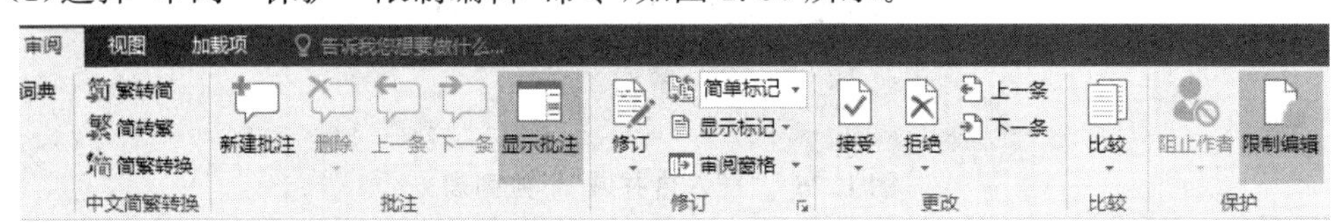

图1.80 “限制编辑”命令

(2)在打开的“限制编辑”任务窗格中，选择“2.编辑限制→仅允许在文档中进行此类型的编辑→不允许任何更改(只读)”选项，选择“3.启动强制保护→是，启动强制保护”命令，如图1.81所示。

(3)在打开的“启动强制保护”对话框中，选择“密码”保护方法，输入新密码并确认新密码，如图1.82所示。

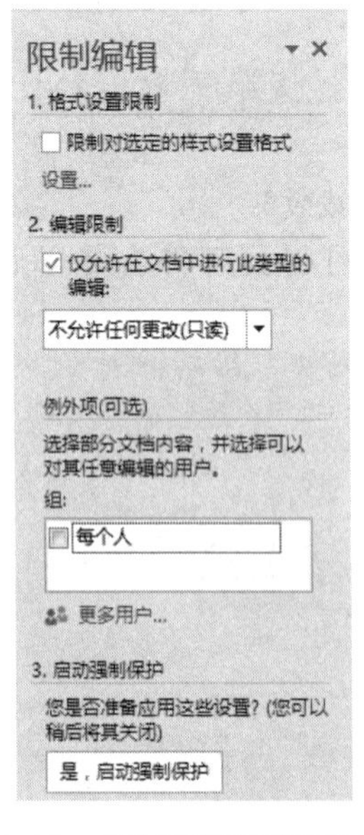

图1.81 启动编辑限制强制保护

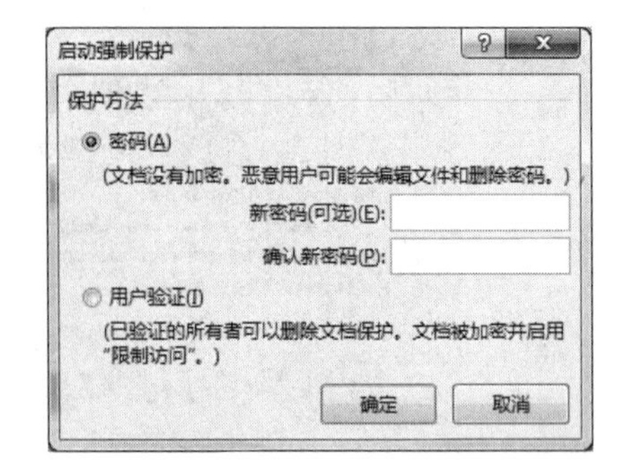

图1.82 设置密码

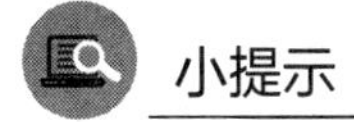

对于已启动强制保护的文档，选择“审阅→保护→限制编辑”命令，在打开的“限制编辑”任务窗格中，选择“停止保护”命令，打开“取消保护文档”对话框，输入正确的密码后可以进行文档编辑，如图 1.83 所示。

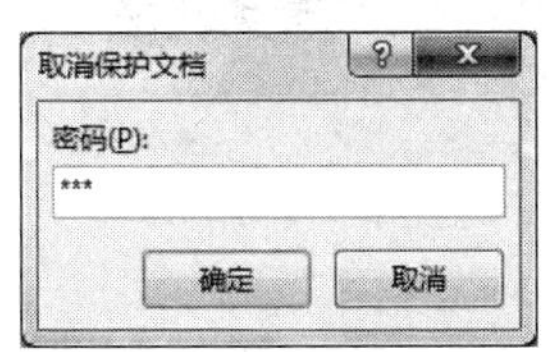

图 1.83　“取消保护文档”对话框

可以在文档中设置不被限制编辑的区域。选中某一区域后，勾选“审阅→保护→限制编辑→例外项(可选)→每个人”复选框，这样所选的区域就可以进行编辑而不受到编辑限制。

模块2 电子表格数据处理

任务1 Excel基本操作综合训练

1. 任务目标

(1)熟练掌握工作表的格式化。

(2)熟练应用公式和函数计算工作表中的数据。

(3)熟练创建图表。

(4)熟练掌握数据的排序、筛选、分类汇总。

(5)掌握工作表的页面设置及打印。

2. 任务要求

按要求实现已有工作簿“薪水表. xlsx”的格式化、数据计算、图表制作及数据管理分析等操作。操作后的结果如图 2.1～图 2.3 所示。

员工薪水表

序号	部门	姓名	性别	工作时数	小时报酬	薪水	备注
3	开发部	刘力国	男	170	33	6171	OK
5	开发部	王红梅	女	160	32	5632	OK
2	培训部	杨帆	女	160	30	5280	OK
4	开发部	张开男	男	160	29	5104	OK
6	销售部	高浩美	女	150	30	4950	
7	销售部	贾铭	男	160	28	4928	
8	销售部	吴溯源	男	140	29	4466	
1	培训部	沈一鸣	男	140	27	4158	
平均值				155.00	29.75	5086.13	

图 2.1　薪水表格式化后的效果

员工薪水表

序号	部门	姓名	性别	工作时	小时报	薪水	备注
5	开发部	王红梅	女	160	32	5632	OK
2	培训部	杨帆	女	160	30	5280	OK

图 2.2　薪水表筛选结果

员工薪水表

序号	部门	姓名	性别	工作时数	小时报酬	薪水	备注
3	开发部	刘力国	男	170	33	6171	OK
5	开发部	王红梅	女	160	32	5632	OK
4	开发部	张开男	男	160	29	5104	OK
	开发部 汇总					16907	
2	培训部	杨帆	女	160	30	5280	OK
1	培训部	沈一鸣	男	140	27	4158	
	培训部 汇总					9438	
6	销售部	高浩美	女	150	30	4950	
7	销售部	贾铭	男	160	28	4928	
8	销售部	吴溯源	男	140	29	4466	
	销售部 汇总					14344	
	总计					40689	
平均值				155.00	29.75	6703.40	

图 2.3　薪水表分类汇总结果

3. 任务步骤

步骤 1　薪水表的格式化操作。

(1)打开现有工作簿“薪水表. xlsx”,选择工作表“Sheet1”。自动填充 1,2,…,8 的序号。

小提示

在单元格 A4 中输入“2”,然后选中 A3 和 A4,向下拖动选中区域右下角的自动填充柄至 A10。

小知识

工作簿是用于存储并处理数据的文件,Excel 文档的扩展名为“xlsx”,工作簿名就是文件名。工作表是工作簿的组成部分,是 Excel 对数据进行组织和管理的基本单位。工作表中行和列交叉处即为一个单元格,它是组成工作表的最小单位。列标由英文字母 A,B,…,Z,AA,AB,…表示,共 16 384(2^{14})列;行号由数字 1,2,…表示,共 1 048 576(2^{20})行。

小技巧

若要输入以 0 开头的数字,可在单元格中先输入半角单引号“'”,再输入以 0 开头的数字,从而将数字自动转换为文本形式。

(2)将标题“员工薪水表”所在行 A1:H1 合并成一个单元格,设置单元格的水平对齐方式为“居中”,垂直对齐方式为“靠下”,字号为 16,字体为楷体,加粗。

小提示

选中单元格区域 A1:H1,选择“开始→单元格→格式”命令,在“格式”下拉列表中,选择“设置单元格格式…”命令,打开“设置单元格格式”对话框,选择“对齐”选项卡,如图 2.4 所示。水平对齐选择“居中”,垂直对齐选择“靠下”,文本控制选择“合并单元格”。选择“字体”选项卡(见图 2.5),在字体中选择“楷体”,在字形中选择“加粗”,在字号中选择“16”。

图 2.4　“对齐”选项卡

图 2.5　“字体”选项卡

(3)将单元格区域 A2:H2 设置为蓝色文字,浅绿色底纹,字号 14 号。A2:H11 文字居中对齐。A11:D11 合并居中,并将合并后的单元格文本对齐设置为倾斜 15°。

小提示

选择单元格区域 A2:H2,在“开始”选项卡的“字体”选项组中,单击字体颜色工具按钮 A· 右侧的箭头,在打开的下拉列表中选择“蓝色”;单击填充颜色按钮右侧的箭头,在打开的下拉列表中选择“浅绿色”;单击字号按钮 14 右侧的箭头,在打开的下拉列表中选择“14”。

选择单元格区域 A2:H11,在“开始”选项卡的“对齐方式”选项组中,单击居中按钮。

选择单元格区域 A11:D11,在“开始”选项卡的“对齐方式”选项组中,单击合并后居中按钮 合并后居中。选择“开始→单元格→格式”命令,在“格式”下拉列表中,选择“设置单元格格式...”命令,打开“设置单元格格式”对话框,选择“对齐”选项卡,在方向中调整文本倾斜 15°或直接输入“15”。

(4)设置表列宽为 10,行高为 20。

小提示

选中表中的所有数据的行和列,选择“开始→单元格→格式”命令,打开“格式”下拉列表,选择“列宽...”命令,打开“列宽”对话框(见图 2.6),输入“10”,单击“确定”按钮;选择“开始→单元格→格式”命令,打开“格式”下拉列表,选择“行高...”命令,打开“行高”对话框(见图 2.7),输入“20”,单击“确定”按钮。

图 2.6 “列宽”对话框

图 2.7 “行高”对话框

(5)将单元格区域 A3:A10 设置为“文本”格式。

小提示

选中单元格区域 A3:A10,选择“开始→单元格→格式”命令,打开“格式”下拉列表,选择“设置单元格格式...”命令,打开“设置单元格格式”对话框,选择“数字”选项卡,在“分类”列表中选择“文本”,如图 2.8 所示。

图 2.8 “数字”选项卡

(6)为“刘力国”(单元格 C5)添加批注“开发部经理”。

小提示

选中单元格 C5,选择“审阅→批注→新建批注”命令,在弹出的文本框中输入“开发部经理”。

步骤 2　薪水表的公式计算。

(1)利用公式计算薪水,薪水是“工作时数×小时报酬”的结果再上浮 10%,计算公式为:工作时数×小时报酬×1.1。

选中将要存放结果的单元格 G3,直接输入公式“=E3 * F3 * 1.1”,按回车键即可求出序号为“1”的员工的薪水,拖动单元格 G3 右下角的填充柄填充至 G10 单元格(或双击填充柄),可求出所有员工薪水。

小知识

公式是以=(等号)开始的对工作表中的数值进行计算的式子。公式中可以包括引用、运算符、常量、函数等内容。一个公式被输入后,它同时显示在编辑栏和单元格中,区别是单元格中显示的是公式的计算结果,而编辑栏中显示公式本身。

公式中常用的运算符包括加(+)、减(-)、乘(*)、除(/),以及小括号。

(2)计算“工作时数”“小时报酬”及“薪水”的平均值。填充表中的“备注”列信息,如果薪水大于等于 5 000,则填充“OK”,否则不填充信息。

小知识

函数是预先编写好的程序,能够执行特定的计算和处理功能。

①求和函数 SUM。

格式:SUM(number1, number2,…)。

功能:计算单元格区域中所有数值的和。

②求平均值函数 AVERAGE。

格式:AVERAGE(number1, number2,…)。

功能:计算单元格区域中所有数值的算术平均值。

③求个数函数 COUNT。

格式:COUNT (number1, number2,…)。

功能:返回单元格区域中所包含的数据的个数。

④求最大值函数 MAX。

格式:MAX(number1, number2,…)。

功能:返回单元格区域中的最大值。

⑤求最小值函数 MIN。

格式:MIN(number1, number2,…)。

功能:返回单元格区域中的最小值。

⑥条件函数 IF。

格式：IF(logical_test，value_if_true，value_if_false)。

功能：判断是否满足条件，如果满足条件返回一个值，如果不满足条件返回另一个值。

小提示

选中将要存放结果的单元格 E11，单击自动求和按钮Σ·右侧的箭头，选择“平均值”命令，系统即显示公式=AVERAGE(E3:E10)，计算范围为单元格区域 E3:E10，按下回车键即可求出工作小时平均值。拖动单元格 E11 右下角的填充柄填充至 G11，可求出小时报酬及薪水的平均值。

小提示

选中单元格 H3，单击编辑栏左侧的插入函数按钮 fx，弹出“插入函数”对话框，如图 2.9 所示。在“插入函数”对话框的“选择类别”下拉列表中选择“常用函数”，在“选择函数”列表框中选择“IF”，单击“确定”按钮。

在“Logical_test”文本框中输入“G3>=5000”，在“Value_if_true”文本框中输入““OK””，在“Value_if_false”文本框中输入““””，如图 2.10 所示。

图 2.9 “插入函数”对话框

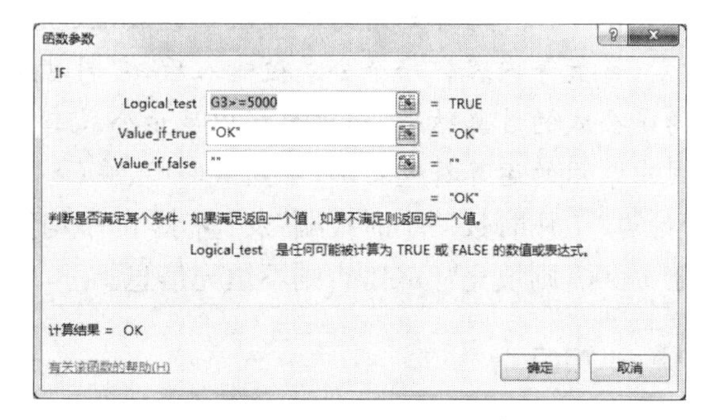

图 2.10 “函数参数”对话框

(3)将计算平均值的结果设置为“数值”类型，保留两位小数。

小提示

选中单元格区域 E11:G11，单击“开始→数字”选项组右下角的小箭头，弹出“设置单元格格式”对话框。在“设置单元格格式”对话框“数字”选项卡中的“分类”列表中选择“数值”，在“小数位数”的微调框中输入“2”，如图 2.11 所示。

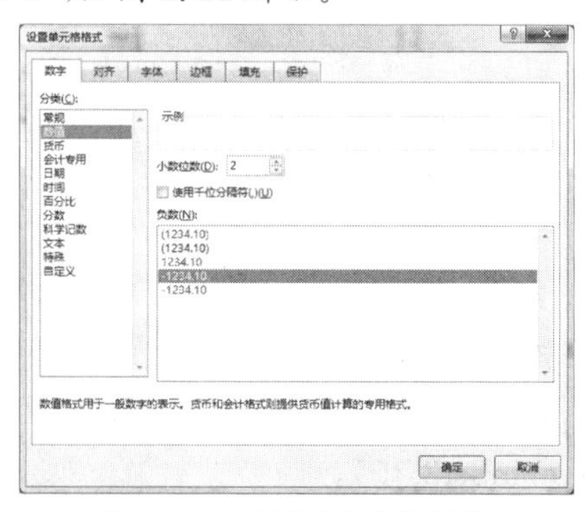

图 2.11 设置两位小数数值

小技巧

对于整数，还可通过单击“开始→数字”选项组的“增加小数位数”按钮 两次，将小数位调整至保留到小数点后两位。

步骤 3　为薪水表设置条件格式：将“薪水”列中大于 5 000 的数据的文字颜色设置为红色。

小提示

选中单元格区域 G3:G10，选择“开始→样式→条件格式→突出显示单元格规则→大于...”命令，如图 2.12 所示。打开“大于”对话框，输入如图 2.13 所示的条件后，在“设置为”下拉列表中选择“红色文本”。

图 2.12　条件格式化

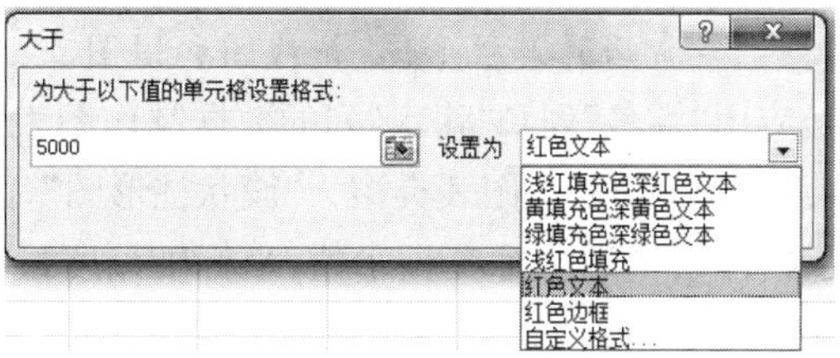

图 2.13　“大于”对话框

步骤 4　为薪水表添加边框：给整个表格区域 A2:H11（不含表标题）添加粗线外边框、细线内部框线。

小提示

选中单元格区域 A2:H11，选择“开始→单元格→格式→设置单元格格式...”命令，打开“设置单元格格式”对话框，选择“边框”选项卡，选择“线条”样式中的粗线，选择“预置”中的“外边框”按钮 设置外框线，选择“线条”样式中的细线，选择“预置”中的“内部”按钮 设置内框线，如图 2.14 所示。

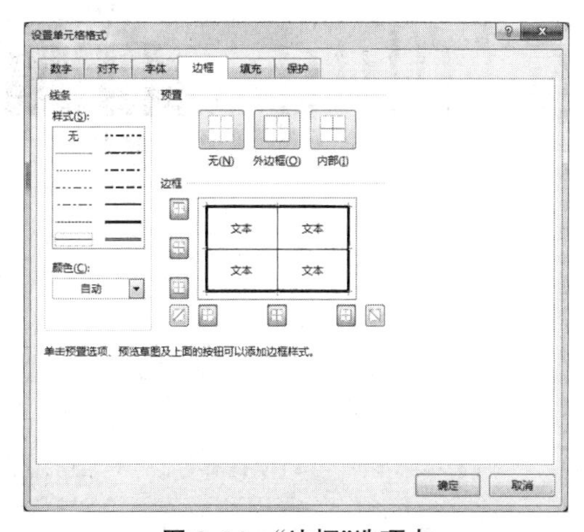

图 2.14　“边框”选项卡

小技巧

为单元格设置边框时,须先选择“线条”样式,后选择边框。

小知识

Excel 的单元格线都是统一的灰线,在打印预览及打印时不会显示。用户可以根据需要设置单元格的边框。

步骤 5 为薪水表添加图表。

小知识

图表是表格中数据的图形表示,利用图表可以形象地比较各项数据的关系。当工作表中的数据源发生变化时,图表中相对应的数据会自动更新。为了描述不同数据间的关系,应为其选择不同类型的图表。Excel 提供的图表类型有柱形图、折线图、饼图、条形图、面积图、X Y 散点图、股价图、曲面图和雷达图等,每种类型各有其子类型,不同的图表类型适合于不同的数据类型。比较常用的是柱形图、折线图和饼图。

(1)应用“姓名”列和“薪水”列的数据制作图表,并作为当前工作表中的对象插入,图表标题为“个人薪水一览图”。图表类型为“簇状柱形图”,图形颜色为 RGB(153,153,255),图表的图例位置设置在底部,数据标签显示值,坐标轴刻度最小值 0、最大值 6000,添加主要水平网格线。

小提示

选中单元格区域 C2:C10,按下 Ctrl 键,选中 G2:G10,单击“插入→图表”选项组右下角的小箭头 ,打开“插入图表”对话框。在“所有图表”选项卡中,选择“柱形图”,再单击“簇状柱形图”按钮 (见图 2.15),单击“确定”按钮。

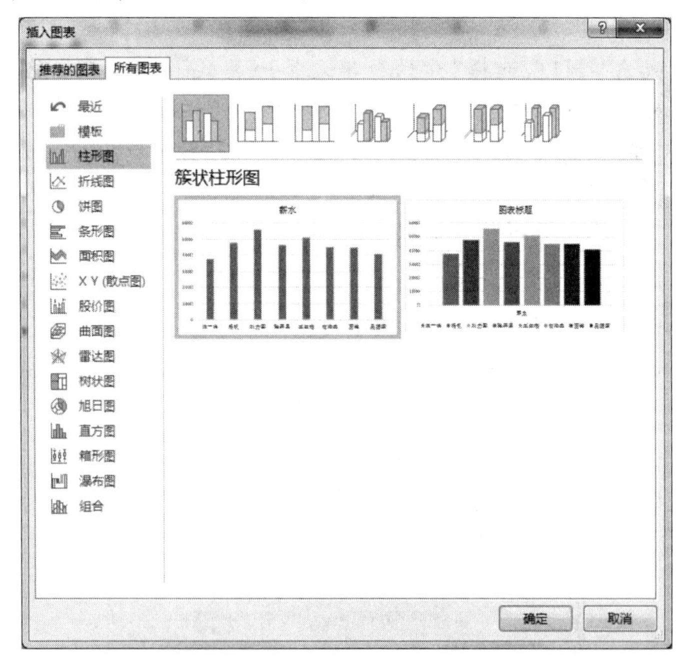

图 2.15 插入簇状柱形图

小提示

在图表的标题区域输入“个人薪水一览图”，如图 2.16 所示。

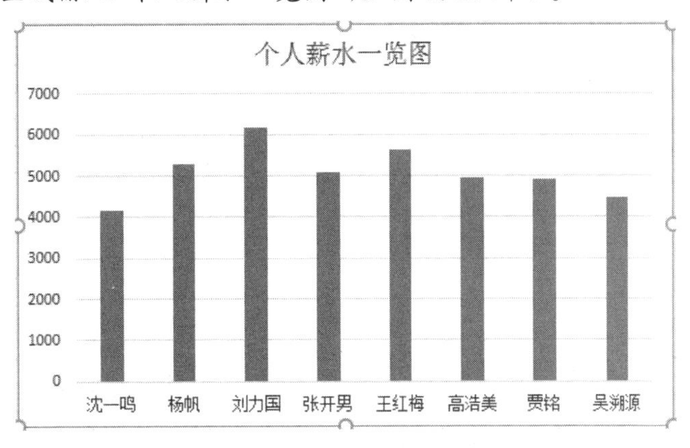

图 2.16　输入图表的标题

小提示

选中图表中的柱状图形，选择“图表工具→格式→形状样式→形状填充→其他填充颜色...”命令，如图 2.17 所示。在打开的“颜色”对话框中，选择“自定义”选项卡，选择“颜色模式”为“RGB”，将相应的数值输入到“红色”“绿色”和“蓝色”的文本框中，如图 2.18 所示。

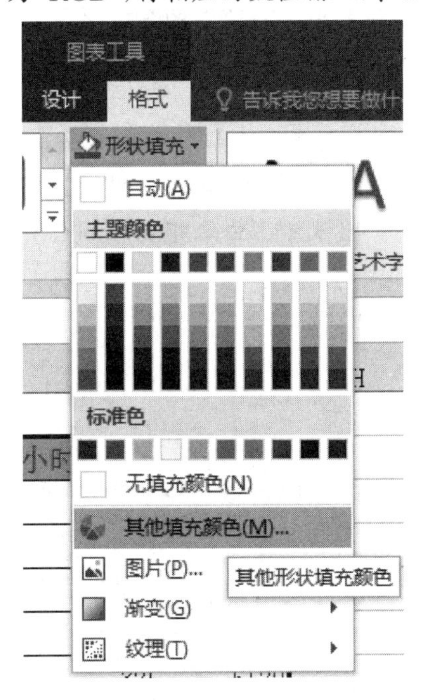

图 2.17　图表的形状填充

图 2.18　设置图形的颜色

小提示

选中图表，选择“图表工具→设计→图表布局→添加图表元素→图例→底部”命令，设置在底部显示图例，如图 2.19 所示。

小提示

选中图表,选择"图表工具→设计→图表布局→添加图表元素→数据标签→其他数据标签选项…"命令,打开"设置数据标签格式"任务窗格,在"标签选项"的"标签包括"组中,仅勾选"值"复选框,如图 2.20 所示。

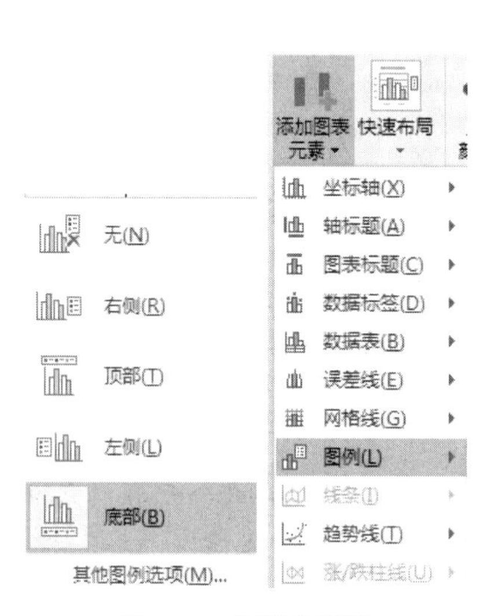

图 2.19 图例的设置

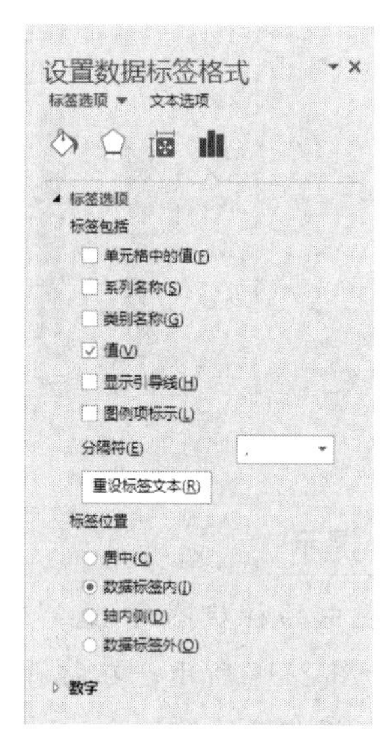

图 2.20 数据标签的设置

小提示

选中图表,选择"图表工具→设计→图表布局→添加图表元素→坐标轴→更多轴选项…"命令,打开"设置坐标轴格式"任务窗格。选中图表中的垂直轴,选择"坐标轴选项"组,在"坐标轴选项"组中,设置"边界","最小值"文本框为"0.0","最大值"文本框为"6000.0",如图 2.21 所示。

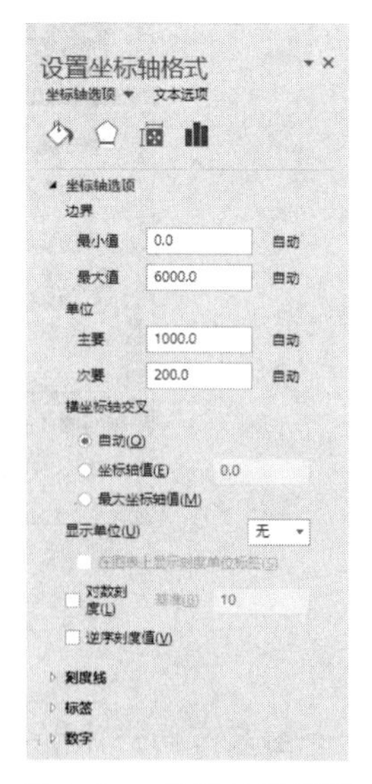

图 2.21 坐标轴的设置

小提示

选中图表,选择“图表工具→设计→图表布局→添加图表元素→网格线→主轴主要水平网格线”命令,如图2.22所示。

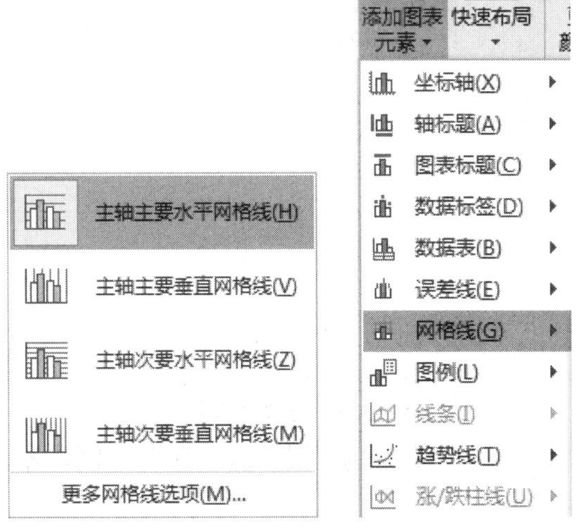

图2.22 网格线的设置

(2)在工作表“Sheet1”后面插入一张新工作表,重命名为“图表”,将创建好的图表移动到其中的单元格区域B6:I24内,更改图表类型为“簇状条形图”。

小提示

一般方式是:在窗口下方的工作表管理栏中,右击某一工作表标签,在快捷菜单中选择“插入...”命令,这样可以在当前位置的前面插入工作表;快速方式是:单击“新工作表”按钮⊕,这样可以在当前位置的后面插入工作表。双击工作表标签(也可以右击工作表标签,选择“重命名”命令),此时工作表标签变为 Sheet1 图表 Sheet2 的显示插入点形式,输入“图表”,按回车键确认。

选中图表,右击,选择“移动图表...”命令,打开“移动图表”对话框,在“对象位于”的下拉列表中选择“图表”,如图2.23所示。

图2.23 移动图表

选中图表,右击,选择“更改图表类型...”命令,打开“更改图表类型”对话框,选择“条形图”下的“簇状条形图”,如图2.24所示。移动图表至工作表“图表”中相应单元格区域。

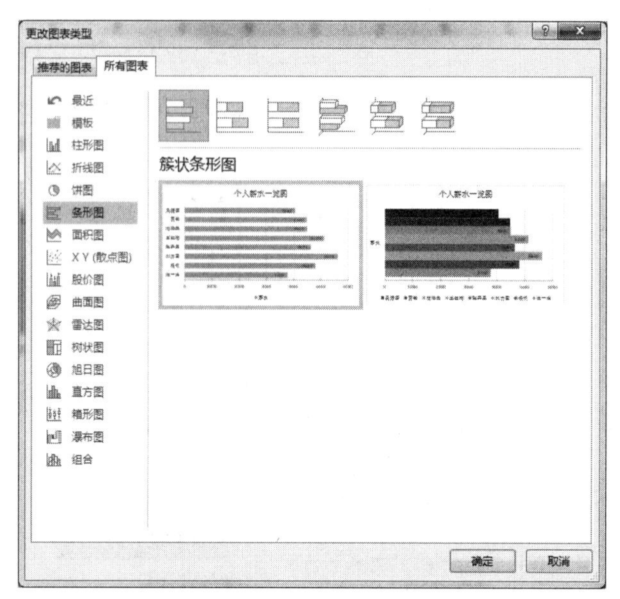

图 2.24　更改图表类型

步骤 6　为薪水表排序：将工作表“Sheet1”中的数据以“薪水”为关键字，按降序排序。

小提示

选中单元格区域 A2:G10，选择“数据→排序和筛选→排序”命令，打开“排序”对话框，如图 2.25 所示。在“主要关键字”下拉列表中选择“薪水”，排序依据设置为“数值”，次序设置为“降序”，单击“确定”按钮。

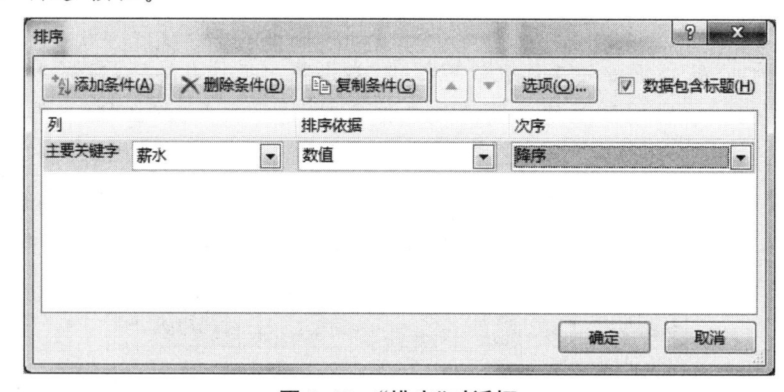

图 2.25　“排序”对话框

小知识

“关键字”指排序的依据，即数据表中某列的名称。

步骤 7　薪水表的筛选。

(1)将工作表“Sheet1”复制一份并重命名为“筛选”。

小知识

筛选是指快速从数据列表中查找出满足既定条件的数据，并对不满足条件的行进行隐藏。

小提示

一般方式是：在窗口下方的工作表管理栏中，右击“Sheet1”工作表标签，在快捷菜单中选择“移动或复制…”命令，选定好目标位置后，勾选“建立副本”复选框并单击“确定”按钮；快速方式是：鼠标左键按住要复制的“Sheet1”工作表标签，同时按下 Ctrl 键，沿工作表标签向右拖动鼠标，释放鼠标左键即生成工作表“Sheet1(2)”。将工作表“Sheet1(2)”重命名为“筛选”。

(2)在工作表“筛选”中，筛选出工作时数大于等于 160 的女员工。

小提示

选中工作表“筛选”中的单元格区域 A2:G10，选择“数据→排序和筛选→筛选”命令，在“性别”下拉列表中仅勾选“女”，如图 2.26 所示。在“工作时数”下拉列表中选择“数字筛选→大于或等于…”命令，如图 2.27 所示。在“自定义自动筛选方式”对话框中，定义条件选择“大于或等于”，输入数值“160”，单击“确定”按钮，如图 2.28 所示。

图 2.26　“自定义自动筛选方式”的选项

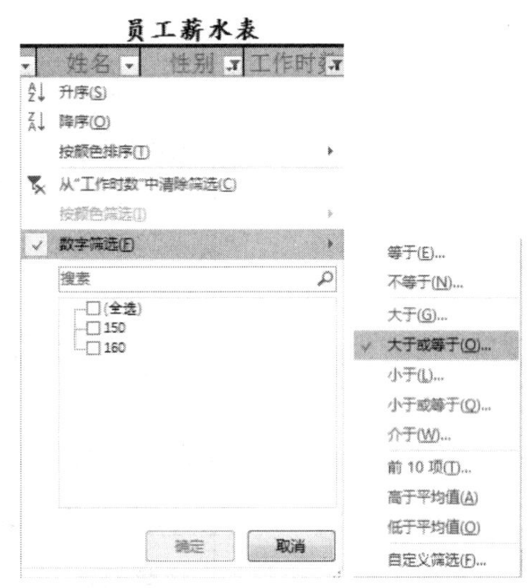

图 2.27　“自定义自动筛选方式”的数字筛选

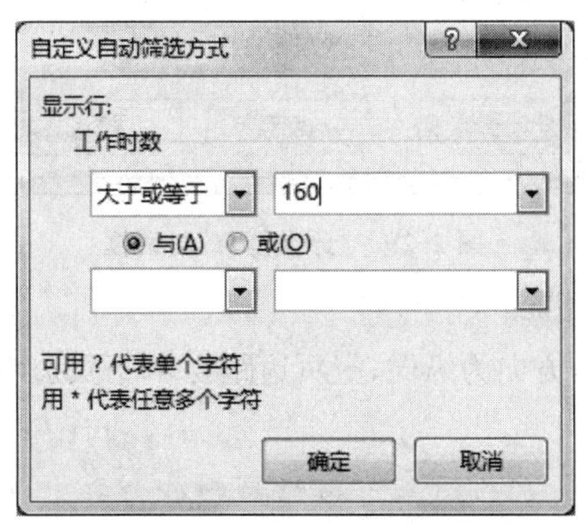

图 2.28　“自定义自动筛选方式”对话框

步骤 8　薪水表的分类汇总。

小知识

分类汇总是对数据列表按某一字段进行分类，将同类数据放在一起，然后按类进行汇总处理，如求和、计数、求平均值、求最大值、求最小值和乘积等统计运算。

(1)将工作表“Sheet1”复制一份并重命名为“分类汇总”。

(2)在工作表“分类汇总”中，以“部门”为分类字段对“薪水”按“求和”方式分类汇总。

小提示

选中工作表“分类汇总”中的单元格区域A2:G10，选择“数据→排序和筛选→排序”命令，打开“排序”对话框。在“主要关键字”下拉列表中选择“部门”，单击“确定”按钮。

选中单元格区域A2:G10，选择“数据→分级显示→分类汇总”命令，打开“分类汇总”对话框，分类字段选择“部门”，汇总方式选择“求和”，选定汇总项勾选“薪水”，单击“确定”按钮，如图2.29所示。

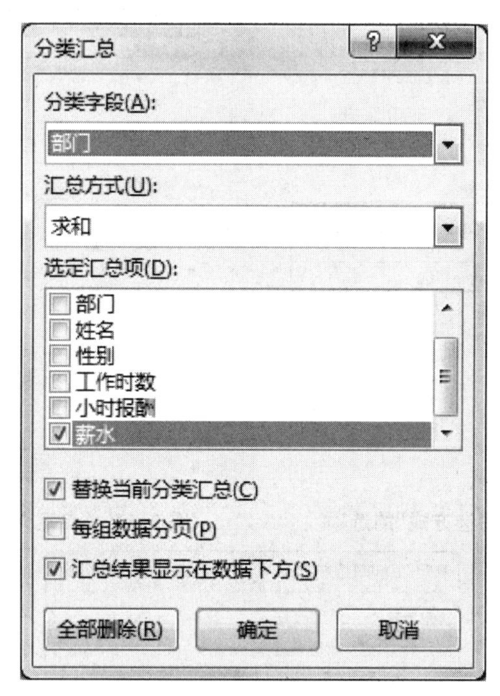

图2.29 “分类汇总”对话框

步骤9 薪水表的页面设置。

(1)设置纸张大小为A4，方向为纵向，上页边距为3，下页边距为3。

单击“页面布局→页面设置”选项组右下角的小箭头，打开“页面设置”对话框。在“页面”选项卡中方向默认为“纵向”，纸张大小为“A4”，如图2.30所示。选择“页边距”选项卡，设置上页边距为3，下页边距为3，如图2.31所示。

图 2.30　设置“页面”

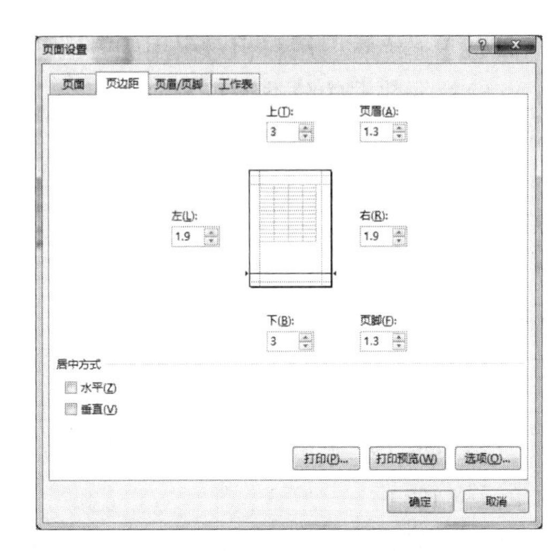

图 2.31　设置“页边距”

(2)设置页眉为“工资统计”，位置为“中”，设置页脚为“2021 年 3 月工资”，位置为“右”。

小提示

单击“页面布局→页面设置”选项组右下角的小箭头，打开“页面设置”对话框。选择“页眉/页脚”选项卡，单击“自定义页眉...”按钮，打开“页眉”对话框，在中间文本框中输入“工资统计”，如图 2.32 所示。在“页眉/页脚”选项卡中，单击“自定义页脚...”按钮，打开“页脚”对话框，在右侧文本框中输入“2021 年 3 月工资”，如图 2.33 所示。

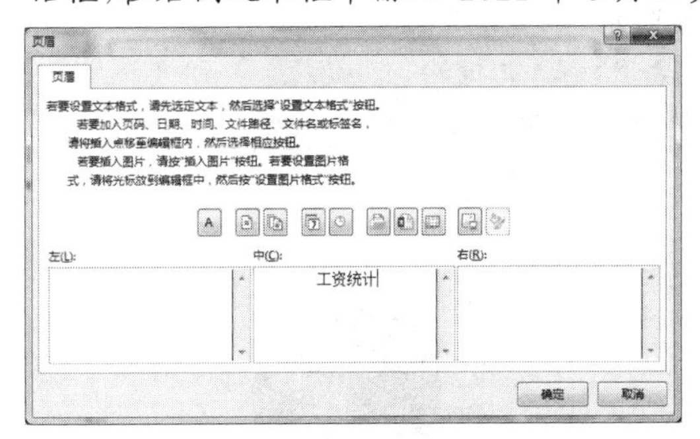

图 2.32　自定义页眉

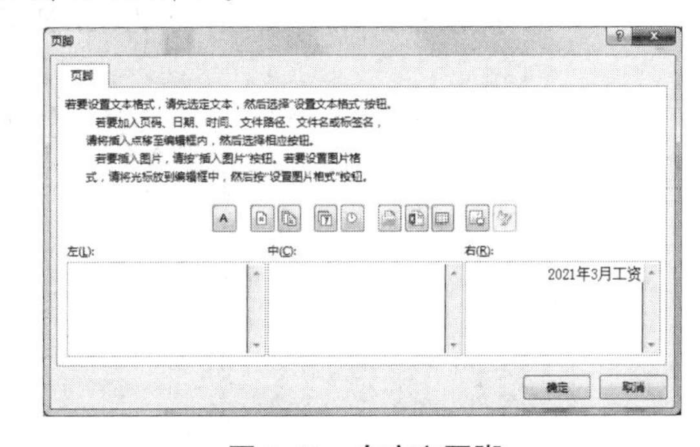

图 2.33　自定义页脚

(3)单击“打印预览”按钮查看打印效果。

任务 2　员工档案数据的汇总分析

1. 任务目标

(1)掌握工作表的数据格式化方法。

(2)掌握工作表的边框格式化方法。

(3)掌握应用函数汇总工作表中数据的方法。

(4)掌握绝对引用和相对引用的方法。

(5)掌握数据的分类汇总方法。

(6)掌握图表的创建方法。

2. 任务要求

根据东方公司员工档案表(“Excel. xlsx”文件),按照如下要求完成公司员工档案信息的分析和汇总工作。

(1)对工作表进行格式调整,将所有工资设置为保留两位小数的数值,适当加大行高、列宽。

(2)将单元格 J1 与 K1 合并居中,设置单元格区域 J1:K4 的边框线为双实线。

(3)根据工作表中的工资数据,统计项目经理的基本工资总额,并将其填写在“统计报告”的单元格 K2 中。

(4)根据工作表中的工资数据,统计本科生的平均基本工资,并将其填写在“统计报告”的单元格 K3 中。

(5)根据工作表中的学历数据,统计博士学历的人数,并将其填写在“统计报告”的单元格 K4 中。

(6)对每个员工的基本工资按升序排名,排名结果填写在“基本工资排名”列中。

(7)通过分类汇总功能求出每种职务员工的平均基本工资。

(8)创建一个饼图,对各种职务员工的平均基本工资进行比较,并将该图表放置在单元格区域 J9:L27 中。

(9)保存“Excel. xlsx”文件,处理结果如图 2.34 所示。

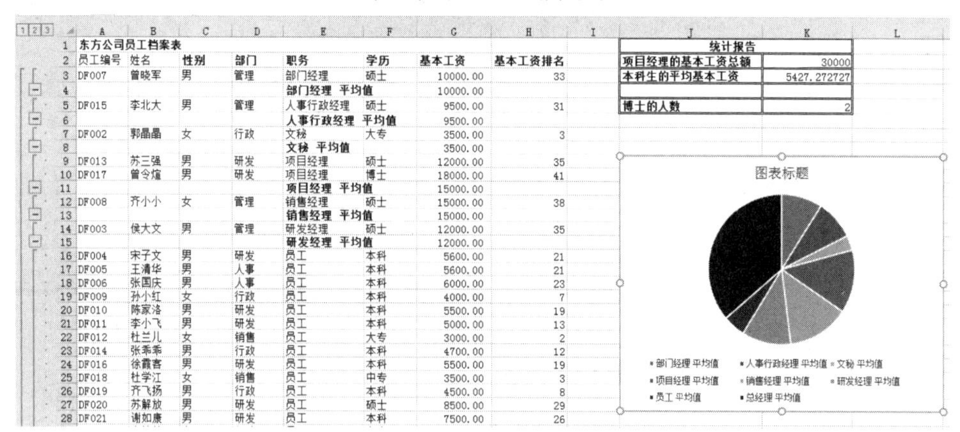

	A	B	C	D	E	F	G	H
1	东方公司员工档案表							
2	员工编号	姓名	性别	部门	职务	学历	基本工资	基本工资排名
3	DF007	曾晓军	男	管理	部门经理	硕士	10000.00	33
4					部门经理 平均值		10000.00	
5	DF015	李北大	男	管理	人事行政经理	硕士	9500.00	31
6					人事行政经理 平均值		9500.00	
7	DF002	郭晶晶	女	行政	文秘	大专	3500.00	3
8					文秘 平均值		3500.00	
9	DF013	苏三强	男	研发	项目经理	硕士	12000.00	35
10	DF017	曾令煊	男	研发	项目经理	博士	18000.00	41
11					项目经理 平均值		15000.00	
12	DF008	齐小小	女	管理	销售经理	硕士	15000.00	38
13					销售经理 平均值		15000.00	
14	DF003	侯大文	男	管理	研发经理	硕士	12000.00	35
15					研发经理 平均值		12000.00	
16	DF004	宋子文	男	研发	员工	本科	5600.00	21
17	DF005	王清华	男	人事	员工	本科	5600.00	21
18	DF006	张国庆	男	人事	员工	本科	6000.00	23
19	DF009	孙小红	女	行政	员工	本科	4000.00	7
20	DF010	陈家洛	男	研发	员工	本科	5500.00	19
21	DF011	李小飞	男	研发	员工	本科	5000.00	13
22	DF012	杜兰儿	女	销售	员工	大专	3000.00	2
23	DF014	张乖乖	男	行政	员工	本科	4700.00	12
24	DF016	徐霞客	男	研发	员工	本科	5500.00	19
25	DF018	杜学江	女	销售	员工	中专	3500.00	3
26	DF019	齐飞扬	男	行政	员工	本科	4500.00	8
27	DF020	苏解放	男	研发	员工	硕士	8500.00	29
28	DF021	谢如康	男	研发	员工	本科	7500.00	26

	J	K
1	统计报告	
2	项目经理的基本工资总额	30000
3	本科生的平均基本工资	5427.272727
4		
5	博士的人数	2

图 2.34 处理结果

3. 任务步骤

步骤 1 工作表格式化。

(1)打开“Excel. xlsx”文件,选择工作表“员工档案表”。

(2)选中所有工资列单元格,单击“开始→数字”选项组右下角的小箭头 ,打开“设置单元格格式”对话框。在“数字”选项卡“分类”组中选择“数值”,在“小数位数”微调框中设置小数位数为 2,单击“确定”按钮,如图 2.35 所示。

图 2.35　设置工资列单元格格式

(3)选中所有单元格内容,选择"开始→单元格→格式→自动调整行高"命令,如图 2.36 所示。

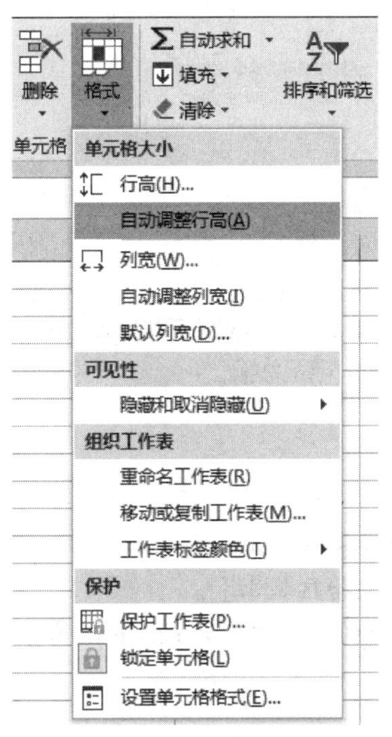

图 2.36　自动调整行高

(4)按照设置行高同样的方式选择"自动调整列宽"命令。

步骤 2　工作表的边框格式化。

(1)选中单元格区域 J1:K1,选择"开始→对齐方式→合并后居中"命令,如图 2.37 所示。

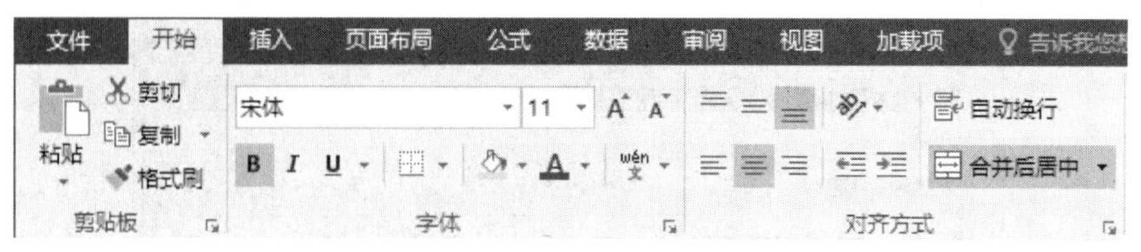

图 2.37 “合并后居中”命令

(2)选中单元格区域 J1:K4,单击“开始→数字”选项组右下角的小箭头 ,打开“设置单元格格式”对话框。在“边框”选项卡中,选择“线条”样式为双实线,在“预置”组中,依次单击“外边框”和“内部”按钮,单击“确定”按钮,如图 2.38 所示。

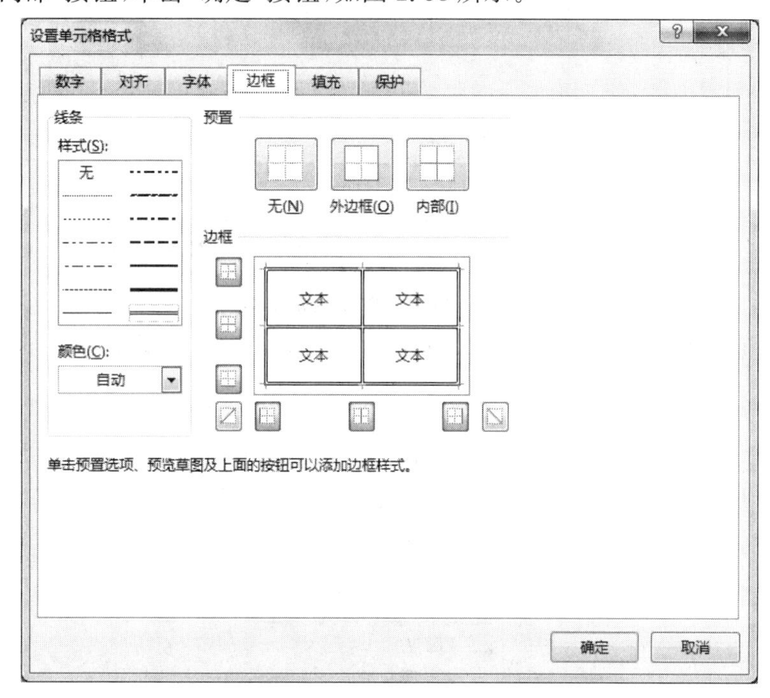

图 2.38 设置单元格区域的边框

步骤 3 统计项目经理的基本工资总额。

小知识

①SUMIF 函数。

格式:SUMIF(range,criteria,sum_range)。

功能:对满足某一条件的单元格区域求和。

参数:range 为用于条件判断的单元格区域;criteria 为条件;sum_range 为需要求和的实际单元格。

②AVERAGEIF 函数。

格式:AVERAGEIF(range,criteria,average_range)。

功能:计算指定区域中符合指定条件的单元格的平均值。

参数:range 指定计算平均值的区域;criteria 指定计算平均值的单元格满足的条件;average_range 为计算平均值的实际单元格。

③COUNTIF 函数。

格式:COUNTIF(range,criteria)。

功能:对指定区域中符合指定条件的单元格计数。

参数:range 指定计数的单元格区域;criteria 指定计数的单元格满足的条件。

④RANK 函数。

格式:RANK(number,ref,order)。

功能:返回某一个数值在某一区域内的排名。

参数:number 为需要求排名的一个数值或者单元格名称;ref 为排名的参照数值区域;order 如果默认不输入或分配 0 值,则为降序排名,如果 order 分配任何非零值,则为升序排名。

(1)选中单元格 K2,选择“公式→函数库→插入函数”命令(见图 2.39),弹出“插入函数”对话框。在“插入函数”对话框的“或选择类别”下拉列表中选择“全部”,在“选择函数”列表框中选择“SUMIF”,如图 2.40 所示。

图 2.39　“插入函数”命令

图 2.40　选择“SUMIF”函数

(2)在“Range”文本框中输入“E3:E37”,在“Criteria”文本框中输入““项目经理””,在“Sum_range”文本框中输入“G3:G37”,单击“确定”按钮,如图 2.41 所示。

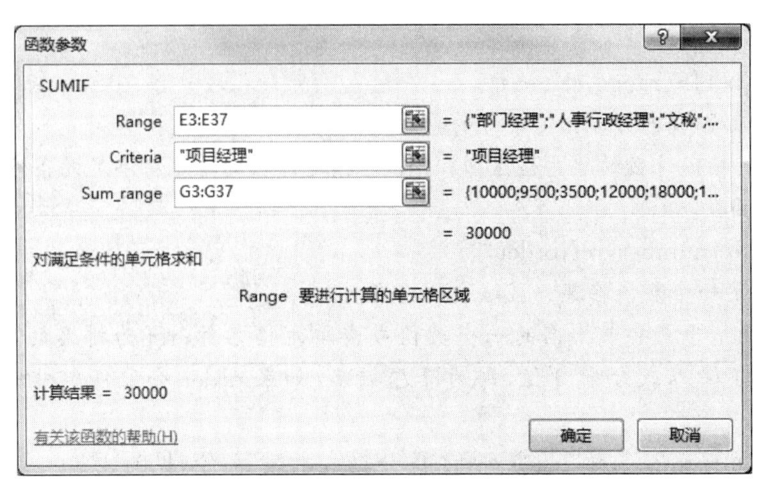

图 2.41 设置“SUMIF”函数参数

小提示

也可以在单元格 K2 中输入“=SUMIF(E3:E37,“项目经理”,G3:G37)”,按回车键确认,完成汇总计算。

步骤 4 统计本科生的平均基本工资。

选中单元格 K3,按照步骤 3 的方法,选择“AVERAGEIF”函数,设置函数的相应参数,完成汇总计算,如图 2.42 所示。

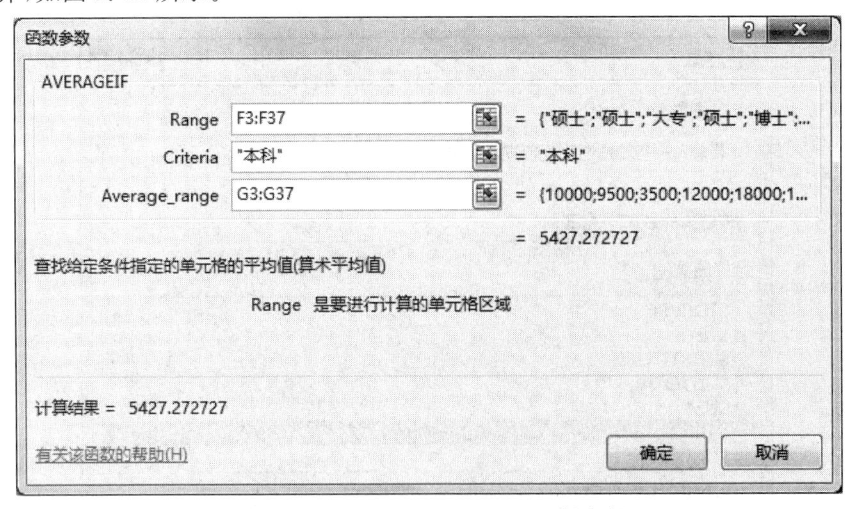

图 2.42 设置“AVERAGEIF”函数参数

小提示

也可以在单元格 K3 中输入“=AVERAGEIF(F3:F37,“本科”,G3:G37)”,按回车键确认,完成汇总计算。

步骤 5 统计博士学历的人数。

选中单元格 K4,按照步骤 3 的方法,选择“COUNTIF”函数,设置函数的相应参数,完成汇总计算,如图 2.43 所示。

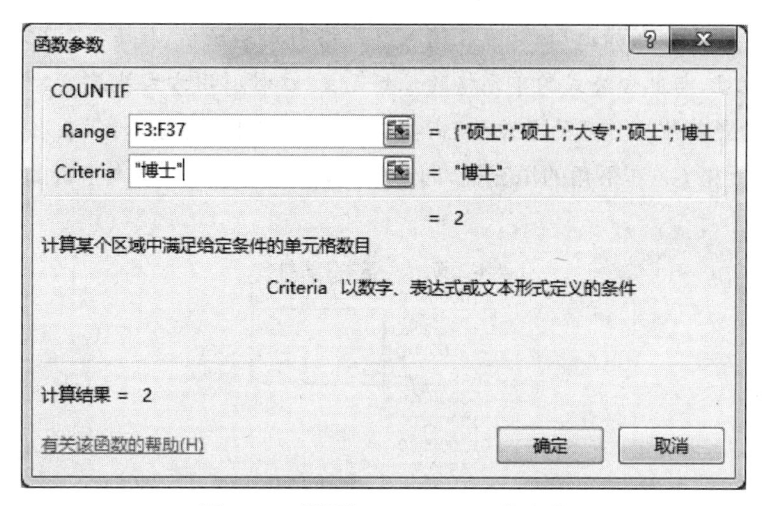

图 2.43　设置“COUNTIF”函数参数

小提示

也可以在单元格 K4 中输入“=COUNTIF(F3:F37,“博士”)”,按回车键确认,完成汇总计算。

步骤 6　对每个员工的基本工资按升序排名。

(1)选中单元格 H3,按照步骤 3 的方法,选择“RANK”函数。

(2)在“Number”文本框中输入“G3”,在“Ref”文本框中输入“$G$3:$G$37”,在“Order”文本框中输入“1”,单击“确定”按钮,如图 2.44 所示。

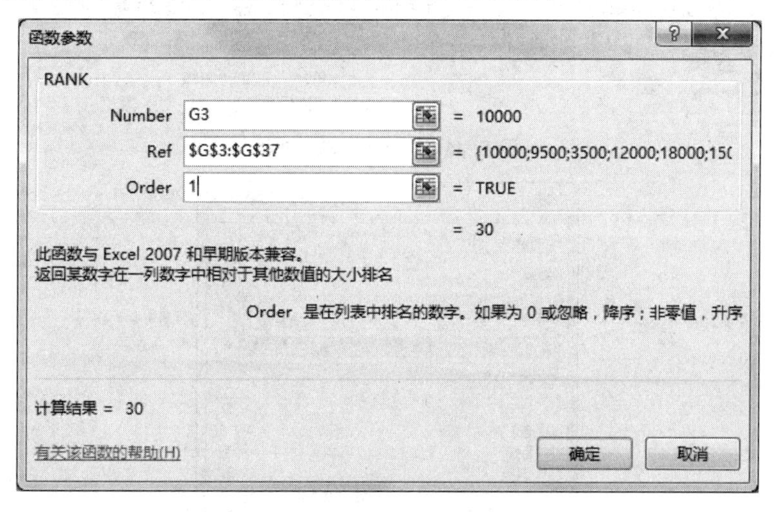

图 2.44　设置“RANK”函数参数

小知识

单元格的引用包括相对引用和绝对引用。

相对引用仅指出引用数据的相对位置,用列标和行号表示单元格引用。当复制相对引用公式到其他单元格时,被复制公式中的单元格的引用地址也随着变化。

在列标和行号前分别加上“$”(可在输入单元格引用地址后,按F4键实现),表示公式中单元格的精确地址,与包含公式的单元格的位置无关,这种引用方式就是绝对引用。

如果引用的是其他工作表的单元格,需要以“工作表名!单元格名称”来表示。

(3)拖动单元格G3右下角的填充柄,向下填充,求出每个员工基本工资的排名,如图2.45所示。

基本工资	基本工资排名
10000.00	30
9500.00	29
3500.00	3
12000.00	
18000.00	
15000.00	
12000.00	
5600.00	
5600.00	
6000.00	
4000.00	
5500.00	

图2.45 拖动填充柄自动向下填充排名

步骤7 统计每种职务员工的平均基本工资。

选中数据区域中的某个单元格,选择“数据→分级显示→分类汇总”命令(见图2.46),打开“分类汇总”对话框。在“分类汇总”对话框中,选择“分类字段”下拉列表中的“职务”,选择“汇总方式”下拉列表中的“平均值”,勾选“选定汇总项”组中的“基本工资”复选框,单击“确定”按钮,如图2.47所示。

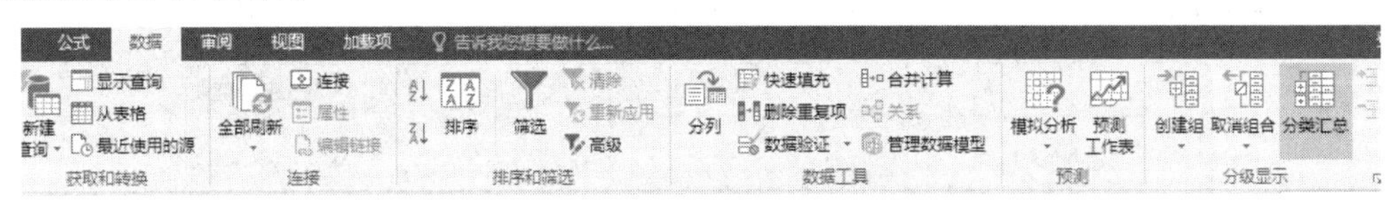

图2.46 “分类汇总”命令

分类汇总

分类字段(A):

职务

汇总方式(U):

平均值

选定汇总项(D):

- [ ] 性别
- [ ] 部门
- [ ] 职务
- [ ] 学历
- [x] 基本工资
- [ ] 基本工资排名

- [x] 替换当前分类汇总(C)
- [ ] 每组数据分页(P)
- [x] 汇总结果显示在数据下方(S)

全部删除(R) 确定 取消

图2.47 “分类汇总”对话框

小知识

数据分类汇总的前提是需要汇总的数据已经进行了分类，所以通常需要先按照分类的字段对数据排序，在排序将数据进行了分类之后，才可以分类汇总。如果需要汇总的数据已经分类了，就可以直接分类汇总。

步骤 8　插入图表。

(1)按住 Ctrl 键，依次选中每种职务及其平均基本工资所在的单元格，选择“插入→图表”选项组右下角的小箭头，打开“插入图表”对话框。选择“所有图表”选项卡，在“饼图”各个子类型中，选择“饼图”命令，如图 2.48 所示。

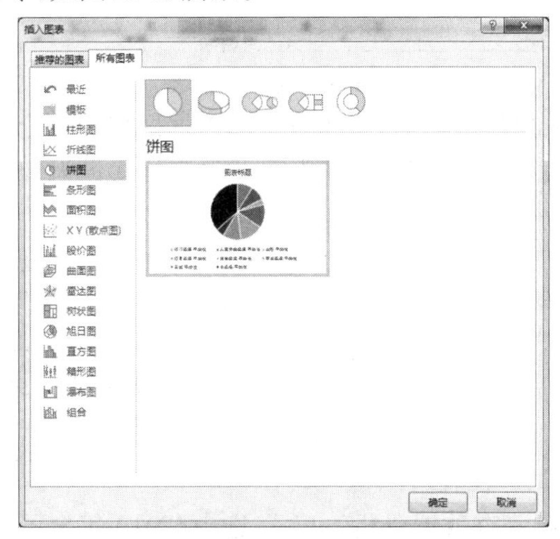

图 2.48　插入饼图

(2)移动该图表至单元格区域 J9:L27 中。

步骤 9　保存“Excel. xlsx”文件。

任务 3　全国人口普查数据透视表

1. 任务目标

(1)掌握数据透视表创建的方法。

(2)掌握数据透视表编辑的方法。

(3)掌握工作表套用格式的方法。

(4)掌握工作表格式设置的方法。

2. 任务要求

(1)基于工作簿“全国人口普查数据分析. xlsx”中的数据创建一个数据透视表，将数据透视表放置到名为“透视分析”的新工作表中。透视表的行标签为“地区”，数值项依次为 2010 年人口数、2010 年所占比重，要求筛选出 2010 年人口数超过(大于)5 000 万的地区、人口数和所占比重，总计项包括“2010 年人口数最大值”和“2010 年所占比重平均值”，创建的数据透视表如图 2.49 所示。注意：进行地区统计时，统计范围不包含“中国人民解放军现役军人”及“难以确定常住地”两类地区。

行标签	2010年人口数最大值（万人）	2010年所占比重平均值
安徽省	5950	4.44%
广东省	10430	7.79%
河北省	7185	5.36%
河南省	9402	7.02%
湖北省	5724	4.27%
湖南省	6568	4.90%
江苏省	7866	5.87%
山东省	9579	7.15%
四川省	8042	6.00%
浙江省	5443	4.06%
总计	**10430**	**5.69%**

图 2.49　数据透视表

(2)对“2010 年全国人口普查数据”工作表中的数据区域套用合适的表格样式，要求至少四周有边框、且偶数行有底纹，并将所有人口数列的数字格式设为带千分位分隔符的整数。

3. 任务步骤

小知识

数据透视表是一种特殊形式的表，它能从一个数据列表的特定字段中概括出信息，可以得到比分类汇总更为详尽的交叉分析的列表。

步骤 1　开始创建数据透视表。

打开工作簿“全国人口普查数据分析.xlsx”，选中“2010 年全国人口普查数据”工作表中任意一个单元格。选择“插入→表格→数据透视表”命令(见图 2.50)，打开“创建数据透视表”对话框。选择需要分析的数据区域，选择透视表放置在“新工作表”中，如图 2.51 所示。单击“确定”按钮，插入一张新的工作表，将该工作表重命名为“透视分析”。

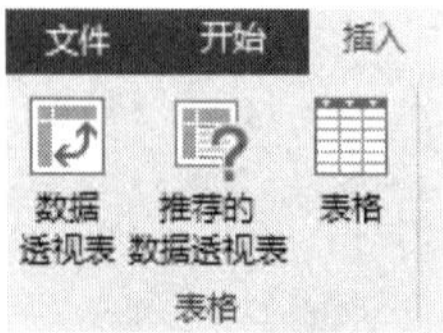

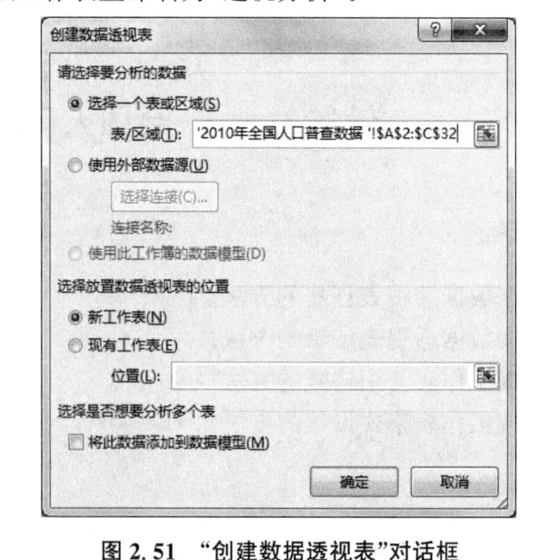

图 2.50　插入数据透视表　　**图 2.51　“创建数据透视表”对话框**

步骤 2　选择报表字段。

(1)选择“数据透视表工具→分析→显示→字段列表”命令，如图 2.52 所示。在打开的“数据透视表字段”任务窗格中，拖动“地区”到“行”，拖动“2010 年人口数(万人)”和“2010 年所占比重”到“值”，如图 2.53 所示。

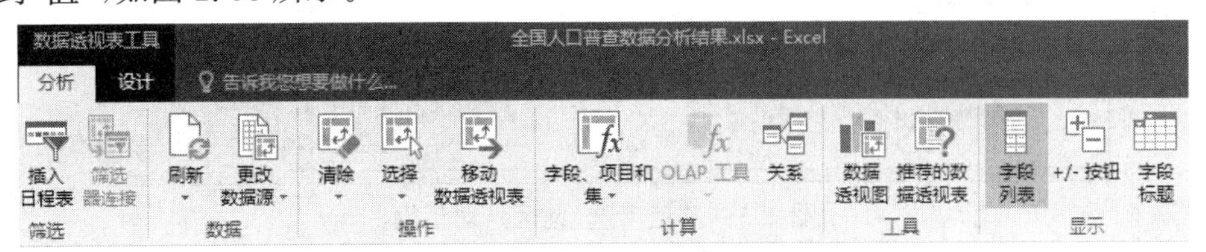

图 2.52　“字段列表”命令

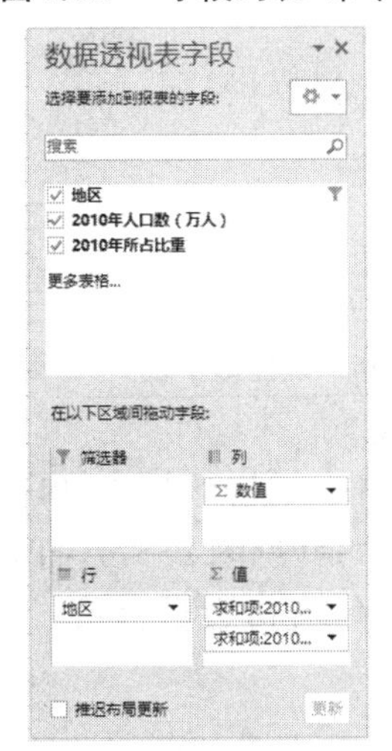

图 2.53　选择数据透视表字段

(2)在数据表中，单击“行标签”右侧的下拉按钮，选择“值筛选→大于...”命令(见图 2.54)，弹出“值筛选(地区)”对话框，第一个文本框选择“求和项:2010 年人口数(万人)”，第二个文本框选择“大于”，在第三个文本框中输入“5000”，单击“确定”按钮，如图 2.55 所示。选中“求和项:2010 年所占比重”列，设置数字格式为“百分比”，设置后的结果如图 2.56 所示。

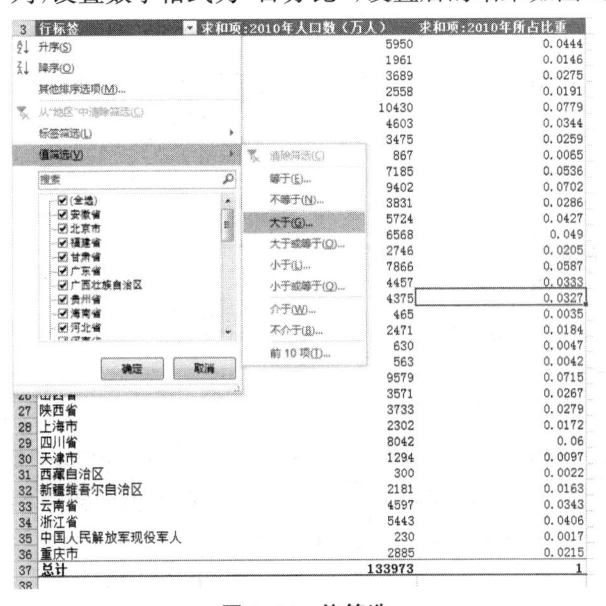

图 2.54　值筛选

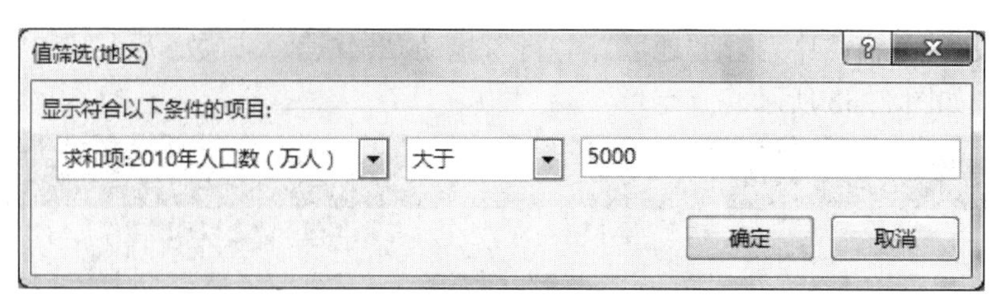

图 2.55 “值筛选(地区)”对话框

3	行标签	求和项:2010年人口数（万人）	求和项:2010年所占比重
4	安徽省	5950	4.44%
5	广东省	10430	7.79%
6	河北省	7185	5.36%
7	河南省	9402	7.02%
8	湖北省	5724	4.27%
9	湖南省	6568	4.90%
10	江苏省	7866	5.87%
11	山东省	9579	7.15%
12	四川省	8042	6.00%
13	浙江省	5443	4.06%
14	**总计**	**76189**	**56.86%**

图 2.56 设置数字格式为“百分比”

步骤 3 选择“值”字段汇总方式。

(1)在“数据透视表字段”任务窗格的“值”区域中，单击“求和项:2010 年人口数(万人)”右侧的下拉按钮，选择“值字段设置…”命令(见图 2.57)，打开“值字段设置”对话框，设置计算类型为“最大值”，自定义名称为“2010 年人口数最大值(万人)”，单击“确定”按钮，如图 2.58 所示。

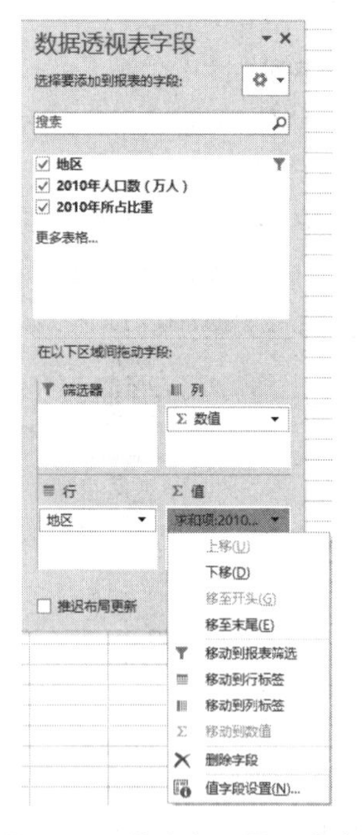

图 2.57 “值字段设置…”命令

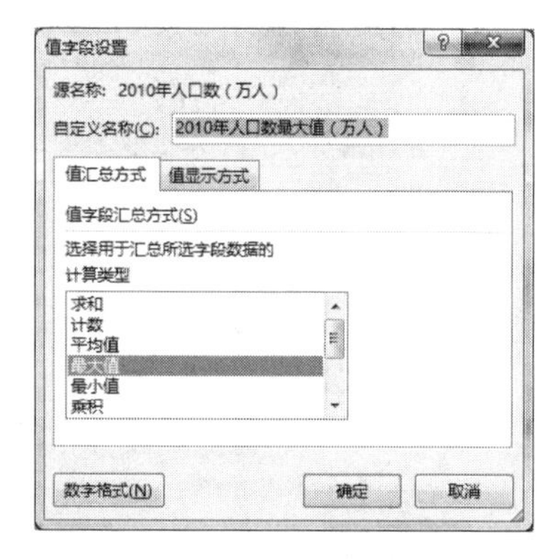

图 2.58 值字段设置 1

(2)按照相同的方法，设置“求和项:2010 年所占比重”的值字段，计算类型为“平均值”，自定义名称为“2010 年所占比重平均值”，单击“确定”按钮，如图 2.59 所示。

图 2.59　值字段设置 2

步骤 4　套用表格样式和格式化。

(1)选中“2010 年全国人口普查数据”工作表中的单元格区域 A1:C34，选择“开始→样式→套用表格格式”命令，在表格样式库中选择“表样式浅色 17”(见图 2.60)，打开“套用表格式”对话框，单击“确定”按钮，如图 2.61 所示。

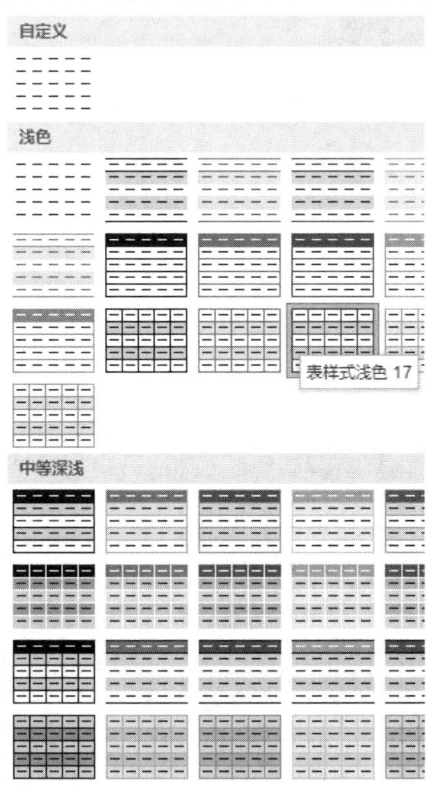

图 2.60　套用表格样式

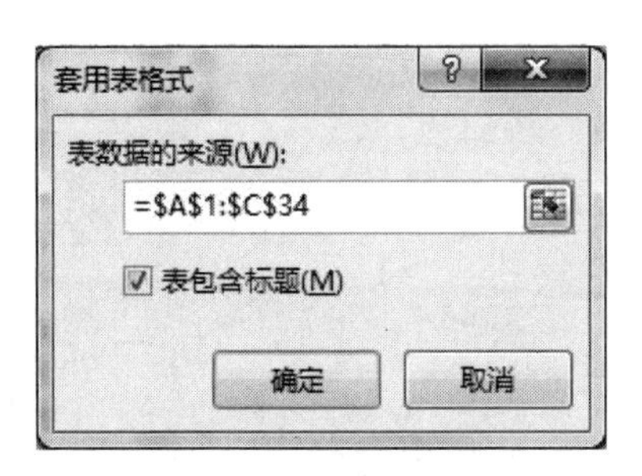

图 2.61　“套用表格式”对话框

(2)选中“2010 年人口数(万人)”列,单击“开始→数字”选项组右下角的小箭头 ,打开“设置单元格格式”对话框,选择“数字”选项卡,在“分类”列表中选择“数值”,在“小数位数”微调框中输入 0,勾选“使用千位分隔符”复选框,如图 2.62 所示。

图 2.62 设置千位分隔符

步骤 5 保存“全国人口普查数据分析.xlsx”文件。

模块3 演示文稿的制作

任务1 PowerPoint 基本操作综合训练

1. 任务目标

(1)掌握版式和主题的应用及背景设置方法。

(2)掌握音乐等多媒体的使用方法。

(3)掌握自定义动画的设置方法。

(4)掌握幻灯片切换方式的设置方法。

(5)掌握超链接和动作按钮的使用方法。

(6)掌握页眉页脚的设置方法。

(7)掌握幻灯片母版的设置方法。

(8)掌握演示文稿的插入合并方法。

2. 任务要求

利用图片、文字、声音、视频等多媒体,制作一个具有超链接功能的演示文稿,题目为“美好的大学时光”,并将演示文稿“做人的原则.pptx”的部分幻灯片插入合并到本演示文稿中。制作完成的演示文稿(局部)如图 3.1 所示。

图 3.1 演示文稿(局部)效果图

3. 任务步骤

步骤1 制作标题幻灯片。

(1)插入第一张幻灯片,设置幻灯片版式为“标题幻灯片”,主题为“环保”。

选择“开始→幻灯片→版式→标题幻灯片”命令。默认情况下,“标题幻灯片”版式即为第一张幻灯片的版式,如图3.2所示。选择“设计”选项卡,在“主题”选项组中,打开下拉列表,选择“环保”,如图3.3所示。

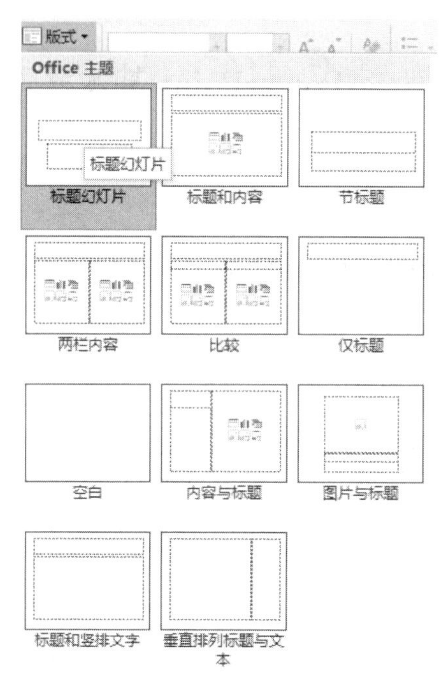

图3.2 “标题幻灯片”版式

图3.3 设置标题幻灯片主题为“环保”

①一个演示文稿一般由多张幻灯片组成。幻灯片是演示文稿的每一页的内容。

②主题是一组预定义的颜色、字体和视觉效果,利用主题可以使每张幻灯片具有统一的专业的外观。

③版式指的是幻灯片内容在幻灯片上的排列方式。版式由占位符组成,而占位符可放置文字(如标题和项目符号列表等),也可以放置幻灯片的具体内容(如表格、图表、图片和剪贴画等)。

(2)在标题占位符中输入“美好的大学时光”,设置字体:隶书,60号,加粗,文字阴影,分散对齐。在副标题占位符中输入“影音版”,设置字体:隶书,40号,加粗,加下画线,居中对齐,颜色为 RGB(245,80,180)。

在“开始→字体”选项组中可以设置字体格式,如图 3.4 所示。

图 3.4 设置字体格式

设置颜色时选择“其他颜色…”命令,在“颜色”对话框中选择“自定义”选项卡,选择“颜色模式”为“RGB”,在“红色”“绿色”“蓝色”后面的文本框中分别输入相应的数值 245,80,180,如图 3.5 所示。

图 3.5 自定义字体颜色

步骤 2 制作第二张幻灯片。

(1)插入第二张幻灯片,幻灯片版式为“空白”,插入“叶子.jpg”图片作为背景,设置 50% 透明度。

选择“开始→幻灯片→新建幻灯片”命令,插入新幻灯片,选择“开始→幻灯片→版式→空白”版式。

选择“设计→自定义→设置背景格式”命令,弹出如图 3.6 所示的“设置背景格式”任务窗格,选择“填充→图片或纹理填充”选项,单击“插入图片来自”中的“文件…”按钮,选择“叶子.jpg”图片进行插入,设置“透明度”文本框中的值为“50%”。

(2)在幻灯片中插入剪贴画(图片 1.wmf),设置图片的高度为 200 磅,宽度为 200 磅,水平位置(距左上角)为 9 厘米,垂直位置(距左上角)为 6 厘米。

选择“插入→图像→图片”命令,将“图片 1. wmf”插入幻灯片中。右击图片,选择“设置图片格式...”命令,在“设置图片格式”任务窗格(见图 3.7)中,选择“大小与属性”选项卡,在“大小”组中,取消勾选“锁定纵横比”复选框,并在图片的“高度”和“宽度”后的文本框中输入“200 磅”(自动换算为 7.06 厘米)。在“位置”组中,设置图片的位置为距幻灯片左上角水平 9 厘米和垂直 6 厘米。

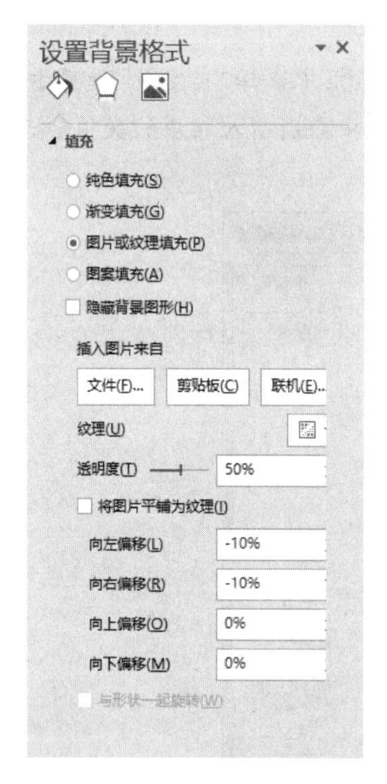

图 3.6　设置图片背景

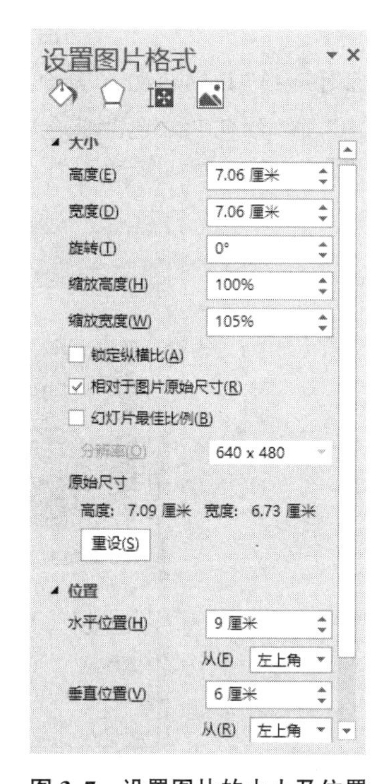

图 3.7　设置图片的大小及位置

(3)设置剪贴画的动画效果为从底部“飞入”,速度为“非常快”。

选中插入的剪贴画,选择“动画→动画→飞入”命令,如图 3.8 所示。选择“动画→动画→效果选项→自底部”命令,如图 3.9 所示。

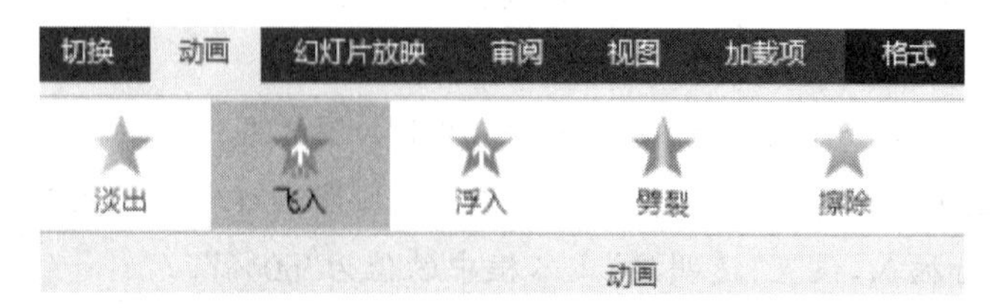

图 3.8　添加飞入效果

图3.9　设置自底部飞入效果

小提示

可以单击“动画→动画”选项组右下角的小箭头，在“飞入”对话框的“效果”选项卡中设置方向，在“计时”选项卡中设置“期间”为“非常快(0.5秒)”，如图3.10所示。

图3.10　“飞入”对话框的“计时”选项卡

小提示

可以选择“动画→高级动画→添加动画”命令设置动画效果。

可以选择“动画→高级动画→动画刷”命令，复制当前占位符的动画效果，然后粘贴到其他占位符上。

小知识

动画包括“进入”“强调”“退出”和“动作路径”4 个类别。

进入:使文本或对象以某种效果进入幻灯片。

强调:为幻灯片中的文本或对象添加效果。

退出:为文本或对象添加在某一时刻离开幻灯片的效果。

动作路径:为对象添加某种效果以使其按照指定的路径移动。

(4)设置剪贴画的阴影效果为“外部”组中的“向右偏移”。

小提示

选中剪贴画,选择“图片工具→格式→图片样式→图片效果”命令,设置所需阴影样式,如图 3.11 所示。

(5)在剪贴画的下面插入横排文本框,输入“几年的大学生活使我们成为朋友”,字体为华文行楷,字号为 30 号,动画效果为“放大/缩小”。

小提示

选择“插入→文本→文本框→横排文本框”命令,然后在幻灯片中绘制一个文本框,输入相应文字。

选中文本框,选择“动画→动画→动画样式→强调→放大/缩小”命令,如图 3.12 所示。

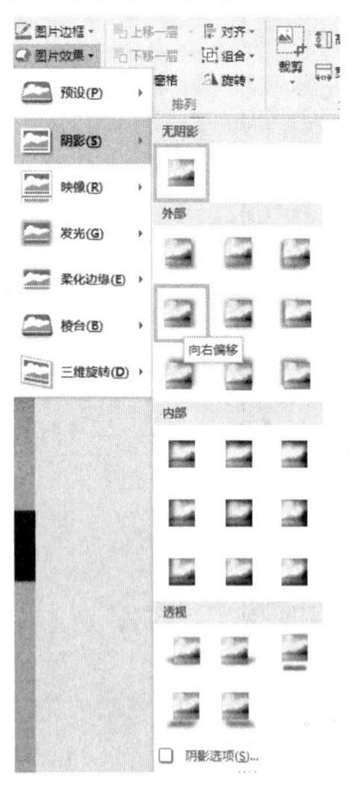

图 3.11 图片的阴影效果设置

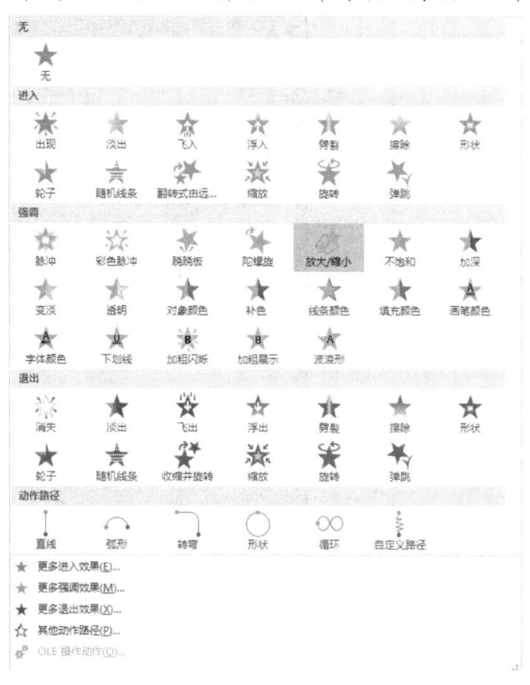

图 3.12 设置“放大/缩小”动画

步骤 3 制作第三张幻灯片。

插入第三张幻灯片,幻灯片版式为“标题和内容”。标题内容为“美丽的回忆”,内容处添加两行文本“声音”和“影片”，并设置项目符号为大圆形。

小提示

选择“开始→幻灯片→新建幻灯片”命令，插入新幻灯片，选择“开始→幻灯片→版式→标题和内容”版式。

选中文本框，选择“开始→段落→项目符号”命令，在“项目符号”下拉列表中选择相应符号，如图 3.13 所示。

图 3.13　项目符号的设置

步骤 4　制作第四张幻灯片。

(1)插入第四张空白幻灯片，并在幻灯片中插入音乐文件“背景音乐. wav”，设置为自动播放，放映时隐藏。

小提示

选择“开始→幻灯片→新建幻灯片”命令，插入新幻灯片，选择“开始→幻灯片→版式→空白”版式。

选择“插入→媒体→音频→PC 上的音频”命令，选择相应音频素材文件，插入幻灯片中。在“音频工具→播放→音频选项”选项组中，“开始”文本框选择 “自动”选项，勾选“放映时隐藏”复选框，如图 3.14 所示。

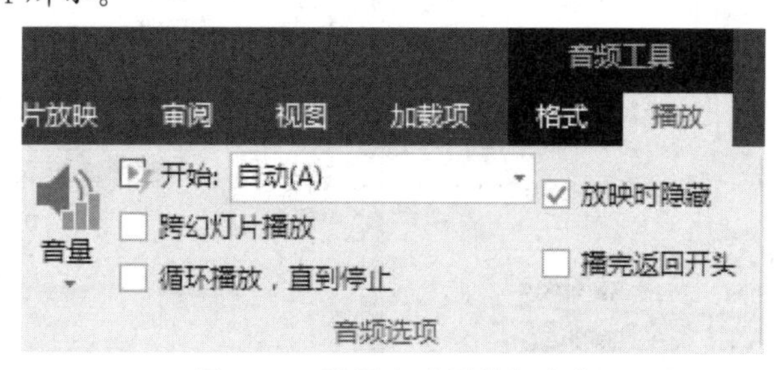

图 3.14　设置自动播放和隐藏

(2)插入横排文本框，将“rr. txt”文件中的内容插入占位符中，字体为华文行楷，字号为 40，文本效果为“转换→弯曲→桥形”。

小提示

选择“插入→文本→文本框→横排文本框”命令，在幻灯片中绘制一个文本框。打开“rr.txt”文件，复制里面的内容并粘贴到文本框中。选中文本框，在“开始→字体”选项组中设置字体与字号。选择“绘图工具→格式→艺术字样式→文本效果→转换→弯曲→桥形”命令，如图 3.15 所示。

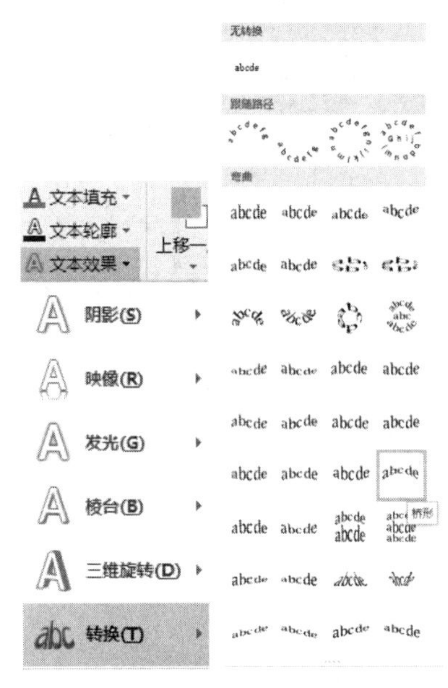

图 3.15　设置文本效果

(3)设置文本框的动画效果为“向内溶解”，在上一个动画之后 1 秒开始，动画文本为“按字母”，动画声音为“风铃”。

小提示

选中文本框，选择“动画→动画→动画样式→更多进入效果…→向内溶解”命令。在“动画→计时”选项组的“开始”文本框中设置为“上一动画之后”，“延迟”文本框中输入“01.00”，如图 3.16 所示。单击“动画→动画”选项组右下角的小箭头，在弹出的“向内溶解”对话框中进行相应设置，如图 3.17 所示。

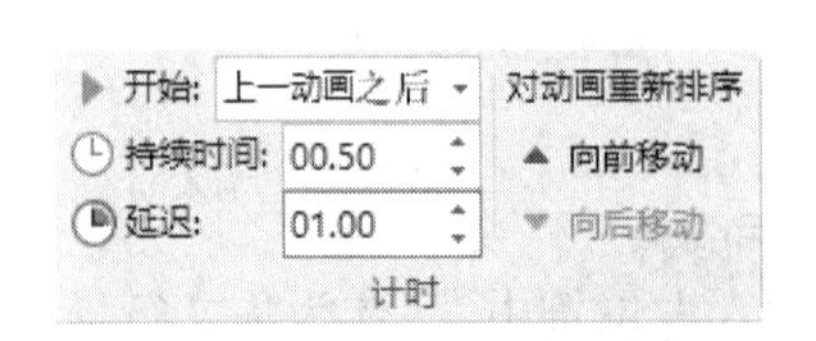

图 3.16　设置动画的计时选项

图 3.17　设置动画的效果

(4)插入“图片 2. wmf”,设置动画效果为“菱形”,方向为“切入”,速度为“非常快”。

小提示

选中图片,选择“动画→动画→动画样式→更多进入效果…→菱形”命令,如图 3.18 所示。

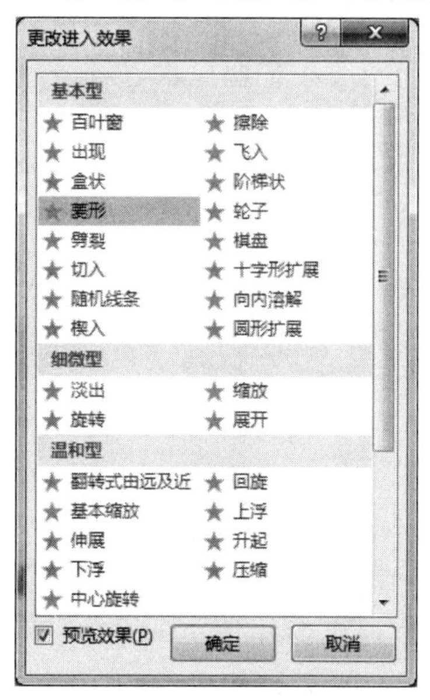

图 3.18 设置“菱形”进入动画效果

(5)设置动画执行顺序为先播放图片后播放文本框。

小提示

在“动画→计时”选项组中,选择“对动画重新排序”下方的“向前移动”或“向后移动”命令,可以调整动画播放的顺序。也可以选择“动画→高级动画→动画窗格”命令,在“动画窗格”中,使用▲▼按钮对所有设置的动画重新排序,如图 3.19 所示。

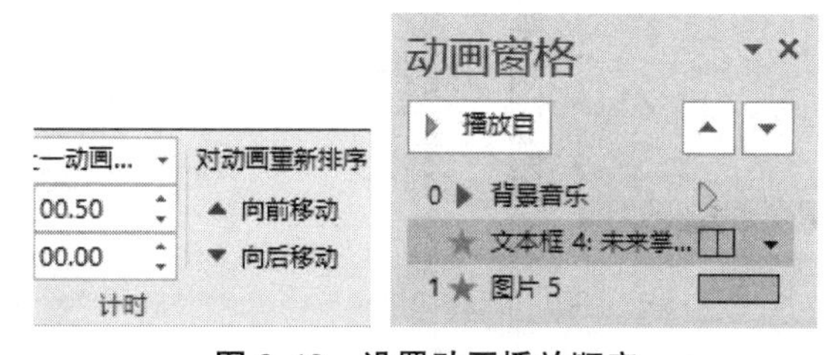

图 3.19 设置动画播放顺序

(6)插入动作按钮:后退或前一项,并使其超链接到第三张幻灯片。

小提示

选择“插入→插图→形状→动作按钮→动作按钮:后退或前一项”命令,如图 3.20 所示。在幻灯片的空白位置绘制一个按钮,在弹出的“操作设置”对话框中,选择“单击鼠标时的动作”标签下的“超链接到→幻灯片…”命令,如图 3.21 所示。在弹出的“超链接到幻灯片”对话框中,选择“3. 美丽的回忆”,单击“确定”按钮,如图 3.22 所示。

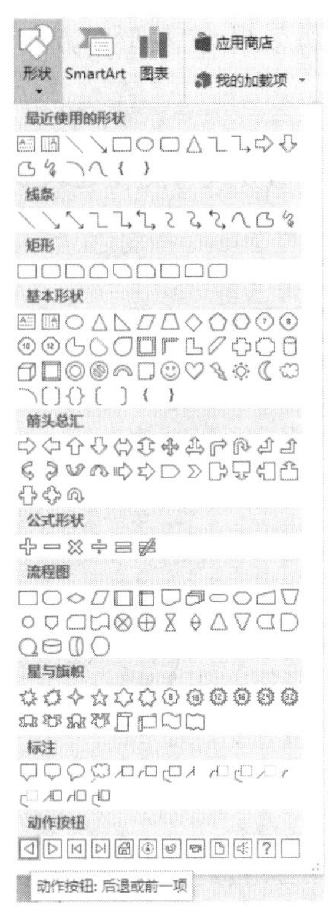

图 3.20　插入动作按钮

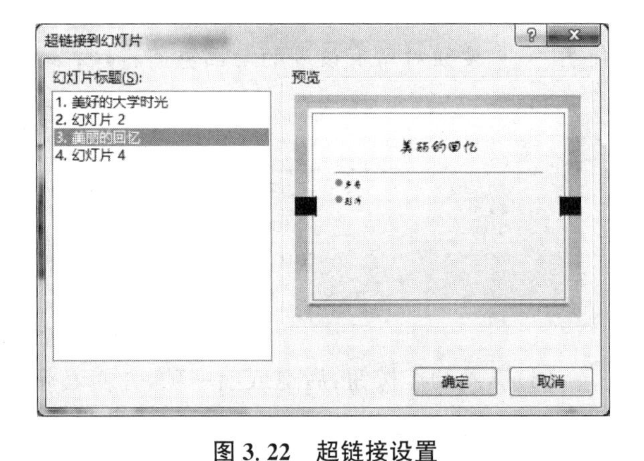

图 3.21　动作按钮的动作设置

图 3.22　超链接设置

小知识

动作按钮是系统提供的现成的按钮，可以插入演示文稿并为其设置动作，例如定义超链接或运行某个程序等。

步骤 5　制作第五张幻灯片。

(1)插入第五张空白幻灯片,并在新幻灯片中插入来自文件中的影片(单击时播放)。

小提示

在第五张幻灯片中,选择“插入→媒体→视频→PC上的视频”命令,选择视频素材文件,插入幻灯片中。在“视频工具→播放→视频选项”选项组的“开始”文本框中,选择“单击时”,如图3.23所示。

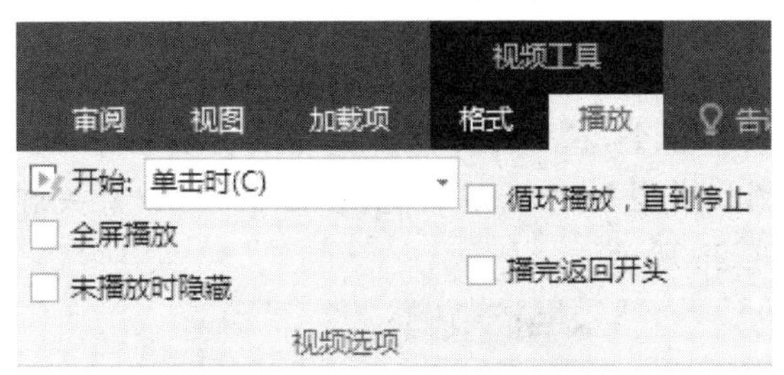

图3.23 设置视频播放选项

小知识

图片是以嵌入的方式成为演示文稿的组成部分。

默认情况下,音频文件和视频文件是链接而非嵌入到演示文稿中。这意味着,放映演示文稿时,系统会打开所链接的媒体文件进行播放。所以,应该将音频文件和视频文件与演示文稿文件保存在相同的位置,以便演示文稿调用相关的媒体文件。如果要在另一台计算机上播放带有链接文件的演示文稿,则必须在复制该演示文稿的同时复制它所链接的文件。

(2)插入第1行第3列艺术字,内容为“同学们努力吧!”。

小提示

选择“插入→文本→艺术字”命令,选择第1行第3列的艺术字样式,如图3.24所示。输入“同学们努力吧!”。

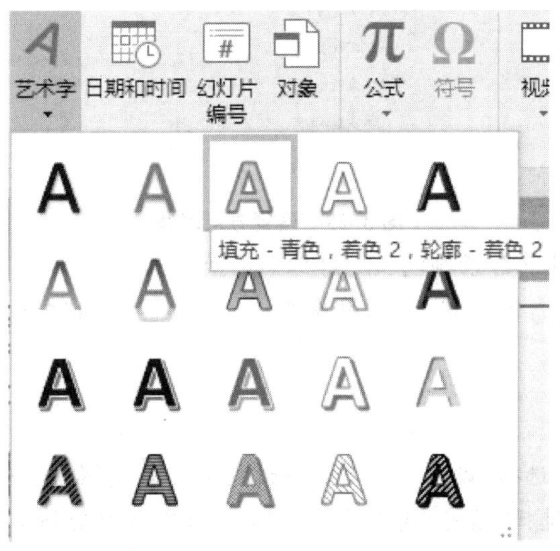

图3.24 选择艺术字样式

(3)设置艺术字的动画效果为“劈裂”,方向为“左右向中央收缩”。

小提示

选中艺术字，选择“动画→动画→动画样式→进入→劈裂”命令，选择“动画→动画→效果选项→左右向中央收缩”效果。

(4)在艺术字下方绘制一条方点虚线，粗细为3磅，前端类型和末端类型为圆型箭头。

小提示

选择“插入→插图→形状”命令，选择“直线”选项，在幻灯片上绘制一条直线。选中直线，右击，选择“设置形状格式...”命令，在“设置形状格式”任务窗格中，选择“填充和线条”选项卡，在“线条”组中，设置“短划线类型”为“方点”，“宽度”为“3磅”，“箭头前端类型”及“箭头末端类型”为“圆型箭头”，如图3.25所示。

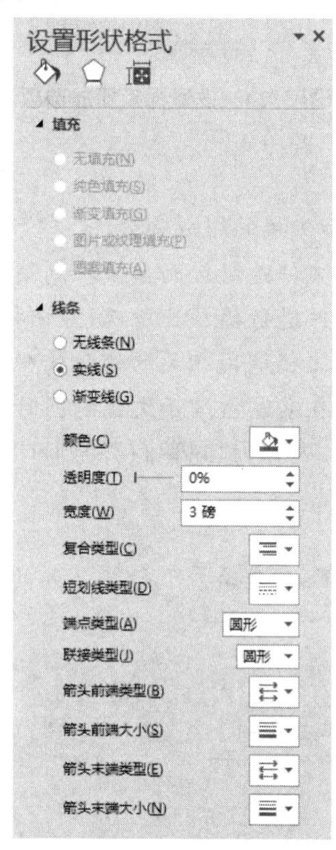

图 3.25 设置方点虚线

步骤6 设置幻灯片的背景颜色及幻灯片的切换方式。

(1)设置第一张幻灯片的背景为“顶部聚光灯-个性色2”的“线性对角-左上到右下”的渐变底纹。

小提示

选中第一张幻灯片，选择“设计→自定义→设置背景格式”命令，如图3.26所示。在“设置背景格式”任务窗格中，选择“填充”选项卡，再选择“填充→渐变填充”选项，“预设渐变”选择“顶部聚光灯-个性色2”，如图3.27所示。设置“类型”为“线性”，“方向”为“线性对角-左上到右下”，如图3.28所示。

图 3.26　“自定义”选项组的“设置背景格式”命令

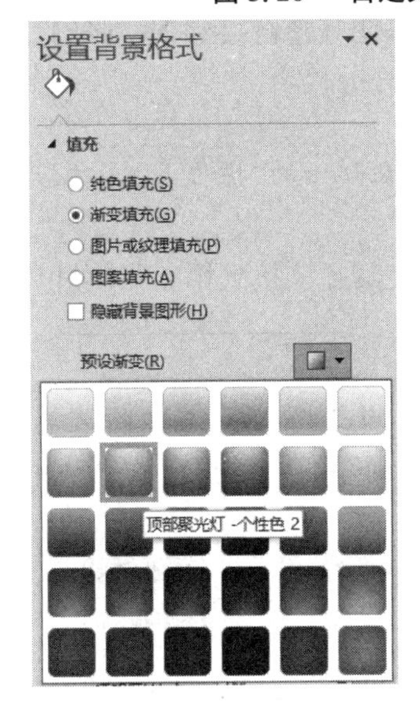

图 3.27　设置预设渐变

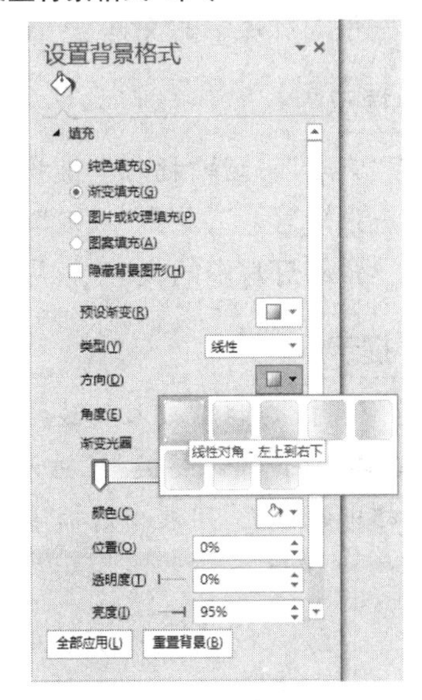

图 3.28　设置渐变方向

小提示

如果设置完成后单击“全部应用”按钮，那么将改变演示文稿中所有幻灯片的背景。

(2)设置第一张幻灯片的切换方式为自底部推进，声音为“激光”；第二张幻灯片的切换方式为自右侧揭开，声音为“鼓掌”。

小提示

选中第一张幻灯片，选择“切换→切换到此幻灯片→推进”命令，如图3.29所示。选择“切换→切换到此幻灯片→效果选项→自底部”命令，如图3.30所示。在“切换→计时”选项组中，将声音设置为“激光”。

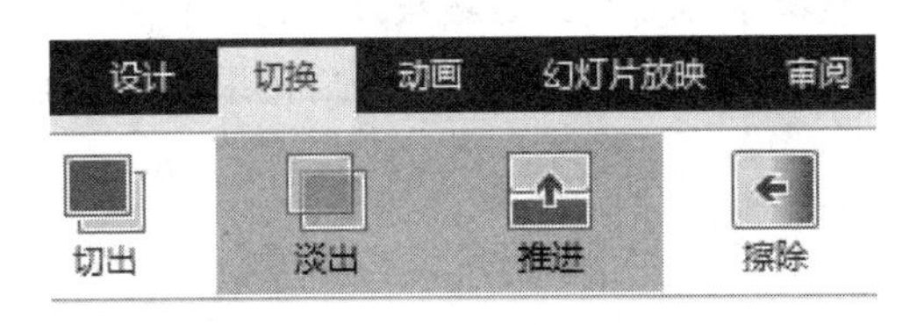

图 3.29　设置幻灯片切换效果

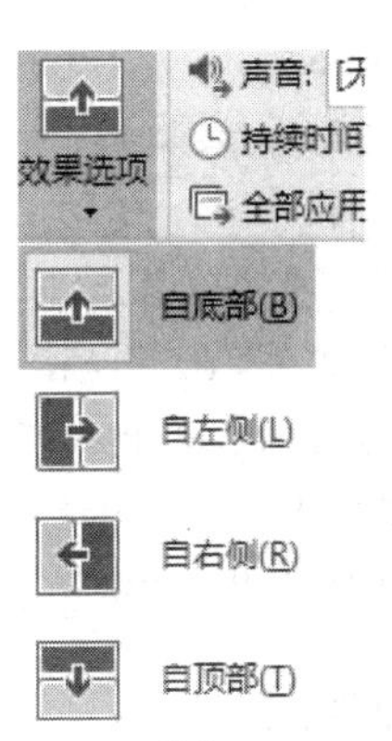

图 3.30　设置切换效果选项

小提示

选中第二张幻灯片，选择“切换→切换到此幻灯片→揭开”命令。选择“切换→切换到此幻灯片→效果选项→自右侧”命令。在“切换→计时”选项组中，将声音设置为“鼓掌”。

步骤 7 设置文本和自选图形的超链接。

(1)对第三张幻灯片中的文本“声音”进行动作设置，使其超链接到下一张幻灯片。

小提示

选中文字“声音”，选择“插入→链接→动作”命令。在弹出的“操作设置”对话框中，设置为超链接到“下一张幻灯片”，单击“确定”按钮。

(2)对第三张幻灯片中的文本“影片”插入超链接，使其超链接到第五张幻灯片。

小提示

选中文字“影片”，选择“插入→链接→超链接”命令，或右击文字，在快捷菜单中选择“超链接...”命令。在弹出的“插入超链接”对话框左侧的“链接到”列表中选择“本文档中的位置”，并在“请选择文档中的位置”列表中选择第五张幻灯片，单击“确定”按钮，如图 3.31 所示。

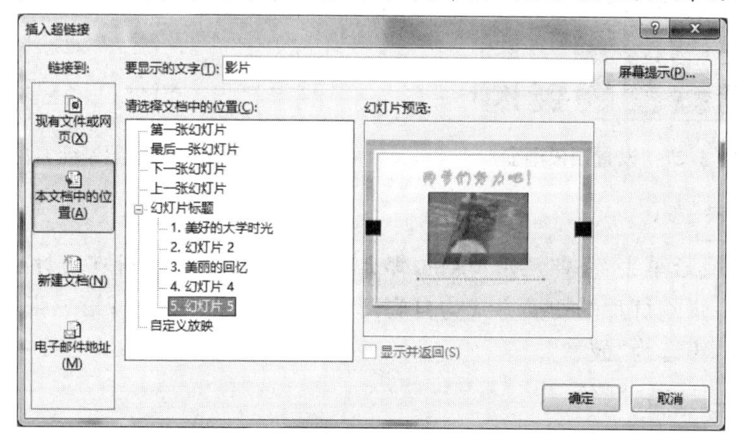

图 3.31 超链接设置

小知识

超链接是从一张幻灯片到另一张幻灯片、网页或文件的链接。超链接本身可以是文本、图片、图形、形状或艺术字等。

如果链接指向另一张幻灯片，目标幻灯片将显示在 PowerPoint 演示文稿中。如果链接指向某个网页、网络位置或不同类型的文件，则会在适当的应用程序或 Web 浏览器中显示目标网页或目标文件，也可以输入链接目标的 URL 地址。

表示超链接的文本用下画线显示，图片、形状等其他对象超链接没有附加格式。

(3)在第三张幻灯片中插入基本形状“太阳形”，设置图形的填充为“花束”纹理，输入文字“结束”，更改方向为 15°。

小提示

选择“插入→插图→形状→基本形状→太阳形”命令，在幻灯片中绘制图形。选中该图形，右击，选择“设置形状格式…”命令，打开“设置形状格式”任务窗格，如图 3.32 所示。选择“填充和线条”选项卡，在“填充”组中选择“图片或纹理填充”选项，在“纹理”下拉列表中选择“花束”纹理，如图 3.33 所示。在“大小与属性”选项卡中设置旋转角度为 15°，如图 3.34 所示。

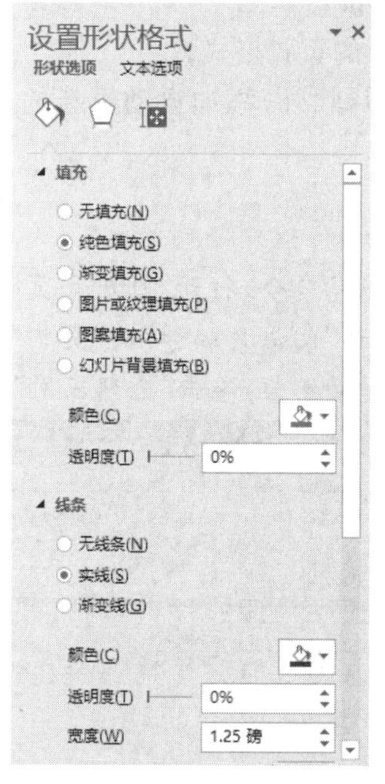

图 3.32　设置形状格式

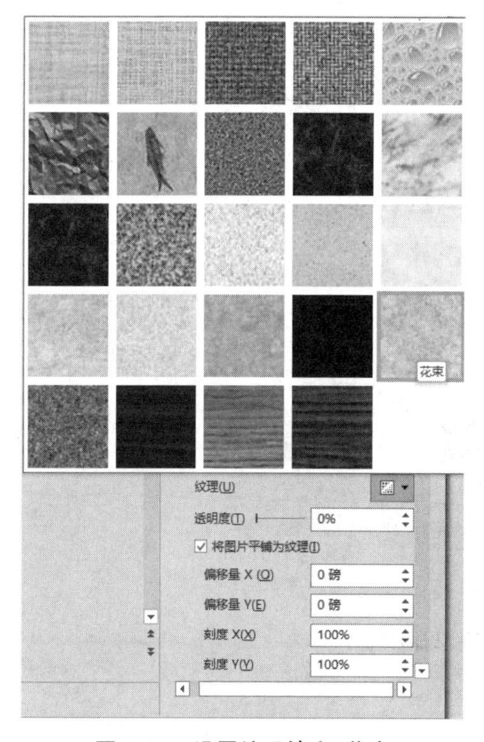

图 3.33　设置纹理填充:花束

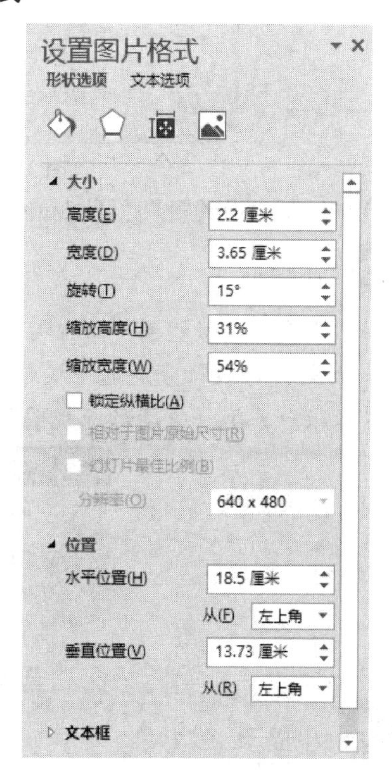

图 3.34　设置旋转角度

(4)对“太阳形”进行动作设置，单击鼠标时结束放映。

小提示

选中“太阳形”，选择“插入→链接→动作”命令。在弹出的“操作设置”对话框中，设置为超链接到“结束放映”，单击“确定”按钮。

步骤 8 利用母版设置幻灯片的页脚格式。

(1)给所有幻灯片(标题幻灯片除外)添加自动更新的日期，页脚为“大学时光”、幻灯片编号。

小提示

选择“插入→文本→页眉和页脚”命令，打开“页眉和页脚”对话框。在“幻灯片”选项卡中设置日期和时间为“自动更新”，勾选“幻灯片编号”及“页脚”复选框，输入页脚的内容为“大学时光”，勾选“标题幻灯片中不显示”复选框，单击“全部应用”按钮，如图 3.35 所示。

图 3.35 设置幻灯片的页脚格式

(2)在母版中设置日期、页脚和编号的字号为 24、蓝色字体。

小提示

选择“视图→母版视图→幻灯片母版”命令(见图 3.36)，进入幻灯片母版视图。选中第一个“环保 幻灯片母版”，分别选中该母版下方的 3 个文本框，设置字号为 24，颜色为蓝色。选择“幻灯片母版→关闭→关闭母版视图”命令，返回到普通视图。

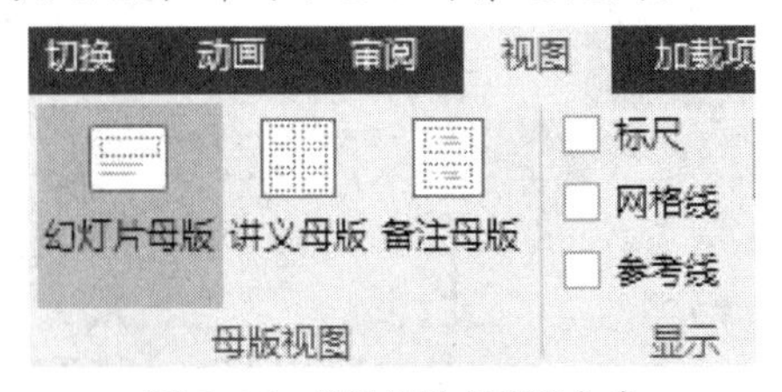

图 3.36 “幻灯片母版”命令

小提示

不同的幻灯片版式都有与之相对应的母版，所以在幻灯片母版视图中会展现多张母版，每张母版都标记着使用该母版的幻灯片编号，可以对不同的母版设置格式效果。

(3)在母版中插入图片“校徽.jpg”。

小提示

选择“视图→母版视图→幻灯片母版”命令，进入幻灯片母版视图。选中第一个“环保 幻灯片母版”，插入图片“校徽.jpg”，适当调整图片的大小和位置。

小知识

母版用于设置文稿中每张幻灯片的预设格式，这些格式包括标题及正文文字的位置和大小、项目符号的样式、背景图案等。母版包括幻灯片母版、讲义母版和备注母版。

①幻灯片母版：设计除标题幻灯片以外的所有幻灯片的格式。

②讲义母版：添加或修改幻灯片以讲义形式出现的页眉和页脚信息。

③备注母版：设计备注页的版式及备注文字的格式。

通常使用幻灯片母版可以进行的操作包括：

①更改字体或项目符号；

②插入要显示在多张幻灯片上的艺术图片（如徽标）；

③更改占位符的位置、大小和格式。

步骤9　幻灯片的页面设置。设置幻灯片大小为自定义，宽度为25厘米、高度为20厘米，幻灯片编号起始值为1。

小提示

选择“设计→自定义→幻灯片大小→自定义幻灯片大小…”命令，打开“幻灯片大小”对话框，将“宽度”文本框设置为25厘米、“高度”文本框设置为20厘米，“幻灯片编号起始值”文本框设置为1，单击“确定”按钮，如图3.37所示。

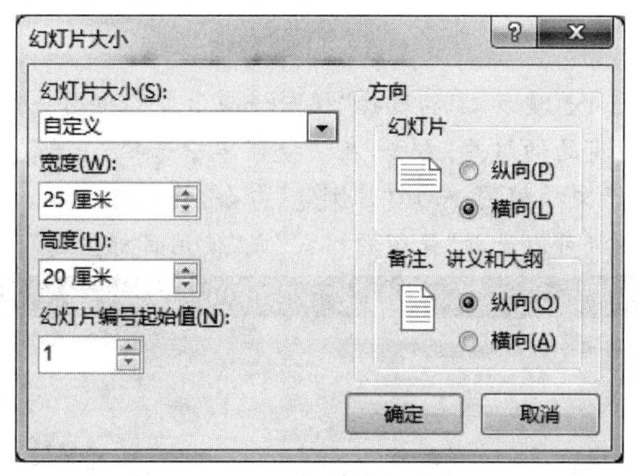

图3.37　幻灯片的大小设置

步骤10　更改模板为“Nature.potx”。

小提示

在“设计→主题”选项组中，打开“主题库”下拉列表，选择“浏览主题…”命令，如图3.38所示。在“选择主题或主题文档”对话框中，选择“Nature.potx”文件，单击“应用”按钮，如图3.39所示。

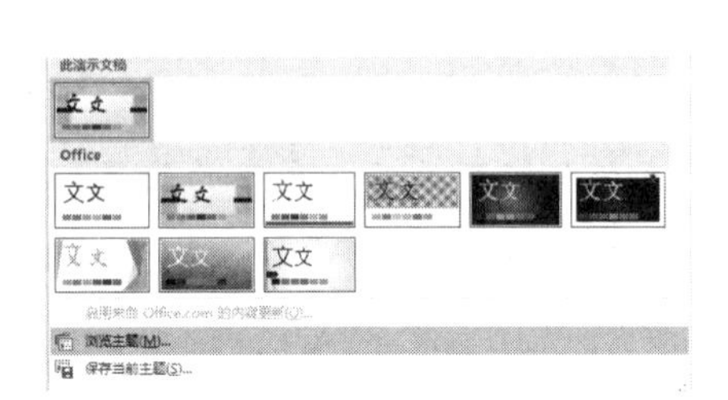

图 3.38 “浏览主题...”命令

图 3.39 “选择主题或主题文档”对话框

小知识

主题是一组预定义的颜色、字体和视觉效果，利用主题可以使每张幻灯片具有统一的专业的外观。主题文件的扩展名是“.thmx”。模板使所有的幻灯片具有相同的外观，模板文件的扩展名是“.potx”。设计模板包括项目符号、字体的类型和大小、占位符的大小和位置、背景设计和填充、配色方案，以及幻灯片母版和可选的标题母版。

模板是一个主题和一些内容的集合，通常针对特定的应用目的而设计，以支持演示文稿的制作，如销售、商业计划或课堂教学等。模板具有协同工作的设计元素，如颜色、字体、背景、效果，以及服务于讲述的样本内容等。自定义模板并将其进行存储，可以使模板为多人共享和重复使用。

步骤 11 将“做人的原则.pptx”添加到本演示文稿的末尾。

小提示

打开“做人的原则.pptx”演示文稿，选择“视图→演示文稿视图→幻灯片浏览”命令。在幻灯片浏览视图下，选中所有的幻灯片，右击，在快捷菜单中选择“复制”命令。切换到当前演示文稿中，选择“视图→演示文稿视图→幻灯片浏览”命令，将光标插入点定位到最后，右击，在快捷菜单中选择“粘贴”命令(可以选择“保留源格式”或“使用目标主题”)，如图 3.40 所示。

图 3.40 演示文稿的插入和合并

步骤 12　将本演示文稿的放映方式设置为“观众自行浏览”。

小提示

选择“幻灯片放映→设置→设置幻灯片放映”命令，打开“设置放映方式”对话框，在“放映类型”组中，选择“观众自行浏览”选项，如图 3.41 所示。

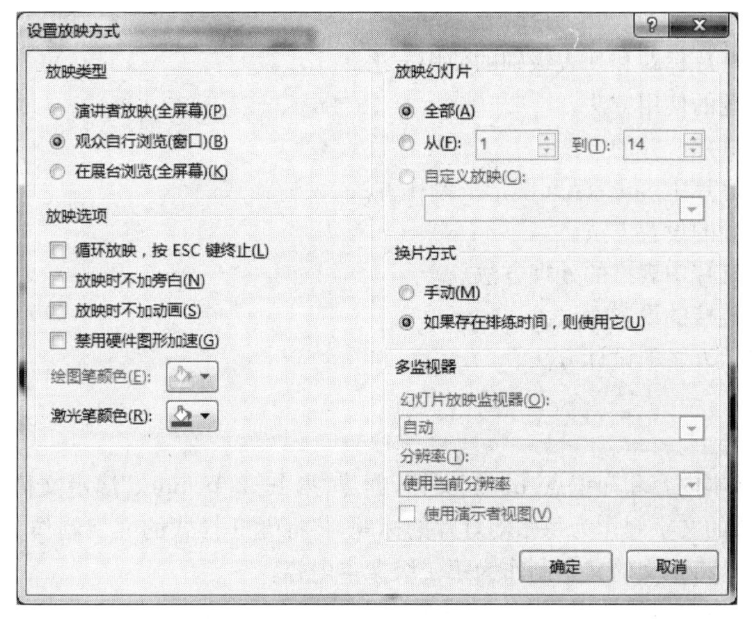

图 3.41　设置“观众自行浏览”

小提示

如果有幻灯片不必放映，选择“幻灯片放映→设置→隐藏幻灯片”命令，则可隐藏当前幻灯片，使得幻灯片放映时不显示该幻灯片。

小知识

幻灯片有 3 种放映方式。

①演讲者放映：最常用的放映方式，使演示文稿全屏放映，演讲者可以随时放映或者暂停演示文稿。

②观众自行浏览：一般在窗口中演示。这种方式提供了演示文稿播放时移动、编辑、复制和打印等命令，便于观众自己浏览演示文稿。在此方式中，可以使用滚动条从一张幻灯片移到另一张幻灯片。

③在展台浏览：可自动运行演示文稿，适用于展览会场或会议中。可以防止用户更改演示文稿。

用户可以设置是否循环放映，放映时是否加旁白、是否加动画，放映时幻灯片的切换方式是手动或自动，是放映全部幻灯片还是部分幻灯片，以及放映时绘图笔的颜色等。

步骤 13　保存演示文稿。

任务2 结构清晰的教学课件

1. 任务目标

(1)掌握幻灯片标题和列表级别的使用方法。

(2)掌握主题的使用方法。

(3)掌握幻灯片合并的方法。

(4)掌握幻灯片中 SmartArt 图形的制作方法。

(5)掌握动画的设置方法。

(6)掌握幻灯片中表格的处理方法。

(7)掌握超链接的设置方法。

(8)掌握演示方案的设计方法。

2. 任务要求

(1)根据“基本内容和知识点. docx”文档,创建“第1—2节. pptx”演示文稿,将 Word 文档中的标题2样式的文字制作为每张幻灯片的标题,将标题3样式的文字制作为每张幻灯片的第一级文本内容,将正文的文字制作为第二级文本内容。

(2)根据“基本内容和知识点. docx”文档,创建“第3—5节. pptx”演示文稿,将 Word 文档中的标题2样式的文字制作为每张幻灯片的标题,将标题3样式的文字制作为每张幻灯片的第一级文本内容,将正文的文字制作为第二级文本内容。

(3)分别为“第1—2节. pptx”和“第3—5节. pptx”两个演示文稿指定不同的合适的设计主题。

(4)创建“物理课件. pptx”演示文稿,将“第1—2节. pptx”和“第3—5节. pptx”中的所有幻灯片合并到“物理课件. pptx”中,要求所有幻灯片保留原来的主题格式。

(5)在第一张幻灯片之前插入一张标题幻灯片,将“基本内容和知识点. docx”文档中的标题1样式的文字制作为标题内容。

(6)在标题幻灯片之后插入一张幻灯片,版式为“竖排标题与文本”,标题为“主要内容”,将“基本内容和知识点. docx”文档中的“主要内容”下面的文字作为文本内容。

(7)在“物理课件. pptx”的第三张幻灯片之后插入一张版式为“仅标题”的幻灯片,输入标题文字“物质的状态”,在标题下方制作一张射线列表式关系图,样例参考“关系图素材及样例. docx”文档。为该关系图添加适当的动画效果,要求同一级别的内容同时出现、不同级别的内容先后出现。

(8)在第六张幻灯片之后插入一张版式为“标题和内容”的幻灯片,在该幻灯片中插入与素材“蒸发和沸腾的异同点. docx”文档中所示相同的表格,并为该表格添加适当的动画效果。

(9)将第四张、第七张幻灯片分别超链接到第三张、第六张幻灯片的相关文字上。

(10)在演示文稿中创建两个演示方案,第一个演示方案包含第1,2,3,4,5张幻灯片,保存演示方案,命名为“方案1”;第二个演示方案包含第1,2,6,7,8,9张幻灯片,保存演示方案,命名为“方案 2”。

(11)为幻灯片添加编号,页脚内容为“物态及其变化”。

(12)为幻灯片设置适当的切换方式。

3. 任务步骤

步骤 1　制作“第 1—2 节. pptx”演讲文稿。

(1)打开 Word 文档“基本内容和知识点. docx”。

(2)启动 PowerPoint,插入第一张幻灯片,设置版式为“标题和内容”。

(3)将第一节的标题“一、物态变化、温度”复制并粘贴到标题占位符中,将其下面的文字复制并粘贴到内容占位符中。注意:单击“开始→段落”选项组中的“降低列表级别”按钮或“提高列表级别”按钮,可以减小或增大缩进的级别,如图 3.42 所示。

图 3.42　列表级别的设置

(4)选择“开始→幻灯片→新建幻灯片”命令,插入第二张幻灯片,将第二节的标题“二、熔化和凝固”复制并粘贴到标题占位符中,将其下面的文字复制并粘贴到内容占位符中。

(5)保存演示文稿,命名为“第 1—2 节. pptx”。

步骤 2　制作“第 3—5 节. pptx”演示文稿。

(1)选择“文件→新建”命令,单击“空白演示文稿”按钮。

(2)设置第一张幻灯片的版式为“标题和内容”。

(3)将第三节的标题“三、汽化和液化”复制并粘贴到标题占位符中,将其下面的文字复制并粘贴到内容占位符中。

(4)选择“开始→幻灯片→新建幻灯片”命令,插入第二张幻灯片,将第四节的标题“四、升华和凝华”复制并粘贴到标题占位符中,将其下面的文字复制并粘贴到内容占位符中。

(5)选择“开始→幻灯片→新建幻灯片”命令,插入第三张幻灯片,将第五节的标题“五、生活和技术中的物态变化”复制并粘贴到标题占位符中,将其下面的文字复制并粘贴到内容占位符中。

(6)保存演示文稿,命名为“第 3—5 节. pptx”。

步骤 3　设置演示文稿的主题。

(1)在任务栏中切换到“第 1—2 节. pptx”,选择“设计→主题→丝状”命令。

(2)在任务栏中切换到“第 3—5 节. pptx”,选择“设计→主题→回顾”命令。

步骤 4　制作“物理课件. pptx”演示文稿。

(1)选择“文件→新建”命令,单击“空白演示文稿”按钮,修改文件名为“物理课件. pptx”。

(2)在“开始→幻灯片”选项组中,单击“新建幻灯片”下拉按钮,在下拉列表中选择“重用幻灯片…”命令(见图 3.43),打开“重用幻灯片”任务窗格。

(3)在“重用幻灯片”任务窗格中,单击“浏览”按钮,选择“浏览文件”,打开“浏览”对话框,选择“第1—2节.pptx”，单击“打开”按钮，勾选“重用幻灯片”任务窗格中的“保留源格式”复选框，如图3.44所示。分别单击其中的幻灯片，幻灯片会重用在“物理课件.pptx”中。

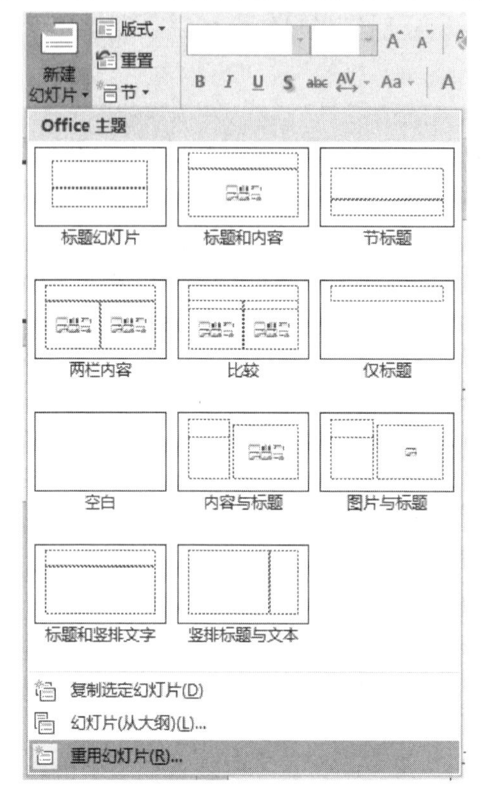

图3.43 “重用幻灯片...”命令

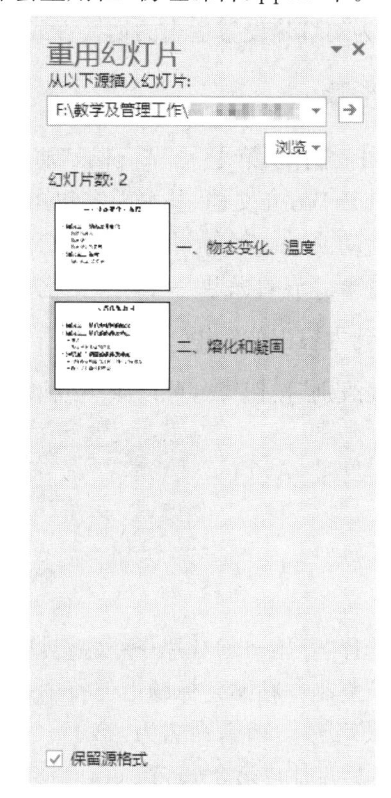

图3.44 “重用幻灯片”任务窗格

(4)将光标定位到全部幻灯片之后，单击“浏览”按钮，选择“浏览文件”，打开“浏览”对话框，选择“第3—5节.pptx”，单击“打开”按钮，勾选“重用幻灯片”任务窗格中的“保留源格式”复选框，分别单击每张幻灯片，将幻灯片重用到“物理课件.pptx”中。关闭“重用幻灯片”任务窗格。

步骤5 制作标题幻灯片。

插入第一张幻灯片，设置版式为“标题幻灯片”。将“基本内容和知识点.docx”文档中标题1样式的文字复制并粘贴到标题占位符中。

步骤6 制作主要内容幻灯片。

插入第二张幻灯片，设置版式为“竖排标题与文本”，将“基本内容和知识点.docx”文档中的“主要内容”复制并粘贴到标题占位符中，将“主要内容”下面的文字作为文本内容复制并粘贴到内容占位符中。

步骤7 制作射线列表式关系图。

(1)选中第三张幻灯片，在“开始→幻灯片”选项组中，单击“新建幻灯片”下拉按钮，选择“仅标题”，输入标题文字“物质的状态”。

(2)选择“插入→插图→SmartArt”命令，打开“选择SmartArt图形”对话框，选择“关系”中的“射线列表”选项，单击“确定”按钮，如图3.45所示。

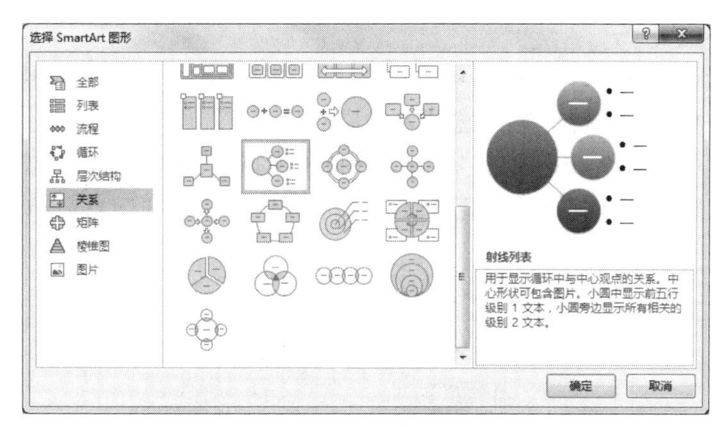

图 3.45　"选择 SmartArt 图形"对话框

(3)参照"关系图素材及样例.docx"文档，在适当的位置插入 SmartArt 图形。将"物态图片.png"填充到图片框中，并将文档表格中的内容复制并粘贴到适当的图形和文本框中，效果如图 3.46 所示。

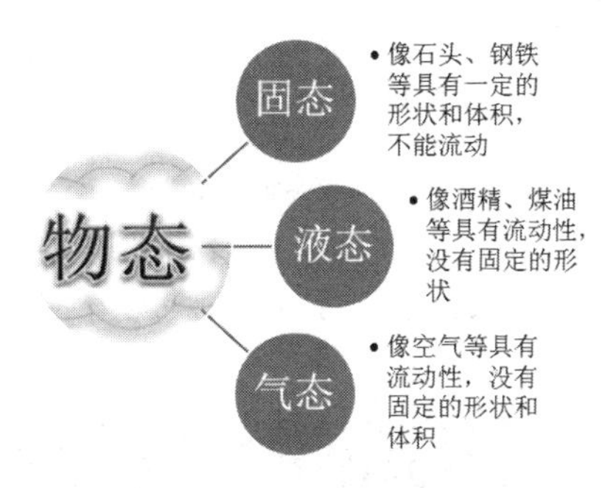

图 3.46　射线列表式关系图

(4)选中 SmartArt 图形，在"动画→动画"选项组中，选择"擦除"命令，在"效果选项"的下拉列表中选择"逐个级别"命令，如图 3.47 所示。

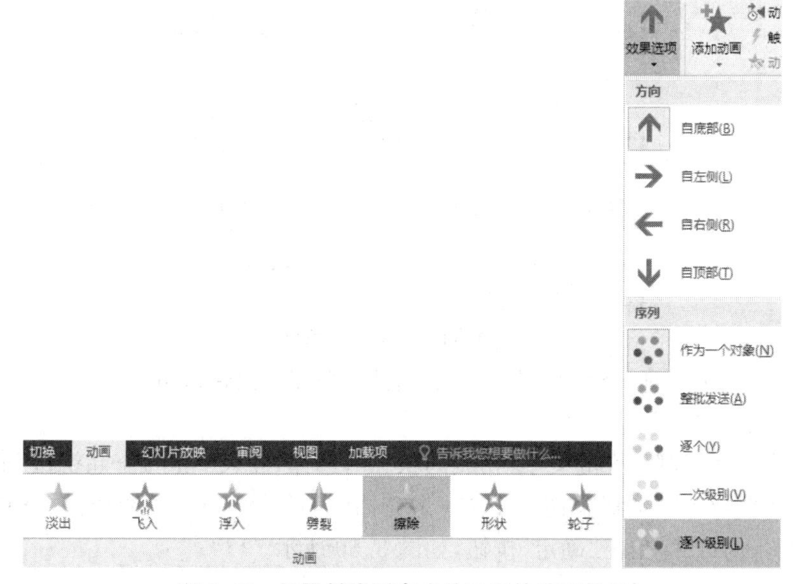

图 3.47　设置射线列表式关系图的动画效果

步骤 8 插入表格。

(1)选中第六张幻灯片,在“开始→幻灯片”选项组中,单击“新建幻灯片”下拉按钮,选择“标题和内容”,在标题占位符中输入“蒸发和沸腾的异同点”。

(2)选中第七张幻灯片,参照素材“蒸发和沸腾的异同点.docx”文档,选择“插入→表格→表格”命令,选择“插入表格…”命令,在“列数”微调框中设定 4,在“行数”微调框中设定 6,如图 3.48 所示。

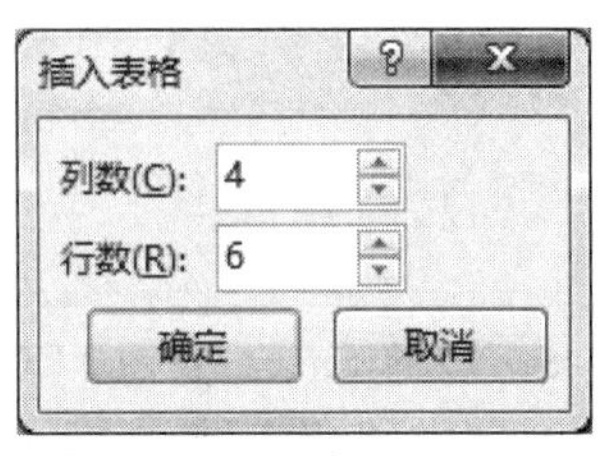

图 3.48 “插入表格”对话框

(3)选中表格第 1 行的第 1 列和第 2 列,选择“表格工具→布局→合并→合并单元格”命令,将单元格合并。选中表格第 2 行的第 1 列和第 2 列,选择“表格工具→布局→合并→合并单元格”命令,将单元格合并。选中第 3,4,5,6 行的第 1 列,选择“表格工具→布局→合并→合并单元格”命令,将单元格合并。

(4)选择“表格工具→设计→绘制边框→绘制表格”命令,在第 1 行第 1 列绘制斜线。

(5)参照“蒸发和沸腾的异同点.docx”文档,将其中的内容输入到相应的单元格中。

(6)选择“表格工具→设计→表格样式→表格样式”命令,在下拉列表中选择“浅色样式 1 - 强调 4”样式,如图 3.49 所示。

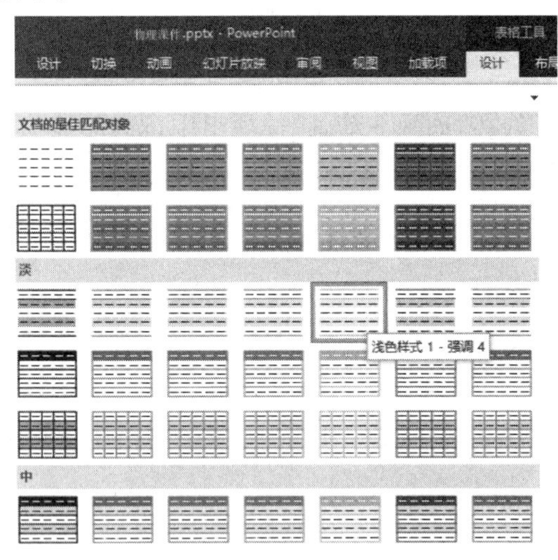

图 3.49 设置表格样式

(7)选中表格,在“动画→动画”选项组中,选择“翻转式由远及近”命令。

步骤 9 超链接的设置。

(1)选中第三张幻灯片中的文字“物质的状态”,选择“插入→链接→超链接”命令,打开“插入超链接”对话框,在“链接到”列表中选择“本文档中的位置”,并在“请选择文档中的位置”列表中选择第四张幻灯片,单击“确定”按钮,如图 3.50 所示。

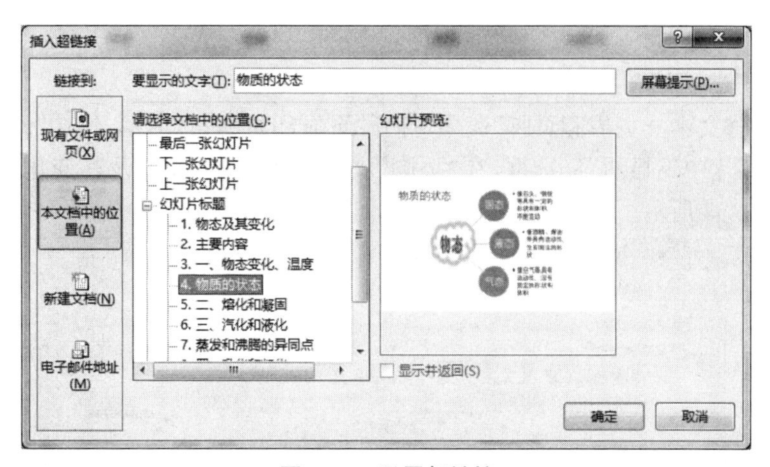

图 3.50　设置超链接

(2)选中第六张幻灯片中的文字“蒸发和沸腾”,选择“插入→链接→超链接”命令,打开“插入超链接”对话框,在“链接到”列表中选择“本文档中的位置”,并在“请选择文档中的位置”列表中选择第七张幻灯片,单击“确定”按钮。

步骤 10　创建演示方案。

(1)选择“幻灯片放映→开始放映幻灯片→自定义幻灯片放映→自定义放映…”命令,打开“自定义放映”对话框,如图 3.51 所示。

(2)在“自定义放映”对话框中,单击“新建”按钮,打开“定义自定义放映”对话框。在“定义自定义放映”对话框中的“幻灯片放映名称”文本框中输入“方案 1”,在“在演示文稿中的幻灯片”列表中勾选第 1,2,3,4,5 张幻灯片,单击“添加”按钮,将其添加到“在自定义放映中的幻灯片”列表框中,如图 3.52 所示。

图 3.51　“自定义放映”对话框

图 3.52　“定义自定义放映”对话框

(3)选择“幻灯片放映→开始放映幻灯片→自定义幻灯片放映→自定义放映…”命令,打开“自定义放映”对话框。

(4)在“自定义放映”对话框中,单击“新建”按钮,打开“定义自定义放映”对话框。在“定义自定义放映”对话框中的“幻灯片放映名称”文本框中输入“方案 2”,在“在演示文稿中的幻灯片”列表中勾选第 1,2,6,7,8,9 张幻灯片,单击“添加”按钮,将其添加到“在自定义放映中的幻灯片”列表框中。

小知识

自定义放映可在现有演示文稿中将幻灯片分组,或者选择一些幻灯片,以便给特定的观众放映演示文稿的特定部分。

步骤 11 设置页眉和页脚。

选择"插入→文本→页眉和页脚"命令，打开"页眉和页脚"对话框，勾选"幻灯片编号""页脚"和"标题幻灯片中不显示"复选框，在"页脚"文本框中输入"物态及其变化"，单击"全部应用"按钮，如图 3.53 所示。

图 3.53 设置页眉和页脚

步骤 12 设置幻灯片切换方式。

在"切换→切换到此幻灯片"选项组中选择"形状"切换方式，在"效果选项"下拉列表中选择"圆形"。单击"计时"选项组中的"全部应用"按钮，如图 3.54 所示。

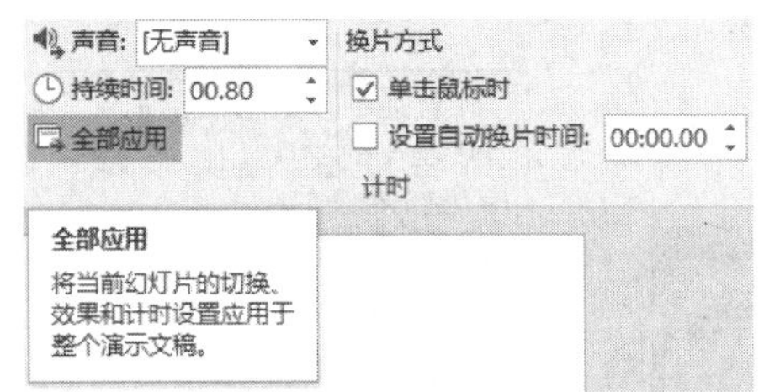

图 3.54 "计时"选项组中的"全部应用"按钮

步骤 13 保存演示文稿。

任务 3 绚丽多彩的摄影相册

1. 任务目标

(1)掌握创建相册及设置相册版式的方法。

(2)掌握主题的设置方法。

(3)掌握幻灯片切换方式的设置方法。

(4)掌握幻灯片版式的设置方法。

(5)掌握将文本转换为 SmartArt 图形的方法。

(6)掌握音频的使用方法。

(7)掌握列表级别的降低和提高及自动分割幻灯片的方法。

(8)掌握幻灯片中图表的插入及图表动画设置的方法。

2. 任务要求

今年校摄影社团开展了一年一度的比赛项目，为了更好地推广比赛活动，持续地办好比赛，校摄影社团需要将优秀作品进行展示，并对主题要求、摄影评析及历年参赛作品的情况进行简要介绍。优秀的摄影作品以图片文件的形式收集，命名为“Photo(1). jpg”～“Photo(12). jpg”。按照如下要求，在 PowerPoint 中完成制作工作。

(1)利用 PowerPoint 应用程序创建一个相册，包含“Photo(1). jpg”～“Photo(12). jpg”共 12 幅摄影作品。其中，每张幻灯片中包含 4 张图片，并将每幅图片设置为“内部居中”阴影效果。

(2)设置相册主题为“相册主题. pptx”样式。

(3)为相册中每张幻灯片设置不同的切换效果。

(4)在标题幻灯片之后插入一张新的幻灯片，将该幻灯片设置为“标题和内容”版式。在该幻灯片的标题占位符中输入“摄影社团优秀作品赏析”，并在该幻灯片的内容占位符中输入 3 行文字，分别为“湖光春色”“冰消雪融”和“田园风光”。

(5)将“湖光春色”“冰消雪融”和“田园风光”3 行文字转换为“蛇形图片重点列表”样式的 SmartArt 对象，并将“Photo(1). jpg”“Photo(6). jpg”和“Photo(9). jpg”定义为该 SmartArt 对象的显示图片。

(6)为 SmartArt 对象添加自左至右的“擦除”进入动画效果，并要求在幻灯片放映时该 SmartArt 对象元素可以逐个显示。

(7)在 SmartArt 对象元素中添加幻灯片跳转链接，使得单击“湖光春色”标注形状可跳转至第三张幻灯片，单击“冰消雪融”标注形状可跳转至第四张幻灯片，单击“田园风光”标注形状可跳转至第五张幻灯片。

(8)将“背景音乐. wav”文件作为该相册的背景音乐，并在幻灯片放映时即开始播放。

(9)在第一张幻灯片之后插入一张幻灯片，版式为“标题和内容”，将“校园摄影比赛. docx”文档中的内容输入到恰当的位置，标题 1 样式的内容输入到标题占位符中，其他内容输入到内容占位符中，提高标题 3 样式内容的列表级别。

(10)将第二张幻灯片的内容自动分成两张幻灯片，版式均为“标题和内容”，标题内容均为“校园摄影比赛”，内容占位符中分别是“主题要求”及其下面的内容，以及“摄影评析”及其下面的内容。

(11)增加最后一张幻灯片，版式为“标题和内容”，根据“校园摄影比赛. docx”文档中的表格数据，在幻灯片的内容占位符中插入折线图，为各个系列折线图设置不同的颜色，并设置动画效果为“擦除”，方向为“自左侧”，序列为“按系列”。将“校园摄影比赛. docx”文档中的表格的标题内容输入到标题占位符中。

(12)保存文件，命名为“摄影相册. pptx”。将“摄影相册. pptx”演示文稿另存为“摄影相册. ppsx”。

3. 任务步骤

步骤 1 创建相册。

(1)启动 PowerPoint 并新建空白演示文稿。

(2)选择"插入→图像→相册"命令,打开"相册"对话框,如图 3.55 所示。

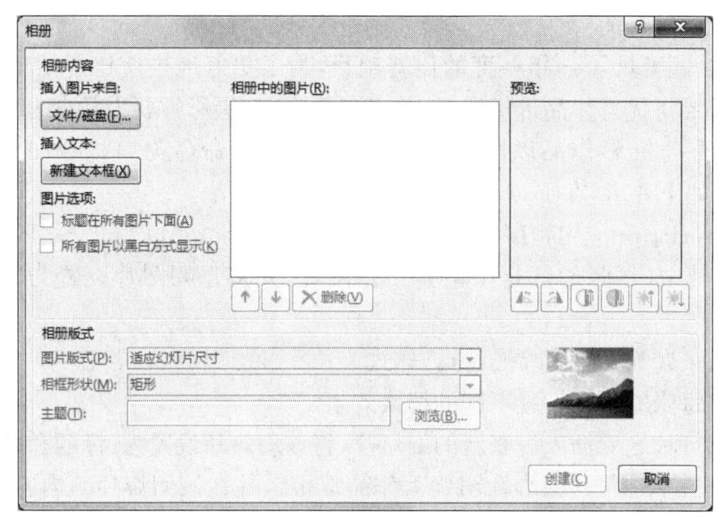

图 3.55 "相册"对话框

(3)在"相册"对话框中,单击"文件/磁盘..."按钮,打开"插入新图片"对话框,选中所需的 12 张图片,单击"插入"按钮,如图 3.56 所示。

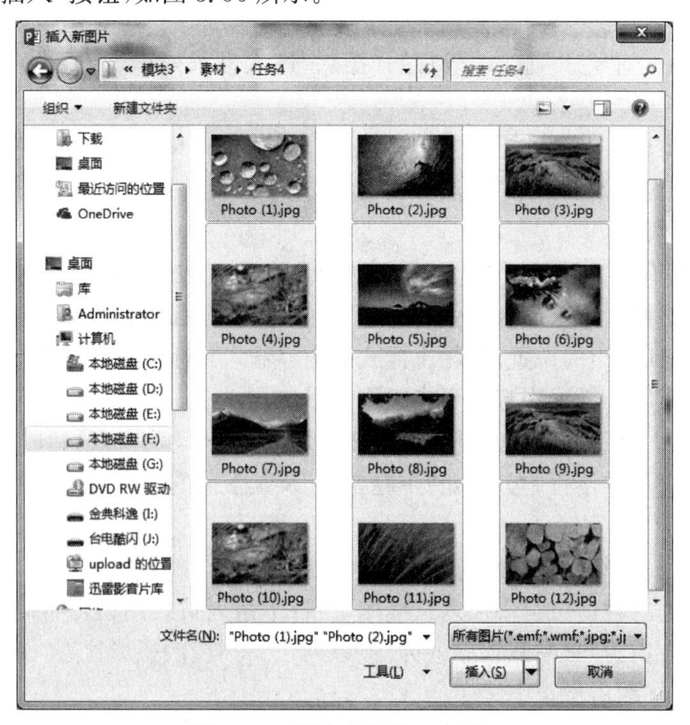

图 3.56 "插入新图片"对话框

(4)在"相册"对话框中,打开"相册版式"选项组中的"图片版式"下拉列表,选择"4 张图片”选项，即每张幻灯片中插入 4 张图片，单击“创建”按钮，如图 3.57 所示。

(5)依次选中每张图片，右击，在快捷菜单中选择“设置图片格式…”命令，即可打开“设置图片格式”任务窗格。在“效果”选项卡的“阴影”选项组中，“预设”下拉列表选择“内部居中”命令，如图 3.58 所示。

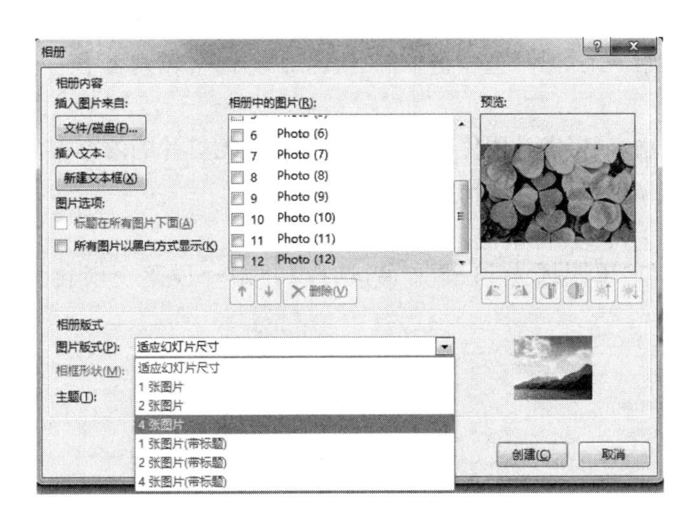

图 3.57　设置图片版式

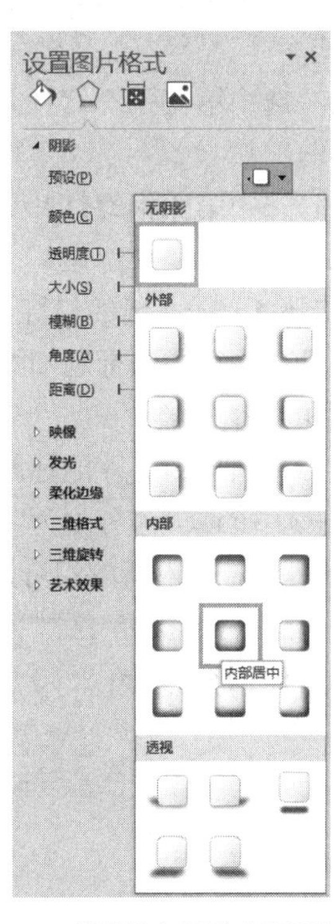

图 3.58　设置“内部居中”阴影效果

步骤 2　设计相册主题。

(1)选择“设计→主题→主题→浏览主题…”命令。

(2)在“选择主题或主题文档”对话框中，选中“相册主题.pptx”文件，单击“应用”按钮，如图 3.59 所示。

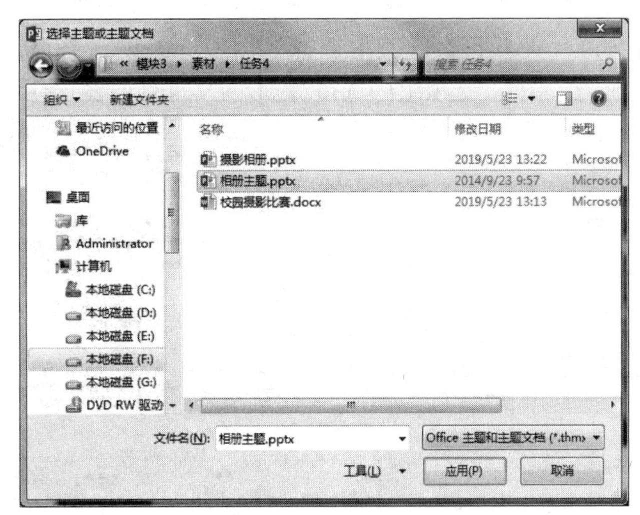

图 3.59　设置相册主题

步骤 3 幻灯片切换的设置。

(1)选中第一张幻灯片，在“切换→切换到此幻灯片”选项组中选择合适的切换效果，如“淡出”。

(2)选中第二张幻灯片，在“切换→切换到此幻灯片”选项组中选择合适的切换效果，如“推进”。

(3)选中第三张幻灯片，在“切换→切换到此幻灯片”选项组中选择合适的切换效果，如“分割”。

(4)选中第四张幻灯片，在“切换→切换到此幻灯片”选项组中选择合适的切换效果，如“擦除”。

步骤 4 插入新的幻灯片。

(1)选中第一张标题幻灯片，在“开始→幻灯片”选项组中的“新建幻灯片”下拉列表中选择“标题和内容”命令。

(2)在新建幻灯片的标题占位符中输入“摄影社团优秀作品赏析”，在该幻灯片的内容占位符中输入 3 行文字，分别为“湖光春色”“冰消雪融”和“田园风光”。

步骤 5 插入新的幻灯片。

(1)选中“湖光春色”“冰消雪融”和“田园风光”3 行文字，选择“开始→段落→转化为 SmartArt”命令，如图 3.60 所示。

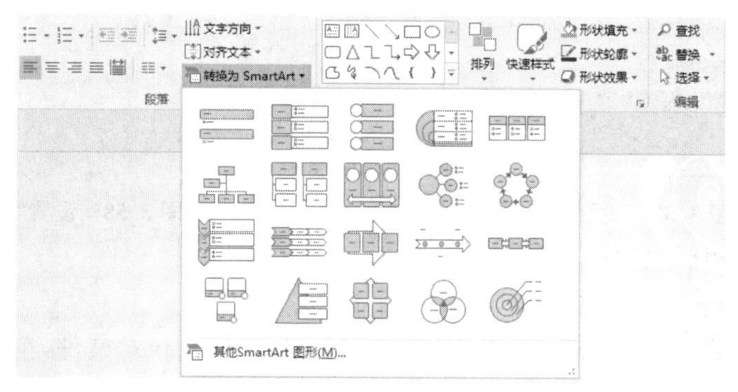

图 3.60 “段落”选项组的“转换为 SmartArt”命令

(2)在“转化为 SmartArt”下拉列表中选择“其他 SmartArt 图形…”命令，打开“选择 SmartArt 图形”对话框，在“图片”选项组中选择“蛇形图片重点列表”选项，如图 3.61 所示。

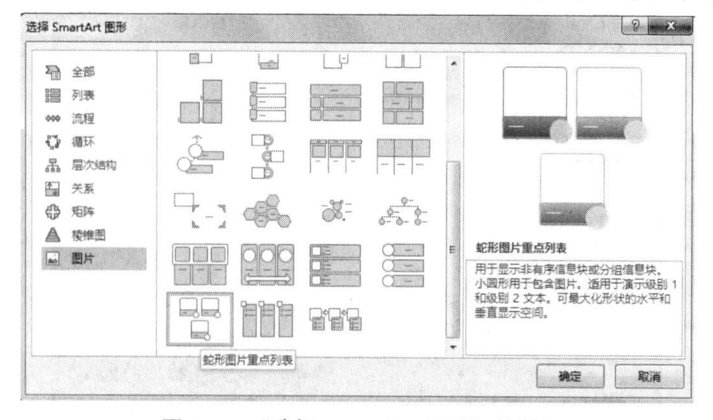

图 3.61 “选择 SmartArt 图形”对话框

(3)调整 SmartArt 图形展示的区域大小和位置，使各列表横向排列，如图 3.62 所示。单击“湖光春色”所对应的图片按钮，在弹出的“插入图片”对话框中选择“从文件”命令，选中“Photo(1).jpg”图片，单击“插入”按钮，将图片插入 SmartArt 图形中，如图 3.63 所示。

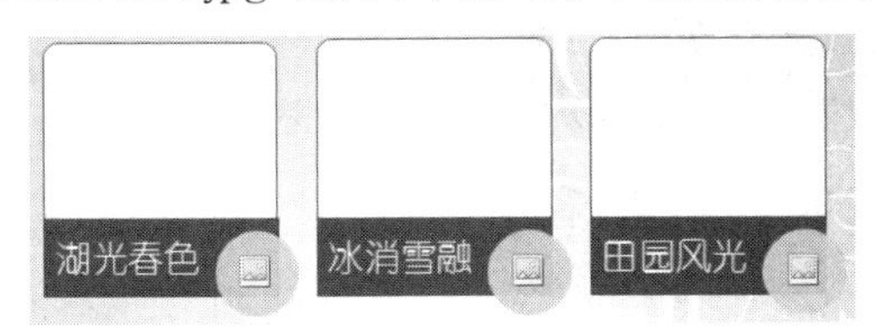

图 3.62　横向排列 SmartArt 图形

图 3.63　在 SmartArt 图形中插入图片

小技巧

可以在 SmartArt 图形左侧的展开对话框中编辑列表文字和插入图片，如图 3.64 所示。

(4)在“冰消雪融”所对应图片中选择“Photo(6).jpg”图片；在“田园风光”所对应的图片中选择“Photo(9).jpg”图片。

步骤 6　设置 SmartArt 图形的动画。

(1)选中 SmartArt 图形，在“动画→动画”选项组中选择“擦除”命令。

(2)在“动画→动画”选项组中的“效果选项”下拉列表中，依次选中“自左侧”和“逐个”命令，如图 3.65 所示。

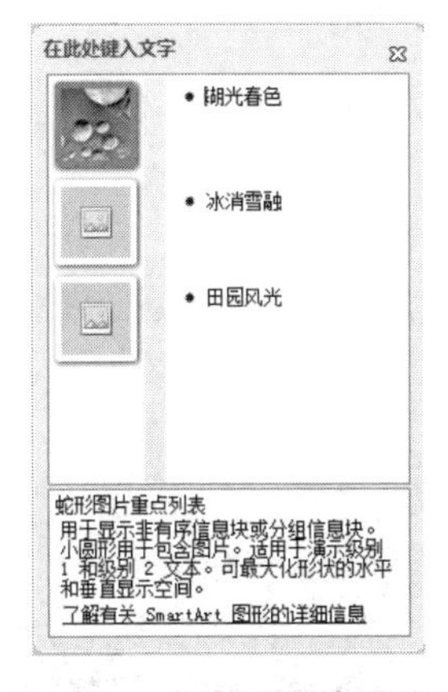

图 3.64　SmartArt 图形的展开对话框

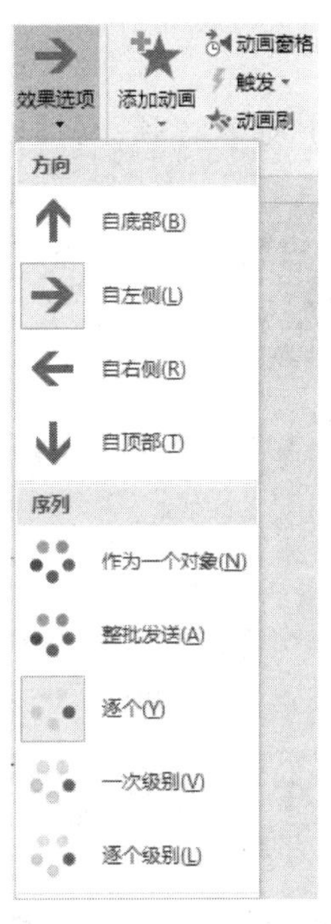

图 3.65　设置 SmartArt 图形动画效果

步骤 7　设置 SmartArt 图形的超链接。

(1)选中 SmartArt 图形中的“湖光春色”标注形状，右击，在快捷菜单中选择“超链接...”命令，打开“插入超链接”对话框，选择本文档中的“幻灯片 3”，单击“确定”按钮，如图 3.66 所示。

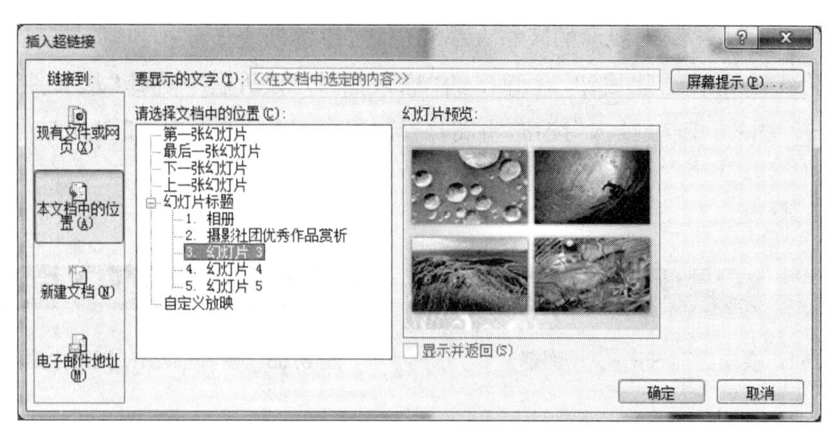

图 3.66　超链接到幻灯片 3

(2)选中 SmartArt 图形中的"冰消雪融"标注形状,使其超链接到第四张幻灯片。

(3)选中 SmartArt 图形中的"田园风光"标注形状,使其超链接到第五张幻灯片。

步骤 8　插入背景音乐。

(1)选中第一张幻灯片,选择"插入→媒体→音频→PC 上的音频…"命令,如图 3.67 所示。

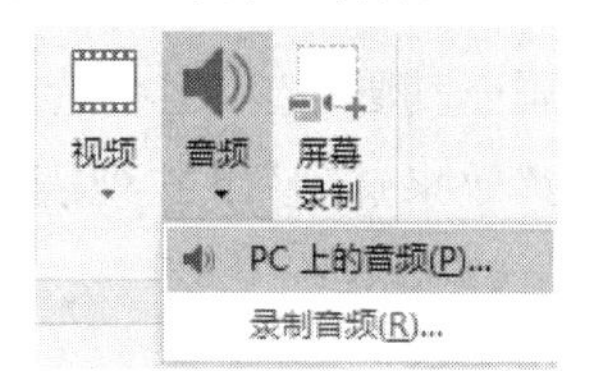

图 3.67　"音频"下拉列表

(2)在弹出的"插入音频"对话框中,选中"背景音乐.wav"文件,单击"插入"按钮,如图 3.68 所示。

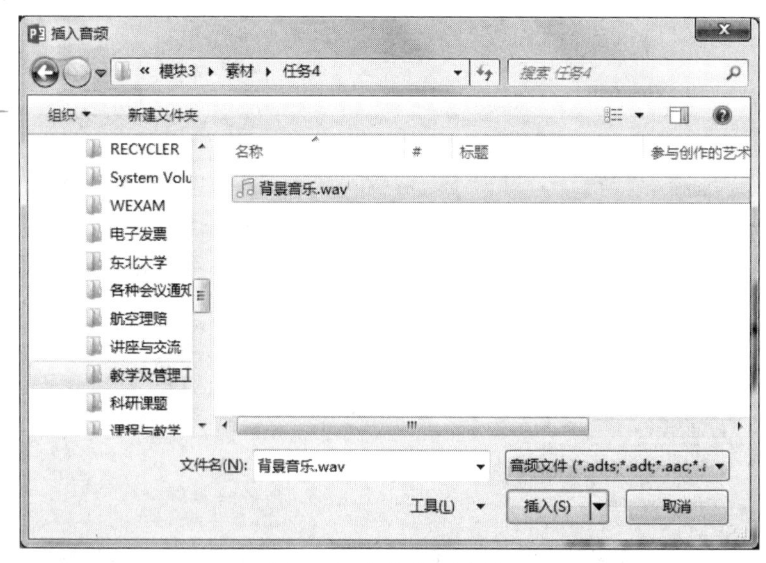

图 3.68　插入背景音乐

(3)选中音频的小喇叭图标,在"音频工具→播放→音频选项"选项组中,勾选"跨幻灯片播放""循环播放,直到停止"和"播完返回开头"复选框,在"开始"下拉列表中选择"自动"选项,如图 3.69 所示。

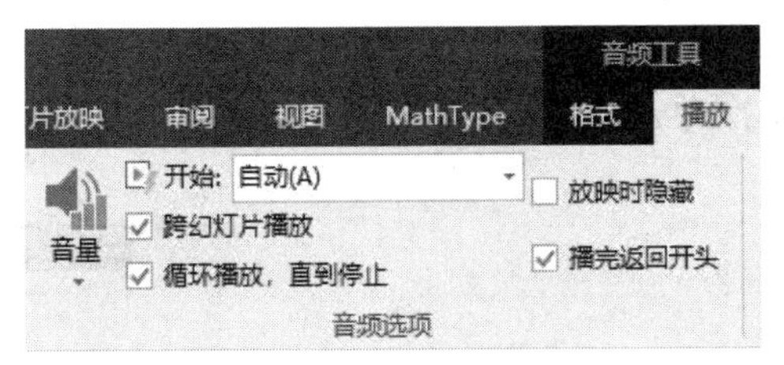

图 3.69　设置音频选项

步骤 9　插入幻灯片。

(1)选中第一张幻灯片，单击“开始→幻灯片→新建幻灯片”下拉按钮，打开“新建幻灯片”下拉列表，选择“标题和内容”选项，在第一张幻灯片的后面插入新的幻灯片。

(2)打开“校园摄影比赛.docx”文档，将“校园摄影比赛”输入到标题占位符中，将“校园摄影比赛”下面的内容输入到内容占位符中，单击“段落”选项组中的“提高列表级别”按钮增大其中标题 3 样式内容的列表级别，如图 3.70 所示。

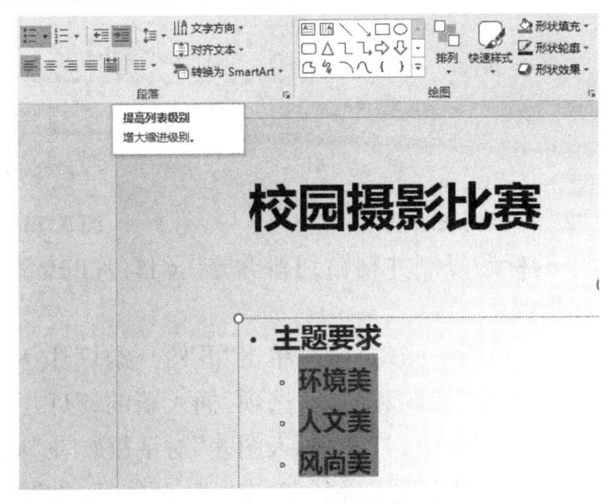

图 3.70　提高列表级别

步骤 10　分割幻灯片。

(1)在普通视图中，选中第二张幻灯片，选择“视图→演示文稿视图→大纲视图”命令，切换到大纲视图，如图 3.71 所示。

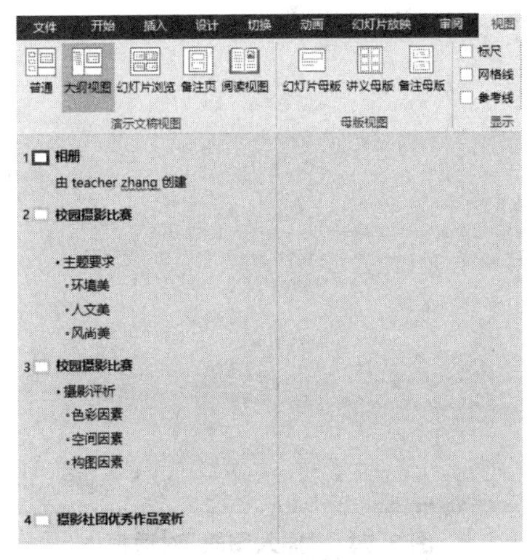

图 3.71　大纲视图

(2)在大纲视图中,将光标定位到第二张幻灯片中的“风尚美”文字的后面,按回车键。在“开始→段落”选项组中,多次单击“降低列表级别”按钮(见图 3.72),可在大纲视图中出现新的幻灯片,如图 3.73 所示。

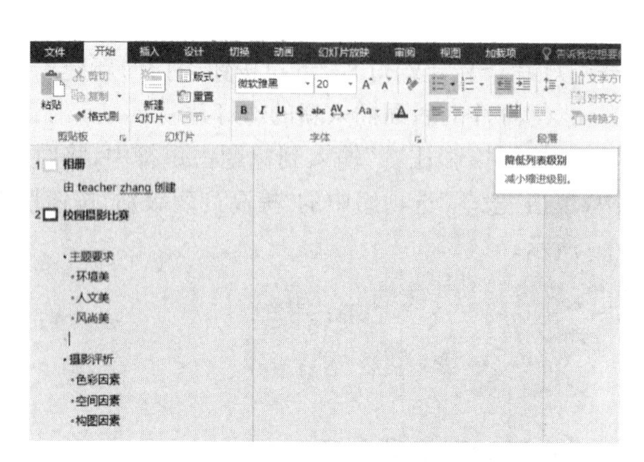

图 3.72　降低列表级别

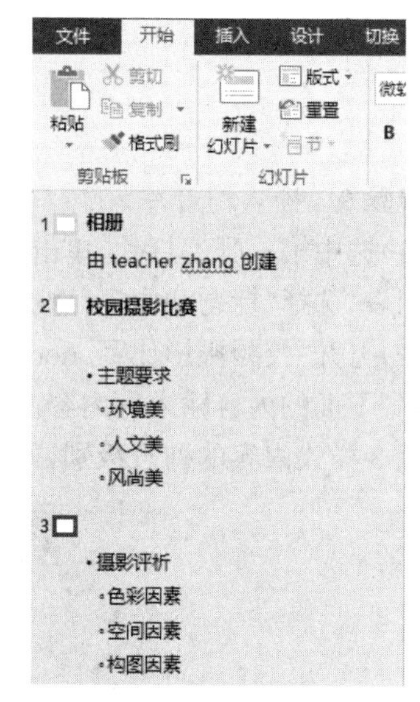

图 3.73　产生新的幻灯片

(3)将第二张幻灯片中的标题复制并粘贴到新拆分出幻灯片的标题占位符中。

步骤 11　插入图表和折线图。

(1)返回普通视图后,选中最后一张幻灯片,单击“开始→幻灯片→新建幻灯片”下拉按钮,打开“新建幻灯片”下拉列表,选择“标题和内容”选项,插入新的幻灯片。

(2)选择“插入→插图→图表”命令,打开“插入图表”对话框。在“插入图表”对话框中选择“折线图”类型中的“带数据标记的折线图”命令,单击“确定”按钮,如图 3.74 所示。

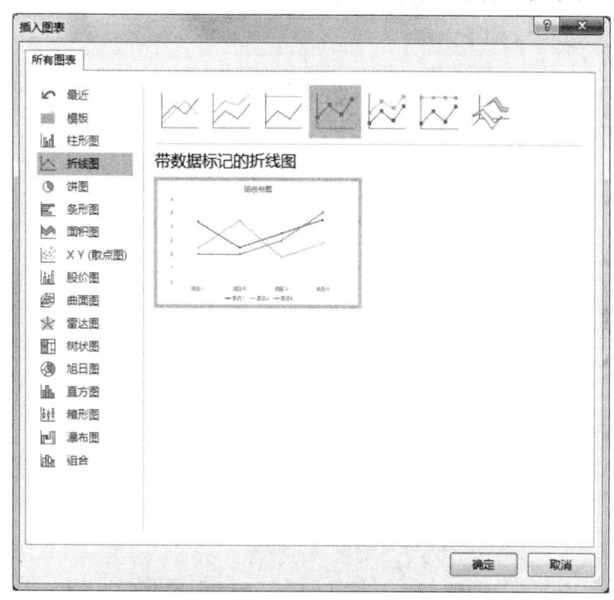

图 3.74　“插入图表”对话框

(3)幻灯片中将插入一个折线图,并打开 Excel 应用程序。根据“校园摄影比赛. docx”文档中历年参赛作品统计的数据,在 Excel 表格中填入相应内容,如图 3. 75 所示。完成后关闭 Excel 应用程序。

	A	B	C	D
1	年度	湖光春色	冰消雪融	田园风光
2	2014	20	30	40
3	2015	30	40	35
4	2016	40	45	50
5	2017	50	60	55

图 3. 75　向 Excel 表格中填入数据

(4)选中折线图,在“动画→动画”选项组中,选择“擦除”命令。

(5)打开“动画→动画”选项组中的“效果选项”下拉列表,将“方向”设置为“自左侧”,将“序列”设置为“按系列”,如图 3. 76 所示。

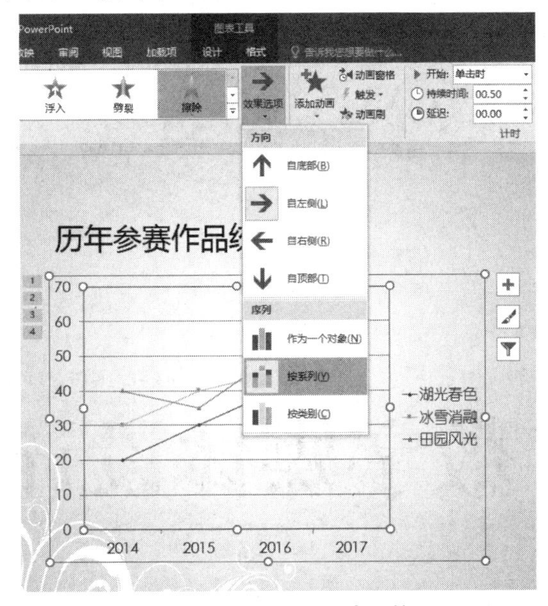

图 3. 76　设置折线图动画效果

(6)将标题“历年参赛作品统计”复制并粘贴到标题占位符中。

步骤 12　保存文件。

(1)选择“文件→保存”命令,在弹出的“另存为”对话框中,在“文件名”文本框中输入“摄影相册. pptx”,单击“保存”按钮。

(2)选择“文件→另存为”命令,在弹出的“另存为”对话框中,在“文件类型”下拉列表中选择“PowerPoint 放映(* . ppsx)”选项,将幻灯片保存为幻灯片自动播放格式。

小知识

“. ppsx”是幻灯片放映格式,该格式文件打开时,不是进入普通视图而是直接进入放映视图进行演示。

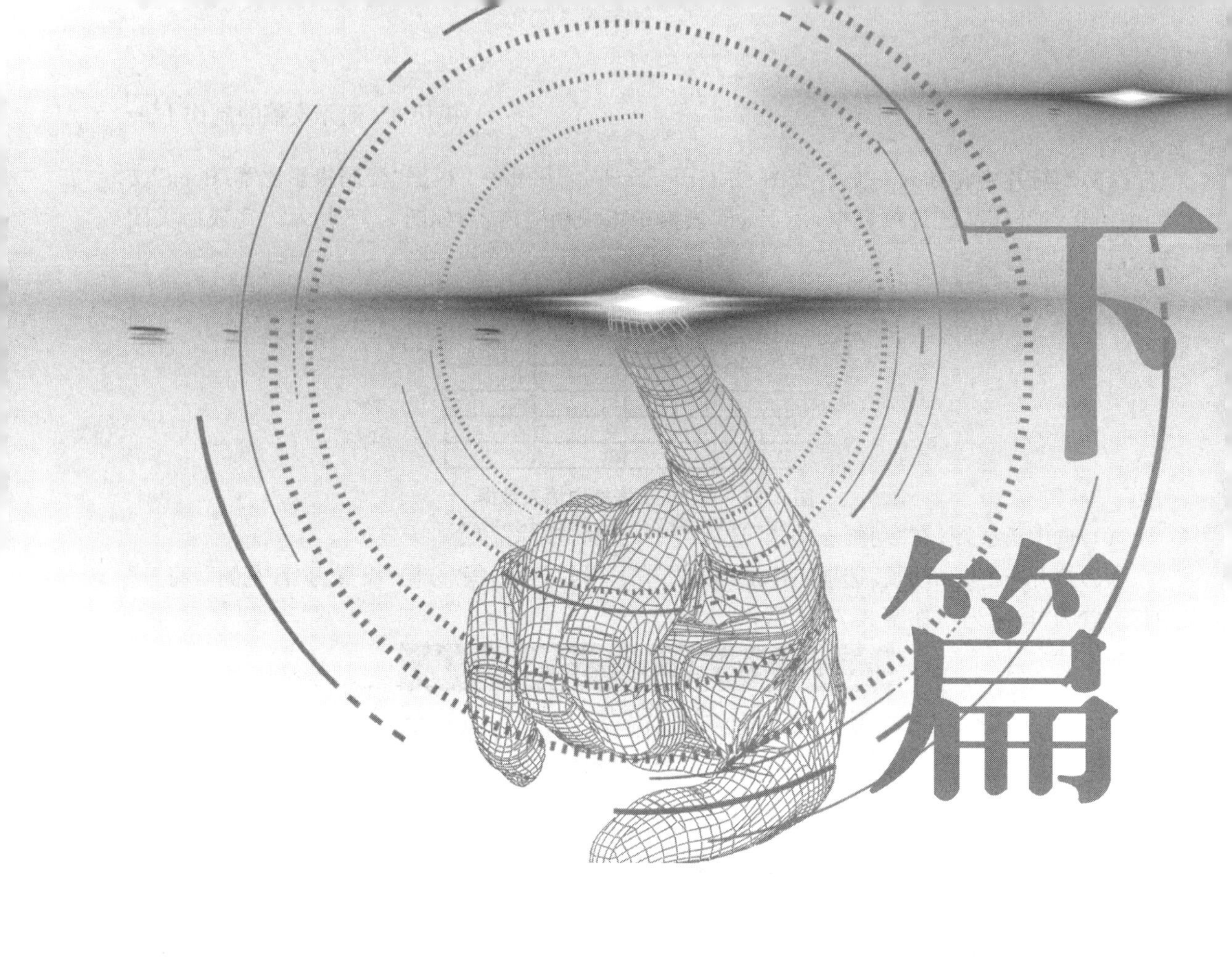

数字媒体设计

模块4 数字图像处理和设计

任务1 图像色彩校正及滤镜的使用

1. 任务目标

(1)掌握如何使用色阶校正图像的色彩。
(2)掌握如何使用对比度校正图像的色彩。
(3)掌握如何使用饱和度校正图像的色彩。
(4)掌握如何使用照片滤镜及曲线制作“老”照片。

2. 任务要求

由于拍摄条件所限,因此图像色彩可能太明或太暗,图像色调可能有偏差,图像色彩也可能不饱满等。下面对图像进行色阶、对比度和饱和度的调整,并制作一张“老”照片。

3. 任务步骤

步骤1 在Photoshop中选择“文件→打开…”命令,打开“素材1”阴天效果的图像。我们看到图像是阴天效果。选择“图像→调整→色阶…”命令(或使用Ctrl+L快捷键),打开“色阶”对话框(见图4.1),对话框中可见色阶直方图。

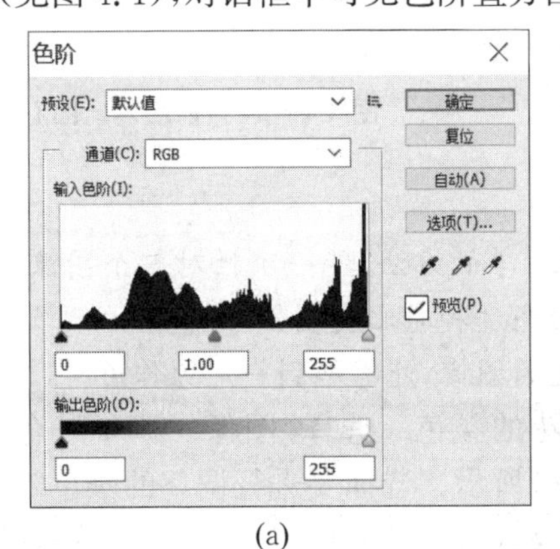

(a)

(b)

图4.1 调整前“色阶”对话框及素材1图像

色阶：表示图像亮度强弱的指数标准，也就是常说的色彩指数。

色阶直方图：说明照片中像素色调分布的图表，用作调整图像基本色调的直观参考。通过调节色阶直方图中的暗调、中间调和高光的高度级别可以调整图像的色调，包括明暗、图像的层次，以及平衡图像的颜色。

步骤 2 通过“色阶”对话框，拖曳暗部和亮部滑块后，使白色像素部分移动到中间位置。调整后的图像，增加了天亮的效果，而沙滩和山的暗色部分几乎没有变化，如图 4.2 所示。

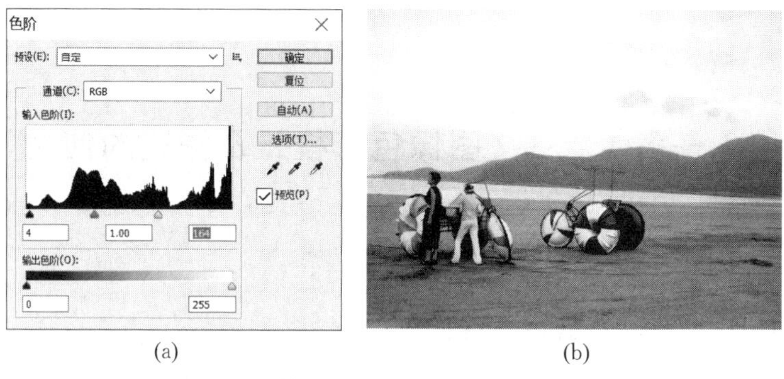

(a) (b)

图 4.2 调整后“色阶”对话框及图像的效果

小提示

对于明显缺乏对比度的图像，可以使用“色阶”对话框中的“自动”命令调整。

步骤 3 利用亮度/对比度调整处理水果图像。选择“图像→调整→亮度/对比度…”命令，调整图像亮度范围，如图 4.3 所示。调整前后对比如图 4.4 所示。

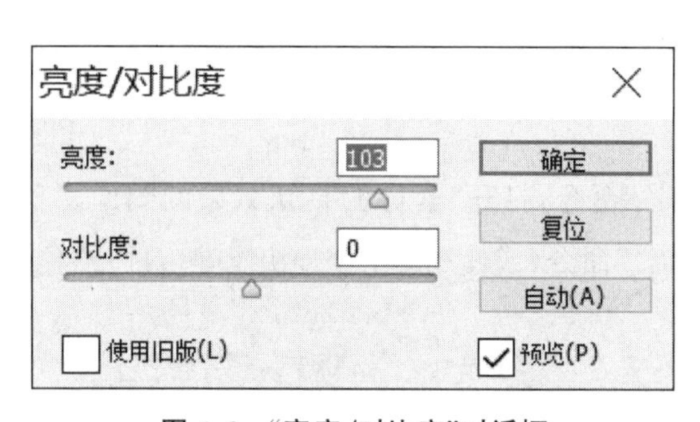

图 4.3 “亮度/对比度”对话框

(a) (b)

图 4.4 调整前后对比图

“亮度/对比度…”命令是调整图像色调范围最简单的方法，能一次性对整个图像进行亮度和对比度的调整，而不考虑原图像中不同色调区的亮度和对比度差异，所以它的调节简单却并不准确。对于各色调区亮度、对比度差异相对不大的图像，能够起到一定的作用。

步骤 4 利用色相/饱和度处理图像中玫瑰花的颜色。选择“图像→调整→色相/饱和度…”命令，打开“色相/饱和度”对话框，如图 4.5(a)所示。选择要进行调整的颜色“红色”，向左拖曳下方色相中的滑块使得“红色”对应颜色调整为“紫色”，将图片中的红玫瑰调整为紫玫瑰，如图 4.5(b)所示。完成后的效果如图 4.6 所示。

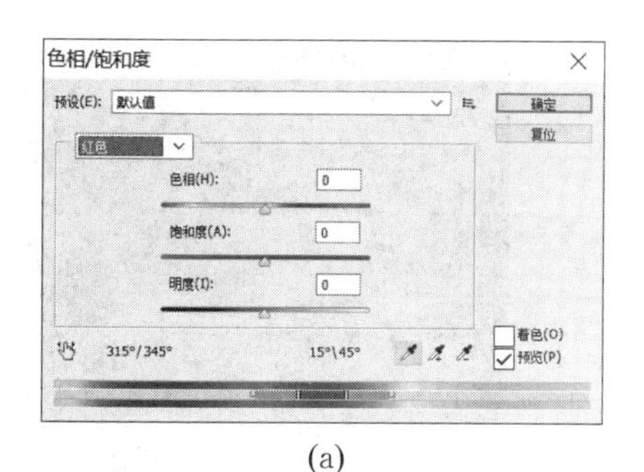

(a)

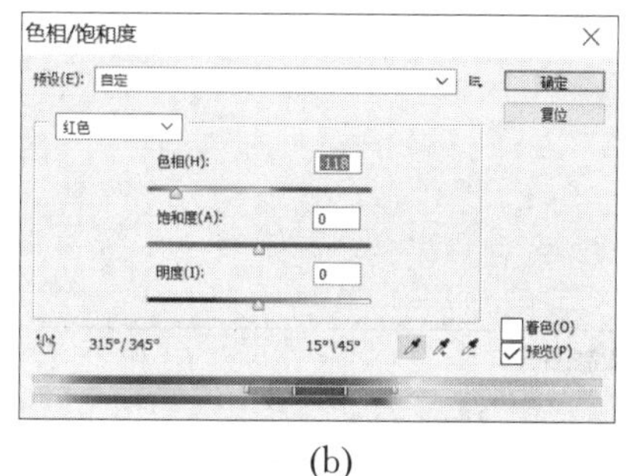

(b)

图 4.5　"色相/饱和度"对话框调整前后

(a)　　(b)

图 4.6　红玫瑰变紫玫瑰

小技巧

勾选对话框右下角的"着色"复选框，可将画面改为同一种颜色的效果并保留原先的像素明暗度，也就是说，是一种"用单色代替彩色"的操作。

小知识

"色相/饱和度…"命令可单独调整图像中一种颜色成分的色相、饱和度和明度。所谓色相，简单地说就是颜色，即红、橙、黄、绿、青、蓝、紫。调整色相就是将一种颜色调整为另一种颜色。所谓饱和度，简单地说就是一种颜色的鲜艳程度，调至最低的时候图像就变为灰度图像了。明度就是亮度，如果将明度调至最低会得到黑色，调至最高会得到白色。

步骤 5　选择"文件→打开…"命令，打开"水乡美女"图像素材，制作如图 4.7 所示的"老"照片效果。选择"图层→复制图层…"命令，打开"复制图层"对话框，生成一个背景副本，如图 4.8 所示。

图 4.7　"水乡美女"的"老"照片效果图

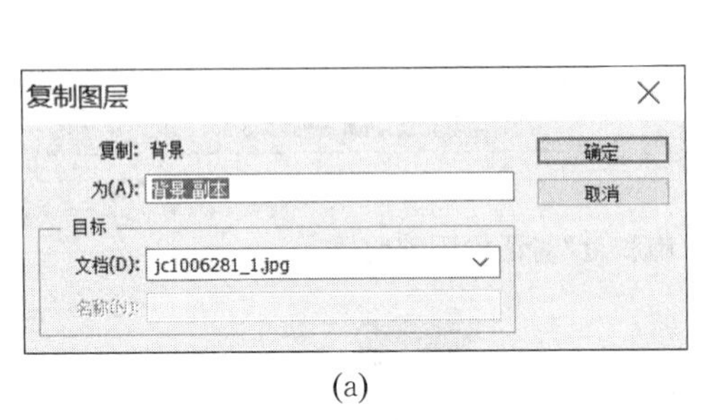

(a)

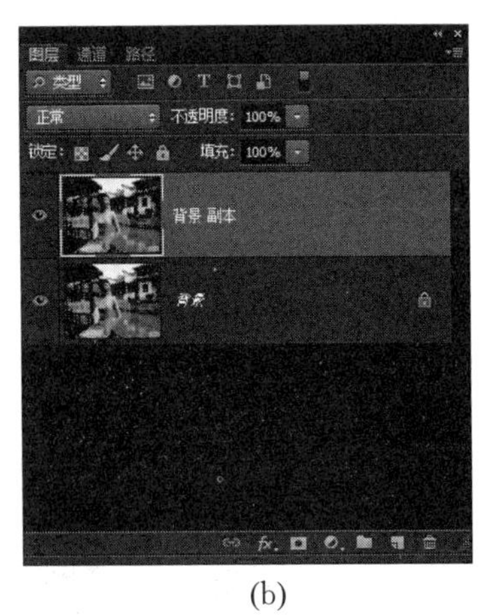

(b)

图 4.8 “复制图层”对话框及图层面板

小知识

一幅图像可以由很多个图层构成，最下面的图层是背景图层，默认情况下，背景图层是不透明的，而其他图层是透明的。叠加在一起的图层是有顺序的，上面图层的不透明部分会遮盖下面的图层。

步骤 6 选中“背景 副本”图层，选择“图像→调整→去色”命令，将图片变为黑白色。

步骤 7 选择“图像→调整→照片滤镜…”命令，打开“照片滤镜”对话框，设置“浓度”为72%，如图 4.9 所示。

步骤 8 选择“图像→调整→曲线…”命令，打开“曲线”对话框，设置曲线调暗一点，如图 4.10 所示。

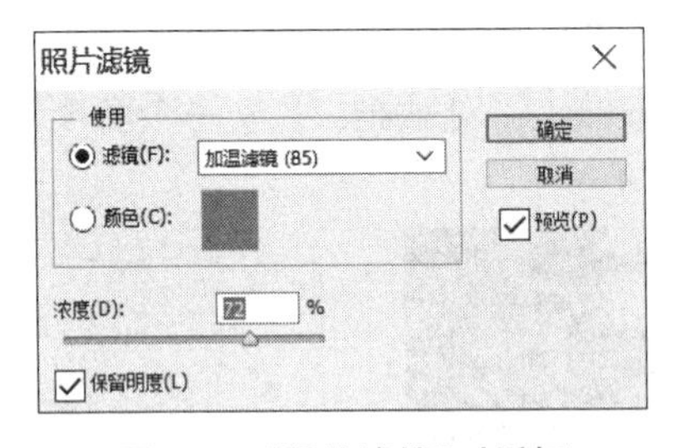

图 4.9 “照片滤镜”对话框

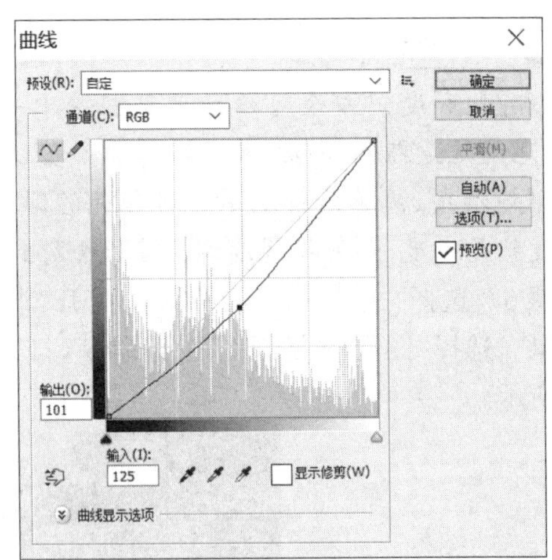

图 4.10 “曲线”对话框

小知识

在“曲线”对话框中，同样可以调整图像的整个色调范围，它通过调整曲线形状调整图像的亮度、对比度和色彩等。在“曲线”对话框中显示一条线段，默认情况下为倾斜 45°。线段的左下端点代表暗调，右上端点代表高光，中间的过渡代表中间调。在线段左侧和下方各有一条渐变条，下方的渐变条代表着绝对亮度的范围，所有的像素都分布在0～255之间。位于左侧的渐变条代表了变化的方向，对于线段上的某一个点，向上移动就是变亮，向下移动就是变暗。变亮的极限是255，变暗的极限是0。

小知识

滤镜功能是创建特殊效果最有效的手段，它是对传统摄影技术中特效镜头的数字化模拟，它在分析图像中各个像素值的基础上，根据相应的参数设置，调用不同的运算程序来处理图像，以达到希望的图像变化效果。使用滤镜可以实现两种作用：修饰和变形。有些滤镜只对图像进行细微的调整和校正，处理前后效果变化很小，甚至非专业人员很难分辨出来，常作为基本的图像润饰命令使用。有些属于破坏性滤镜，破坏性滤镜对图像的改变很明显，主要用于创建特殊的艺术效果。

风格化：该滤镜组可以使图像产生印象派及其他风格化作品的效果。

画笔描边：该滤镜组可以使图像产生涂抹的效果，也就是说，该滤镜组模拟使用不同的画笔和油墨来描边创造出绘画效果的图像。有些滤镜向图像添加颗粒、绘画、杂色、边缘细节或纹理，以获得点状化效果。

模糊：该滤镜组可以使图像或选区的边缘产生模糊化效果，平滑边缘过于锐化的部分及图片污点划痕部分，柔化选区或整个图像，通过平衡图像已定义的线条和遮蔽区域的清晰边缘旁边的像素，使图像变化显得柔和。

扭曲：该滤镜组主要用于将图像进行几何扭曲，创建3D(三维)或其他变形效果，从而使图像富有动感和变化。

锐化：该滤镜组通过增强邻近像素的对比度来消减图像的模糊效果，使图像更加清晰。

素描：该滤镜组使图像产生一种使用硬笔工具汇合的艺术效果，相当于素描的草图，适用于创建美术或手绘效果。

纹理：该滤镜组通过替换像素、增加像素的对比度，使图像纹理产生加粗、夸张的效果。该滤镜组主要侧重于对图像进行大面积底纹的处理。

像素化：该滤镜组将图像分成一定的区域，并将这些区域转变为相应的色块，再由色块构成图像，使其产生图像分块或图像平面化的效果。

渲染：该滤镜组可以使图像产生不同的照明效果、制造云彩纹理效果、在3D空间中操纵对象、创建3D对象、折射图案和模拟光反射。

艺术效果：该滤镜组可以使图像产生模拟人工创作的不同绘画作品的效果，经常使用于美术或商业项目绘制绘画效果或特殊效果。

杂色：该滤镜组主要用于添加或移去图像中的杂色或带有随机分布的像素，移去图像中有问题的区域。

小提示

滤镜只能应用于当前可视图层，且可以反复使用，连续应用。

如果图像中存在选区，那么滤镜效果只能在当前图层的选区内起作用。如果不存在选区，滤镜效果在整个当前图层中起作用。

有一些滤镜只能应用于RGB图像模式。

滤镜不能应用于位图模式、索引颜色和48位RGB模式的图像。

小技巧

如果在滤镜设置窗口中对自己调节的效果感觉不满意，希望恢复调节前的参数，可以按住Alt键，此时"取消"按钮变为"复位"按钮，单击此按钮就可以将参数重置为调节前的状态。

有一些滤镜很复杂或要应用滤镜的图像尺寸很大，执行时需要很长时间，按Esc键可以结束正在生成的滤镜效果。

内置滤镜和已安装的外挂滤镜都会在"滤镜"菜单中出现。

步骤9 选择"文件→储存为…"命令，写入新文件名，选择文件格式为PSD，如图4.11所示。

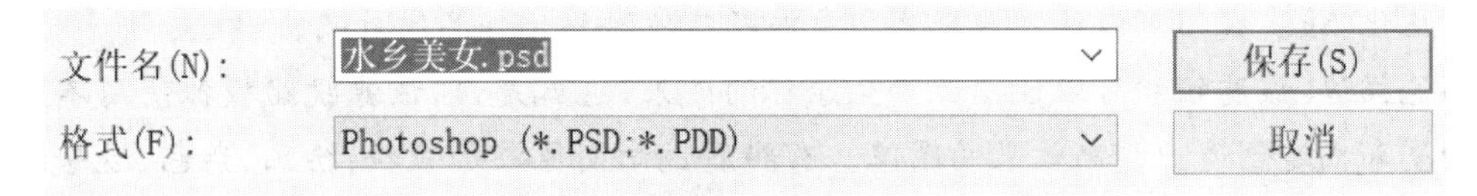

图4.11 保存文件格式为PSD

步骤10 选择"文件→储存为…"命令，写入新文件名，选择文件格式为JPEG，如图4.12所示。

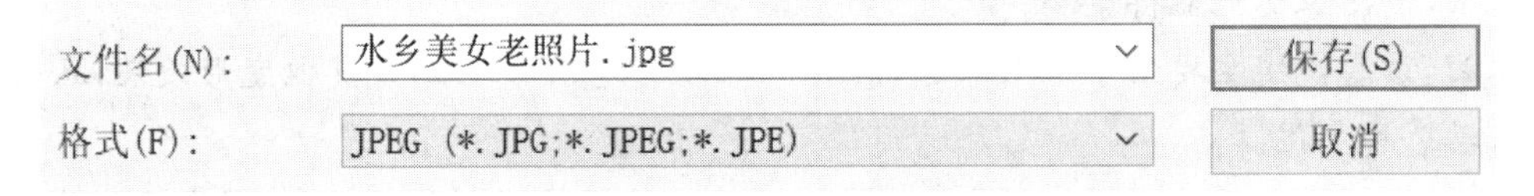

图4.12 保存文件格式为JPEG

小知识

JPEG格式是目前网络上最流行的图像格式，Photoshop编辑后的文件一般都生成这类图像文件，在网络上分享会很方便。在Photoshop软件中生成JPEG格式文件时，提供0～12级压缩级别，可以把图像文件压缩到最小。PSD格式是Photoshop软件的专用格式，可以存储编辑图像时用到的所有的图层、通道、参考线、注解和颜色模式等信息，方便再次编辑。

任务2 图像的修复

1. 任务目标

(1)掌握修复画笔工具的使用方法。

(2)掌握污点修复画笔工具的使用方法。

(3)掌握修补工具的使用方法。

(4)掌握红眼工具的使用方法。

2. 任务要求

图像中往往因为自身或自然条件等原因会产生一些瑕疵。下面有4张图像，利用修复工具校正图像，使图像效果得到美化或修复。

3. 任务步骤

步骤1　在Photoshop中打开4张图像，查看可以利用的修复工具，如图4.13所示。

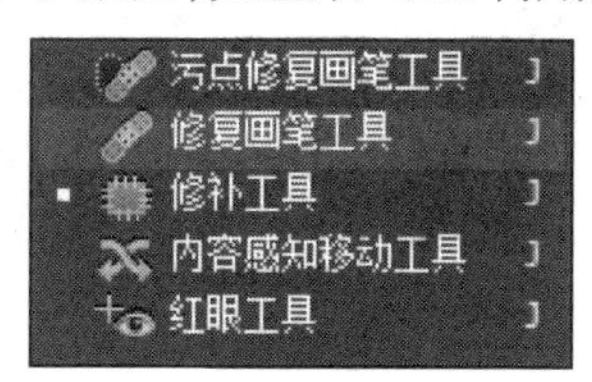

图4.13　修复工具

步骤2　选择修复画笔工具修复鸡蛋图像。在选项工具栏中设置画笔选项、源、对齐等参数，如图4.14所示。

图4.14　“修复画笔工具”选项工具栏

步骤3　设置取样点。将指针置于第一张打开的鸡蛋图像中，然后按住Alt键并在合适位置单击鼠标。

步骤4　在图像中拖曳鼠标，每次释放鼠标时，样本像素都会与原有像素混合，多次操作后，鸡蛋上的红色标记就被涂抹掉了。修复前后对比如图4.15所示。

(a)

(b)

图4.15　用“修复画笔工具”去掉鸡蛋红色标记前后对比图

小知识

修复画笔工具用来修复图像的瑕疵，使它们消失在周围的图像中。它不仅能够使用图像或图案中的样本像素进行绘画，还可以将样本像素的纹理、光照、透明度和阴影与所修复的像素相匹配，使修复后的图像不露痕迹。

步骤5　选择污点修复画笔工具修复人脸图像。在选项工具栏中设置画笔的直径及硬度等选项，在图像中所需位置单击鼠标即可。“污点修复画笔工具”选项工具栏及污点修复前后对比如图4.16所示。

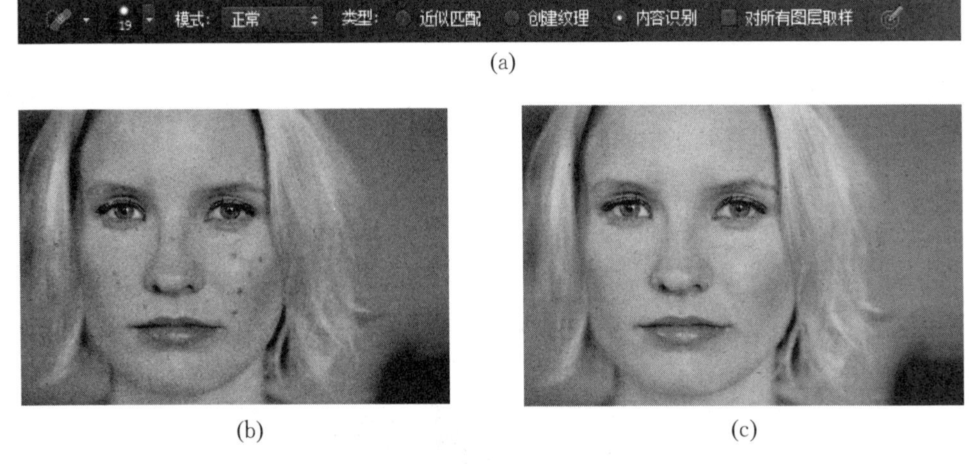

图 4.16　“污点修复画笔工具”选项工具栏及污点修复前后对比图

小知识

使用污点修复画笔工具可以快速移去图像中的污点和其他不理想部分。污点修复画笔工具的工作方式与修复画笔工具类似，它使用图像或图案中的样本像素进行绘画，并将样本像素的纹理、光照、透明度和阴影与所修复的像素相匹配。与修复画笔工具不同的是，污点修复画笔工具不要求指定样本点，而是自动从所修饰区域的周围取样。

步骤 6　选择修补工具修复草地图像。打开相应素材，如图 4.17 所示。在“修补工具”选项工具栏中选择“源”，如图 4.18 所示。在图像中绘制需要修复的小狗区域，用鼠标拖曳选定区域到周围的草地样本区域后放开，选定区域的像素将自动以草地样本区域的像素进行填充，也就是小狗区域被草地覆盖了，从而完成修复，如图 4.19 所示。

图 4.17　原图

图 4.18　“修补工具”选项工具栏 1

图 4.19　去掉小狗效果图

步骤 7　将“修补工具”选项工具栏中的“源”改成“目标”，则可对图像进行复制，如图 4.20 所示。重新打开草地图像(原图)，在图像中绘制需要复制的小狗区域，用鼠标拖曳选定区域到周围的草地区域后放开，选定区域的草地像素将自动以小狗样本区域的像素进行填充，从而完成小狗区域的复制，如图 4.21 所示。

图 4.20　“修补工具”选项工具栏 2

图 4.21　复制小狗效果图

小知识

通过使用修补工具，可以用其他区域或图案中的像素来修复选中的区域。像修复画笔工具一样，修补工具会将样本像素的纹理、光照、透明度和阴影与源像素进行匹配。可以使用修补工具来仿制图像的隔离区域。修补工具可处理 8 位/通道或 16 位/通道的图像。

步骤 8　选择红眼工具修复宝宝图像。设置“红眼工具”选项工具栏的画笔选项后，在图像中的相应位置单击鼠标即可完成修复，如图 4.22 所示。

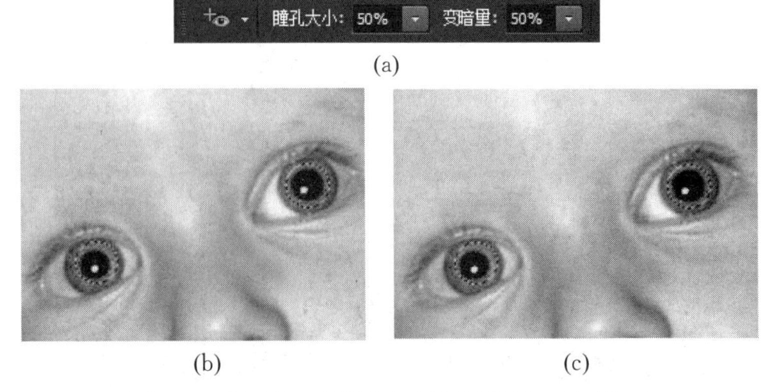

图 4.22 “红眼工具”选项工具栏及修复前后对比图

红眼工具可用来移去用闪光灯拍摄的人物照片中的红眼,或动物照片中的白、绿色反光。

任务 3 图像的拼接合成

1. 任务目标

(1)掌握如何使用魔棒工具选取部分图像。

(2)掌握如何使用套索工具选取部分图像。

(3)掌握把不同图像放在不同图层的拼接合成。

2. 任务要求

(1)使用 5 张图像(人物、黑板、心形、粉笔及文字),合成一个完整的作品,如图 4.23 所示。

图 4.23 合成后的作品

(2)将照片合成到咖啡杯上,原图及合成效果如图 4.24 所示。

(a)　　(b)　　(c)

图 4.24　将照片合成到咖啡杯上的原图及合成效果

3. 任务步骤

步骤 1　在 Photoshop 中新建一个 900＊500 像素的文件，如图 4.25 所示。选择工具箱中颜色面板，双击前景色按钮，设置前景色为如图 4.26 所示的颜色。创建一个新图层(默认命名为“图层 1”)，按 Alt+Delete 快捷键，图像被填充上了相应的前景色。

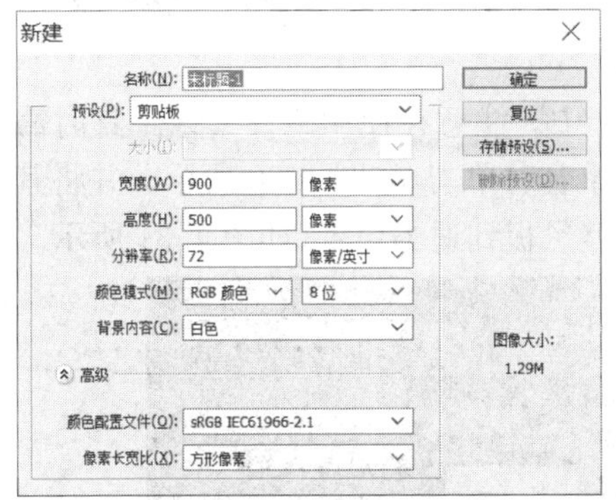

图 4.25　新建图像

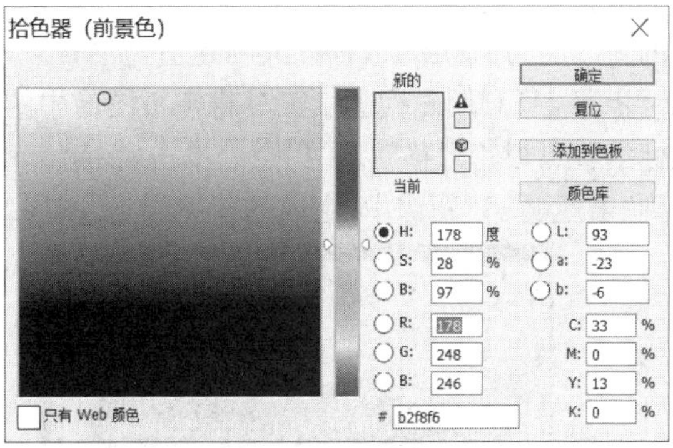

图 4.26　拾色器

步骤 2　在 Photoshop 中打开 5 幅图像：人物、黑板、心形、粉笔及文字。利用工具箱中的“魔棒工具”选取“人物”图像中的白色区域，选择“选择→反选”命令，进行反选操作，选中画面中的人物部分，得到的选区如图 4.27 所示。

小提示

如果工具箱中没有魔棒工具，可以找到快速选择工具然后单击，在弹出的菜单中选择魔棒工具，如图 4.28 所示。工具箱中的很多按钮都有类似的功能。

图 4.27　利用魔棒工具得到人物选区

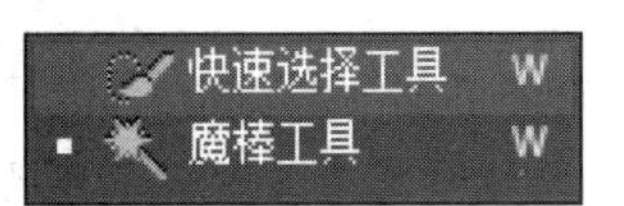

图 4.28　魔棒工具

小技巧

利用魔棒工具可轻易得到基于相近颜色的选区。尤其是当图像的前景色(或对象的颜色)和背景色差异很大时,魔棒工具选择的准确率会很高。利用魔棒工具可以选择颜色一致的区域,而不必对其轮廓进行跟踪。魔棒工具选项中最重要的一项是容差。容差的范围从 0 到 255,当容差值设为 0 时,选区只能是和取样颜色完全相同的颜色区域,随着容差值的递增,选择的色彩范围也越来越大。如果勾选了选项工具栏中的"连续"复选框,那么在选择时,魔棒工具只选择相邻区域。如果想要在全部可见图层中取样选择,就要勾选选项工具栏中的相应复选框,否则取样仅在当前图层内。"魔棒工具"选项工具栏如图 4.29 所示。

图 4.29 "魔棒工具"选项工具栏

反选的意思就是取补集,即选中图像中当前被选中部分之外的所有部分。

步骤 3 选择"编辑→拷贝"命令,然后转到"未标题-1"图像中选择"编辑→粘贴"命令,生成的新图层为"图层 2",调整人物到适当位置。

步骤 4 利用磁性套索工具将黑板图像中的黑板选中。注意在使用磁性套索工具时需要鼠标沿着黑板轮廓移动,在拐点处单击,在起点和终点重合时单击,如图 4.30 所示。并将其复制到"未标题-1"图像中,生成的新图层为"图层 3",调整黑板到适当位置,如图 4.31 所示。

图 4.30 利用磁性套索工具选中黑板

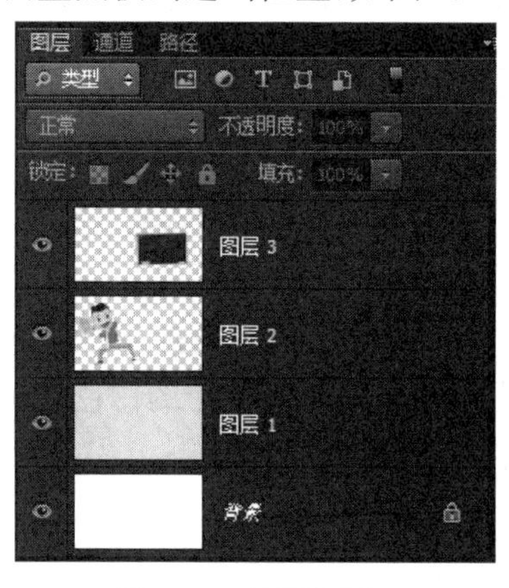

图 4.31 图层面板 1

步骤 5 选择"编辑→自由变换"命令,或按 Ctrl+T 快捷键,出现变形框,将图形适当缩小并旋转。

步骤 6 选择工具箱中的魔术橡皮擦工具,容差设置为 10,勾选"消除锯齿"和"连续"复选框,单击图层 3 黑板图像中的白色区域,白色区域就会被删除。

小知识

套索工具适用于在图像上建立不规则的选区范围。套索工具组包括套索、多边形套索和磁性套索。

套索工具的使用与画笔类似,按住鼠标直接在图像上拖动,会沿着鼠标运动轨迹生成一条虚线,松开鼠标时将自动连接起点和终点,得到一个选区。套索工具适用于选区不规则,且对选区要求不十分精准的情况。

在使用多边形套索工具时，要通过单击鼠标在图像上为选区分别设置起点和其他节点，程序自动用线段连接各节点，按回车键或再次单击起点可封闭选区。多边形套索工具适用于建立边缘为直线的选区。

磁性套索工具可以根据选区颜色对比自动查找边缘。使用时首先单击鼠标建立选区起点，然后松开按键在选区边缘移动鼠标，程序会计算鼠标所在颜色像素值自动建立节点并绘制选区。当边缘颜色对比不大无法自动准确生成节点时，可以依次在边缘上单击鼠标手动添加节点，直到与起点重合时单击完成选区。磁性套索工具适用于选区与背景反差较大的情况。在使用磁性套索工具时，要注意正确地设置选项工具栏的参数值，如图4.32所示。

图4.32　“磁性套索工具”选项工具栏

宽度：默认值为10像素，取值范围为1～256，用于设置进行边缘检测的宽度。数值越小，检测越精确。

对比度：默认值为10%，取值范围为1%～100%，用于设置边缘检测的灵敏性。数值越小，检测越精确。如果图像间的颜色对比度较强，就应设置较高数值。

频率：默认值为57，取值范围为0～100，用来设置创建节点的速率。数值越大，节点就越多。当选区边缘较复杂时，可采用较大的频率值。

小提示

如果工具箱中没有磁性套索工具，则找到套索工具后右击，在弹出的菜单中选择磁性套索工具，如图4.33所示。

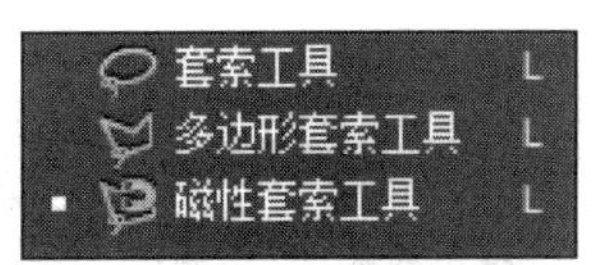

图4.33　套索工具菜单

步骤7　选择工具箱中的魔术橡皮擦工具，容差设置为10，勾选“消除锯齿”和“连续”复选框，单击心形图像中的白色区域，白色区域就会被删除。粉笔图像和文字图像可采用相同的方法处理为透明背景的图像，如图4.34所示。

(a)

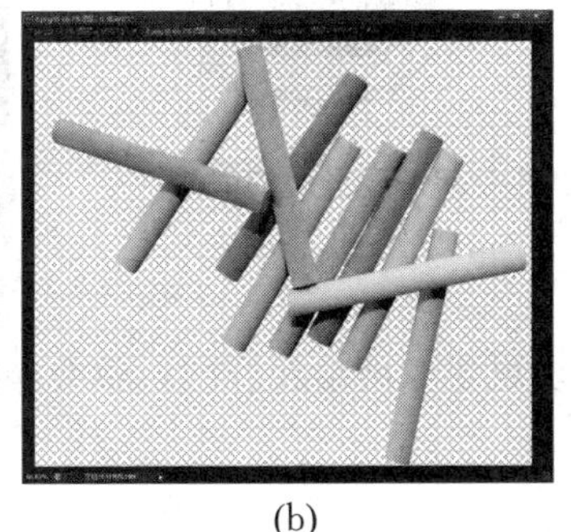

(b)

(c)

图4.34　透明背景的心形、粉笔及文字图像

步骤8　将透明背景的心形图像拖曳到“未标题-1”图像中，形成新的图层。然后利用Ctrl+T快捷键执行自由变换，旋转并调整其大小到合适的位置，如图4.35所示。粉笔和文字图像类似操作，形成的新图层如图4.36所示。

图 4.35　心形图像的自由变换

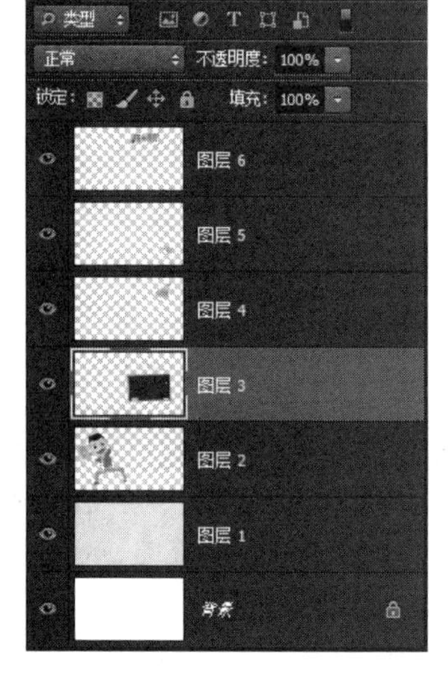

图 4.36　图层面板 2

步骤 9　选择“文件→储存为…”命令，写入新文件名，选择文件格式为 JPEG。

步骤 10　同时打开咖啡杯和照片图像，使用移动工具将照片拖曳到咖啡杯上，利用 Ctrl＋T 快捷键进行自由变换，调整图像大小如图 4.37 所示。

步骤 11　选中照片，右击，在弹出的菜单中选择“变形”命令，调整锚点及手柄，使其大小适合咖啡杯的大小，按回车键表示确认，如图 4.38 所示。

步骤 12　选择图层面板，选择“正片叠底”，将不透明度调整为 50%，如图 4.39 所示。

图 4.37　移动选区图像

图 4.38　变形后的效果

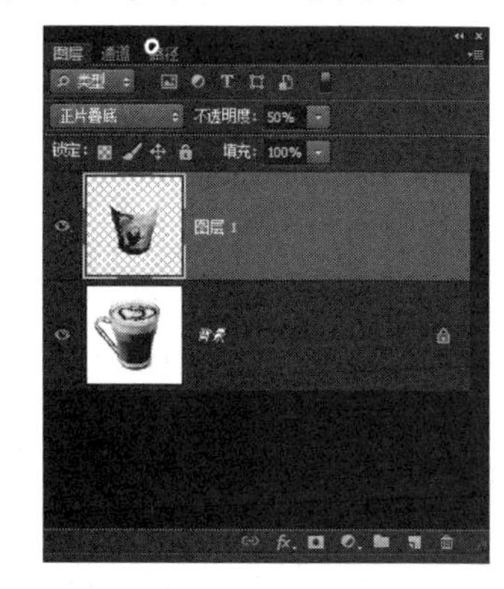

图 4.39　图层面板 3

小知识

利用“编辑→自由变换”命令可以实现图像的缩放、旋转、扭曲和变形等操作。使用移动工具可以对选定图像进行复制和移动。

①移动图像。

对图像的移动和复制操作既可以在同一图像文件内，也可以在不同的图像文件中进行。移动选区内图像的方法有以下两种。

a. 使用移动工具：建立选区后，选择工具箱中的移动工具，然后按住鼠标拖曳选区到新的位置后释放鼠标。

b. 使用“编辑”菜单命令：建立选区后，使用“剪切”和“粘贴”命令，可以将图像移动到新的位置。

如果在同一文件中移动选区图像，移动后原选区被背景色填充；如果在不同的文件中移动选区图像，会在另一个文件中建立新图层，原选区内容不变。

②复制图像。

复制选区内图像的方法有以下两种。

a. 使用移动工具：建立选区后，选择工具箱中的移动工具，然后按住 Alt 键的同时按住鼠标拖曳选区到新的位置后释放鼠标。

b. 使用“编辑”菜单命令：建立选区后，使用“拷贝”和“粘贴”命令，可以将图像复制到新的位置。

③变换图像。

建立选区后，使用“编辑→变换”命令，可以对选区中的图像进行缩放、旋转、斜切和扭曲等操作。选择“变换”级联菜单中的相应命令后，选区图像周围会出现变形框，用鼠标拖动四周的句柄，可以对图像进行相应的变换。按回车键确认选区的变换，按 Esc 键则取消变换操作。

任务4　使用蒙版合成图像

1. 任务目标

(1)掌握魔棒工具选取部分图像的方法。

(2)掌握图层的使用方法。

(3)掌握利用蒙版合成图像的方法。

2. 任务要求

(1)合成钱袋。使用蒙版，将现有钱袋图像(见图 4.40)合成为圆形钱袋图像(见图 4.41)。

图 4.40　合成前的钱袋图像

图 4.41　圆形钱袋图像

(2)合成黄山飞来石。使用蒙版，将云彩图像(见图 4.42)、瀑布图像(见图 4.43)融入黄山飞来石图像(见图 4.44)中,合成后的图像如图 4.45 所示。

图 4.42　云彩图像

图 4.43　瀑布图像

图 4.44　黄山飞来石图像

图 4.45　合成后的图像

3. 任务步骤

●合成钱袋步骤。

步骤 1　选择“文件→打开…”命令,打开钱袋素材。

步骤 2　按 Ctrl+J 快捷键,复制背景成为新的图层 1,如图 4.46 所示。

步骤 3　在钱袋图像上利用椭圆选框工具选择一个椭圆区域,单击图层面板下方的“添加图层蒙版”按钮 ,为图像添加蒙版,隐藏背景后,图层面板如图 4.47 所示。

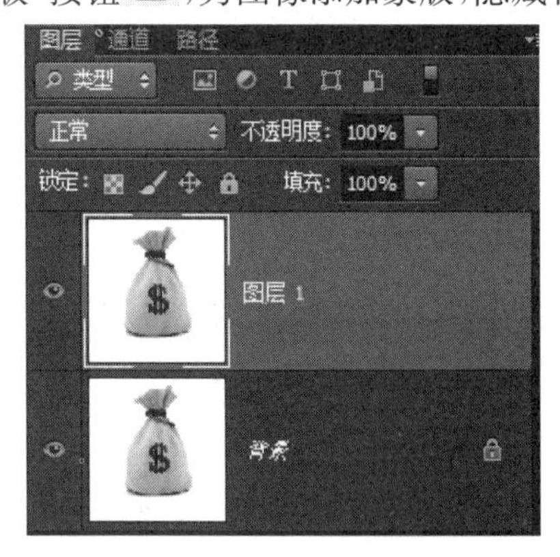

图 4.46　将背景复制为新的图层 1

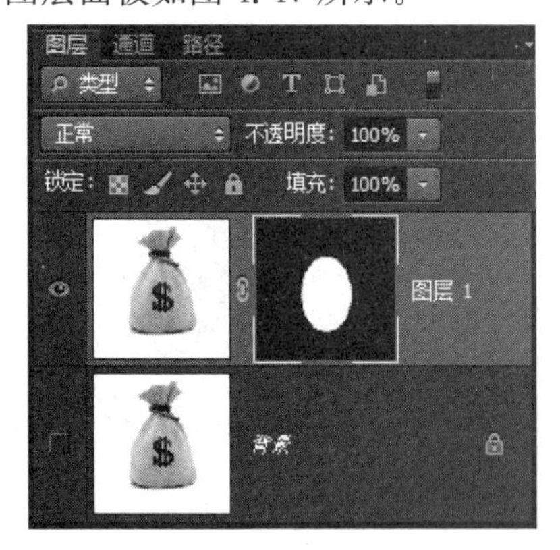

图 4.47　图层面板 1

步骤 4　显示背景并选中背景图层，按 Ctrl+J 快捷键，再复制背景成为新的图层，将其移至图层的最上层，并为其添加图层蒙版，将前景色设置为黑色，选择画笔工具，设置画笔工具的主直径为 50 像素，用画笔涂抹钱袋。涂抹后的图层面板如图 4.48 所示，隐藏背景后即可显示出圆形钱袋的效果。

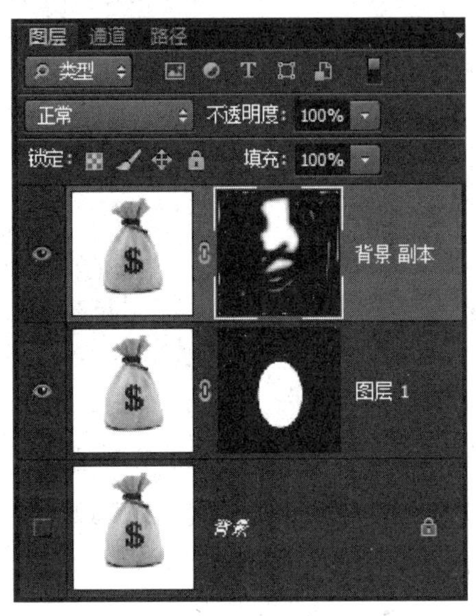

图 4.48　图层面板 2

小知识

蒙版可以遮挡图像中的一部分，使其不显示，用户可以随意地对蒙版进行修改和删除，而不破坏图像，对图像具有保护和隐藏的功能。

蒙版可将不同的灰度色值转化为不同的透明度，并作用到它所在的图层中，使图层不同部位的透明度产生相应的变化。它的模式为灰度，范围从 100%～0%，黑色代表完全透明，白色代表完全不透明。灰色则是介于 100%～0%之间，被操作图层中的这块区域以半透明方式显示，透明程度由灰度大小决定，灰度值越大则透明程度越高。

小技巧

蒙版通常分为图层蒙版、矢量蒙版、剪贴蒙版、快速蒙版。图层蒙版的优点是显示或隐藏图像时，进行的是无破坏性的操作，所有的操作均在图层蒙版中完成，不会影响图层中的像素。往往通过图层蒙版的快捷菜单来执行停用、删除、应用、添加图层蒙版到选区等操作。结合“图层→图层蒙版”级联菜单中的命令，可显示、隐藏、取消图层蒙版的链接等。

●合成黄山飞来石步骤。

步骤 1　选择“文件→打开…”命令，打开黄山飞来石、云彩及瀑布图像。

步骤 2　使用移动工具将云彩图像拖曳到黄山飞来石图像中，使云彩图像成为图层 1，适当调整图像位置。

步骤 3　单击图层面板上的“添加图层蒙版”按钮，为图像添加蒙版。调整图层面板中的不透明度为 50%，使背景图像在当前图层中隐约可见，如图 4.49 及图 4.50 所示。

图 4.49　添加蒙版后的图层面板

图 4.50　云彩图像为半透明

步骤 4　将前景色设置为黑色，选择画笔工具，设置画笔工具的主直径为 50 像素，用画笔涂抹黄山及飞来石，使云彩和黄山融为一体，再将图层面板中的不透明度改为 100%，涂抹后的图层面板如图 4.51 所示，图片如图 4.52 所示。

图 4.51　图层面板 3

图 4.52　云彩与黄山飞来石的融合效国

步骤 5　按上述方法，使用移动工具将瀑布图像拖曳到黄山飞来石图像中，使瀑布图像成为图层 2，调整图层面板中的不透明度为 50%，使背景图像在当前图层中隐约可见。按 Ctrl+T 快捷键变换瀑布方向及大小，将瀑布放置在黄山的隘口中间。

步骤 6　单击图层面板下方的“添加图层蒙版”按钮，为图像添加蒙版。

步骤 7　将前景色设置为黑色，选择画笔工具，设置画笔工具的主直径为 50 像素，用画笔涂抹黄山隘口，使瀑布和黄山融为一体，再将图层面板中的不透明度改为 100%，应用蒙版将瀑布添加到黄山飞来石图像中的图层面板变化如图 4.53 所示。

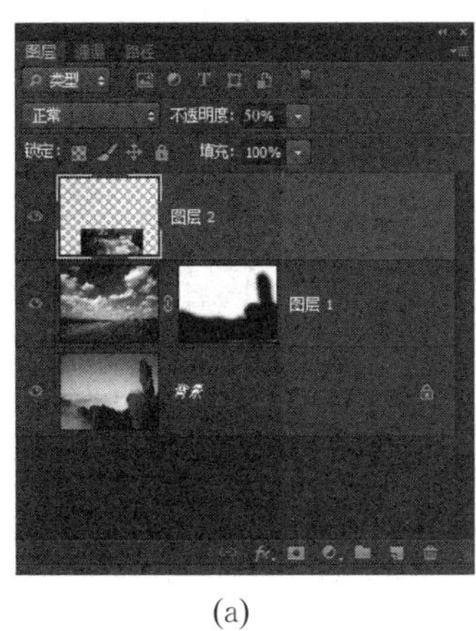

(a)

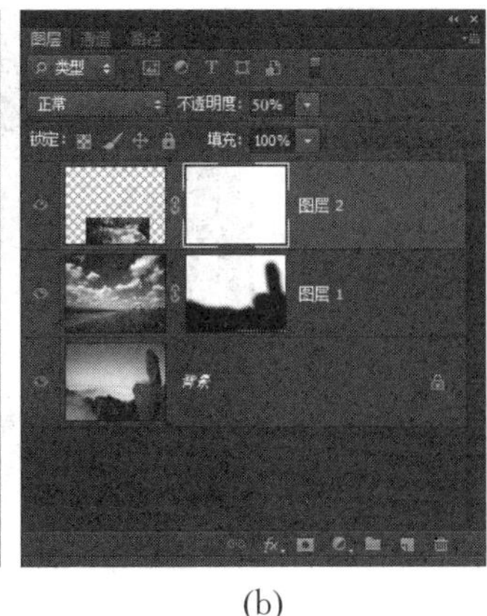

(b)

(c)

图 4.53　图层面板变化

任务 5　使用选区绘制简单图像并合成

1. 任务目标

(1)掌握矩形选框工具的使用方法。

(2)掌握图层的使用方法。

(3)掌握图像的颜色填充方法。

2. 任务要求

使用选区绘制铅笔图像,并将其合成至文字图像中,效果如图 4.54 所示。

图 4.54　铅笔图像合成效果图

3. 任务步骤

步骤 1　选择“文件→打开...”命令,打开“铅笔. png”文件。按 Ctrl+A+C+N 快捷键,打开“新建”窗口,单击“确定”按钮,复制出相同大小的新文件,如图 4.55 所示。设置前景色为白色,在新文件上按 Alt+Delete 快捷键填充白色。选择“窗口→排列→双联垂直”命令,使两张图片在图像窗口处并行显示,如图 4.56 所示。

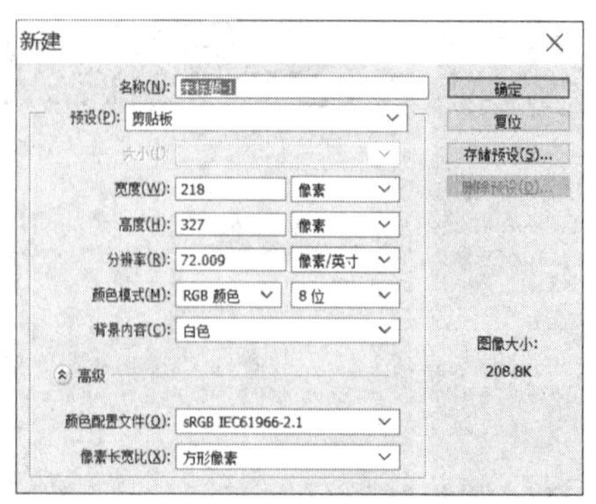

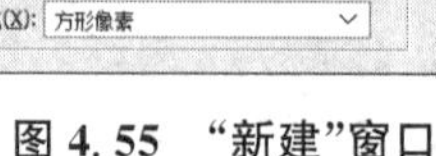

图 4.55 “新建”窗口

图 4.56 双联垂直排列窗口

小知识

①像素。位图图像使用彩色网格即像素点来表现图像。其图像均由许多小方点(像素)构成,每个像素都具有特定的位置和颜色值,并以矩阵的方式排列并存储,一般相机和网络上显示的都是位图。位图放大时会失真,出现锯齿状,图像的质量与分辨率有关,分辨率越高,单位面积的像素就越多,图像效果就越好,当然存储容量就越大。

②分辨率。不同设备的分辨率有不同的定义,图像的分辨率是每英寸图像内有多少个像素点,体现图像文件中包含的细节和信息的大小,以及输入、输出或显示设备能够达到的细节效果的程度。使用 Photoshop 设计位图时,分辨率既会影响最后输出的质量,也会影响文件的大小,设计一般的网页图片时分辨率设为 72 像素/英寸即可,设计照片级别的图像时分辨率最好为 300 像素/英寸以上。

③RGB 颜色模式。RGB 颜色模式是位图颜色的一种编码方法,用红、绿、蓝三色的亮度值混合后表示一种颜色。这是最常见的位图编码方法,可以直接用于屏幕显示。

小技巧

按住 Alt 键配合鼠标滑轮,可以放大或者缩小画布。

步骤 2 选择铅笔图像,按 Ctrl+T 快捷键,将铅笔图像旋转后,使铅笔图像近似垂直显示,按回车键确认变换,如图 4.57 所示。

步骤 3 选择新文件,在图层面板中单击“创建新图层”按钮,添加图层 1,如图 4.58 所示。

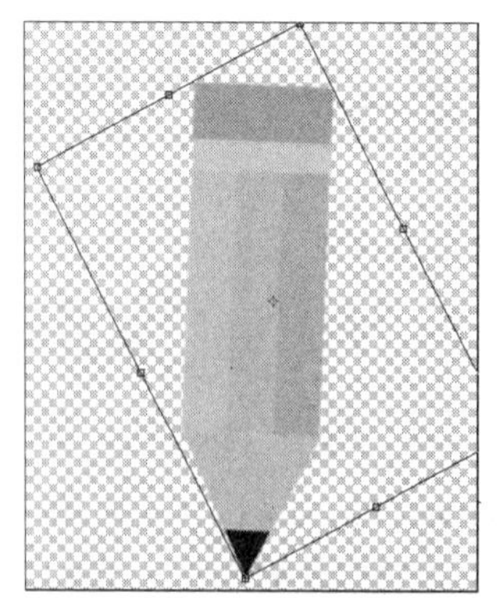

图 4.57 旋转铅笔图像

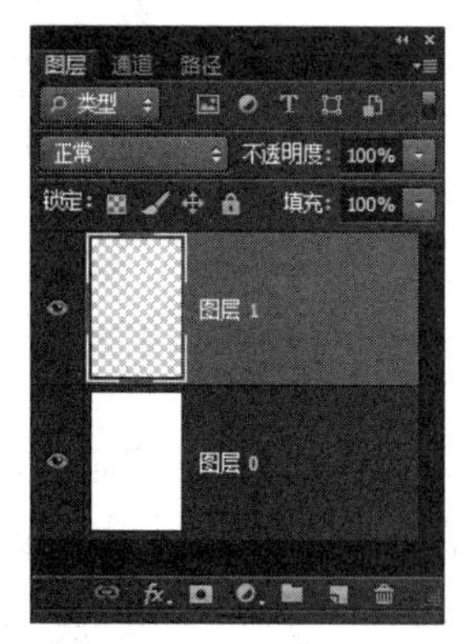

图 4.58 添加新图层

步骤 4　选择矩形选框工具，绘制出矩形选区，选择前景色面板，利用吸管工具，到铅笔图像中吸取黄色，如图 4.59 所示。按 Alt＋Delete 快捷键填充前景色，按 Ctrl＋D 快捷键取消选区，填充颜色后的图层如图 4.60 所示。

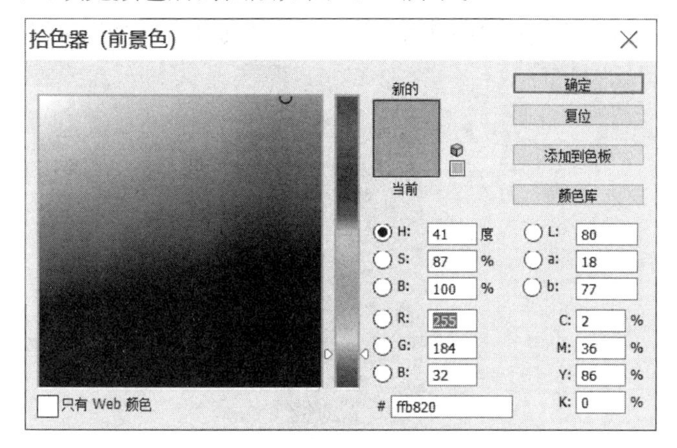

图 4.59　到铅笔图像中吸取黄色

图 4.60　填充颜色后的图层面板

小知识

选区：在 Photoshop 中想对图像进行操作，可以先绘制出选区，通过选区可以对选中的部分进行编辑。建立选区通常有 3 种方法：①在工具栏中选择矩形、椭圆等形状的规则选框工具。②利用磁性套索工具等，沿着物体边缘走，到起点闭合，可建立不规则选区。③利用钢笔工具，绘制出闭合路径，再按 Ctrl＋回车快捷键就转化为选区了。

步骤 5　重复步骤 3，绘制横向第二个矩形及 3 个纵向矩形，填充相应的颜色，效果如图 4.61 所示。

步骤 6　按 Ctrl＋D 快捷键取消选区，在图层面板上，按住 Ctrl 键单击图层缩略图，同时选择铅笔身体的 3 个矩形，按 Ctrl＋T 快捷键进行自由变换调整大小，对齐矩形，按回车键确认变换，如图 4.62 所示。

(a)

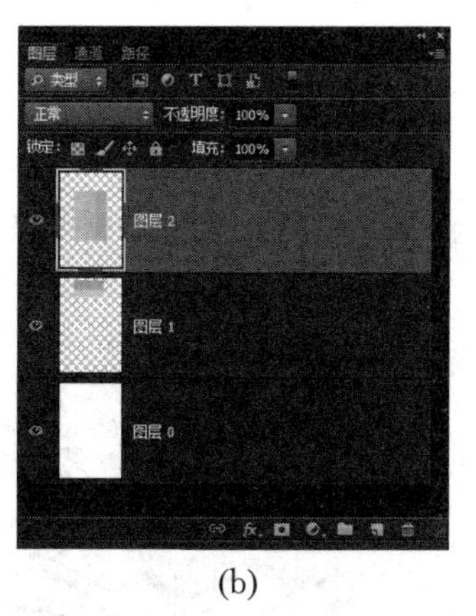

(b)

图 4.61　绘制铅笔身体的各矩形后的图像及图层面板

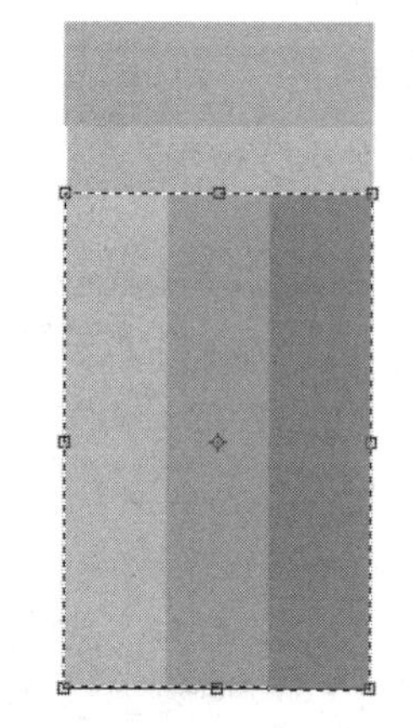

图 4.62　调整后的铅笔图像

步骤 7　在图层面板中新建图层 3，选择矩形选框工具，配合 Shift 键，绘制出正方形选区，填充相应的颜色后，按 Ctrl＋D 快捷键取消选区。

步骤 8　选择正方形，按 Ctrl+T 快捷键进行自由变换，右击后选择“透视”命令，然后调整正方形为三角形。按回车键确认变换，如图 4.63 所示。

步骤 9　复制图层 3，在新生成的图层 3 的副本图层中，选中三角形选区，填充相应的颜色。按 Ctrl+T 快捷键，配合 Shift 键等比例调整笔尖的大小，并拖动至合适位置，如图 4.64 所示。

图 4.63　绘制黄色部分笔尖

图 4.64　绘制黑色部分笔尖

步骤 10　选择“文件→储存为…”命令，写入新文件名，选择文件格式为 PSD，如图 4.65 所示。

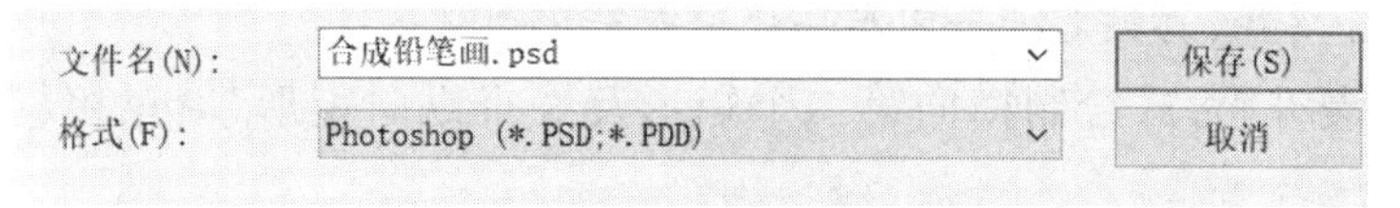

图 4.65　保存文件类型为 PSD 格式

步骤 11　选择“文件→储存为…”命令，写入新文件名，选择文件格式为 JPEG。打开该 JPEG 文件，用魔术橡皮擦工具去掉白色背景，将图像另存为 PNG 格式，即透明的文件，如图 4.66 所示。

步骤 12　打开静享时光图像，如图 4.67 所示。将铅笔合成到图像，按 Ctrl+T 快捷键调整铅笔大小及位置。

图 4.66　透明背景的铅笔图像

图 4.67　静享时光图像

任务 6　海报制作

1. 任务目标

（1）掌握图像合成的方法。

（2）掌握文字的使用方法。

2. 任务要求

Photoshop 是制作广告海报的最佳工具。以制作烘焙工坊海报为例，成品效果如图 4.68 所示。

图 4.68　烘焙工坊海报

3. 任务步骤

步骤 1　选择“文件→打开…”命令，打开“烘焙工坊.jpg”图像文件。利用 Ctrl＋A＋C＋N 快捷键，复制出相同大小的新文件，如图 4.69 所示。设置前景色为白色，在新文件上按 Alt＋Delete 快捷键填充白色。选择“窗口→排列→双联垂直”命令，使两张图片在图像窗口处并排显示。

步骤 2　选择“文件→打开…”命令，打开“卡通厨师.jpg”图像文件。选择工具箱中的魔术橡皮擦工具，容差设置为 10，勾选“消除锯齿”和“连续”复选框，单击卡通厨师图像中的白色区域，白色区域就会被删除，如图 4.70 所示。

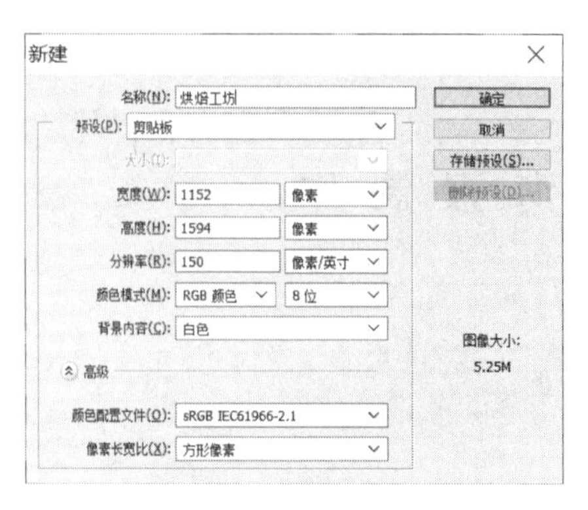

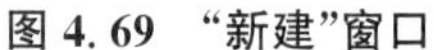

图 4.69 “新建”窗口　　图 4.70 去掉白色背景的人物

步骤 3 选择移动工具,将人物移动到新文件上。按 Ctrl+T 快捷键进行自由变换,调整图片大小和位置,如图 4.71 所示。

步骤 4 找到字体文件“方正胖娃简体.ttf”,然后右击选择“安装”命令。选择横排文字工具并在图像中单击,输入“烘焙工坊”,并设置为“方正胖娃简体”。全选文字,双击文字图层的大写字母 T,按住 Alt 键并配合方向键对文字进行调节,左右方向键是调节字间距,上下方向键是调节行间距。单击文字工具属性栏设置文本颜色按钮,打开拾色器,直接去原图中吸取文字的颜色。再输入英文“Baking Workshop”,设置相应的字体、字号,如图 4.72 所示。

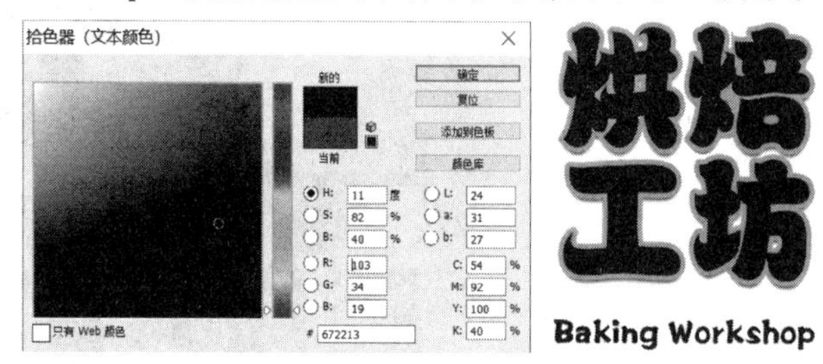

图 4.71 调整后的图像　　图 4.72 设置字体及颜色

步骤 5 双击图层右侧的空白,打开“图层样式”对话框,如图 4.73 所示。

步骤 6 勾选“描边”复选框,设置“大小”为 10 像素,“位置”为外部,颜色到原图中吸取,如图 4.74 所示。

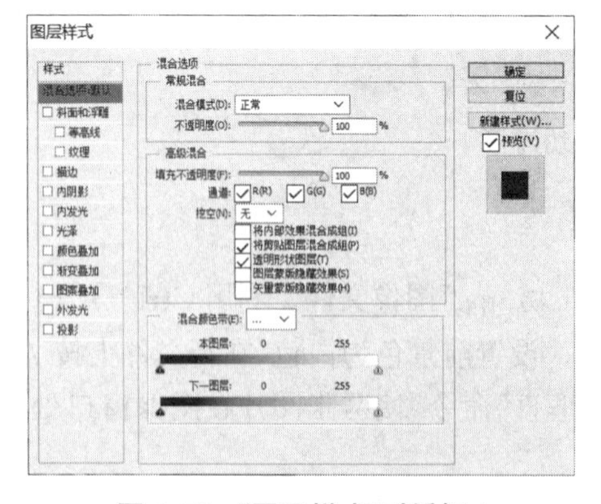

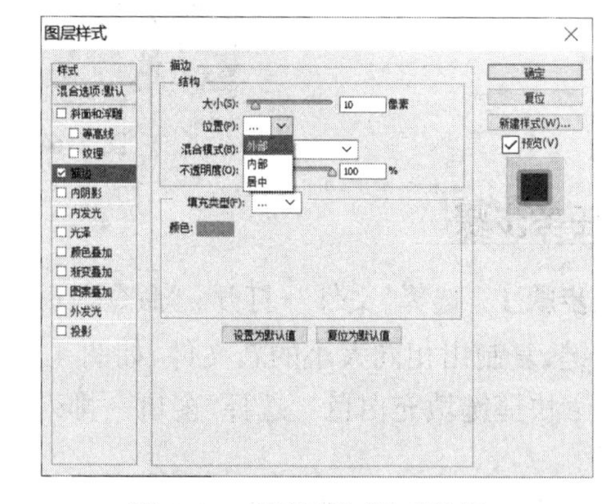

图 4.73 “图层样式”对话框 1　　图 4.74 “图层样式”对话框 2

步骤 7 勾选“投影”复选框,设置“不透明度”为 70%,“角度”为 90°,“距离”为 14 像素,“大小”为 5 像素,取消勾选“使用全局光”复选框,如图 4.75 所示。

步骤8　将“字母饼干.jpg”图像文件打开，按Ctrl+U快捷键打开“色相/饱和度”对话框。调节饼干的色彩，将饱和度设置为25，如图4.76所示。

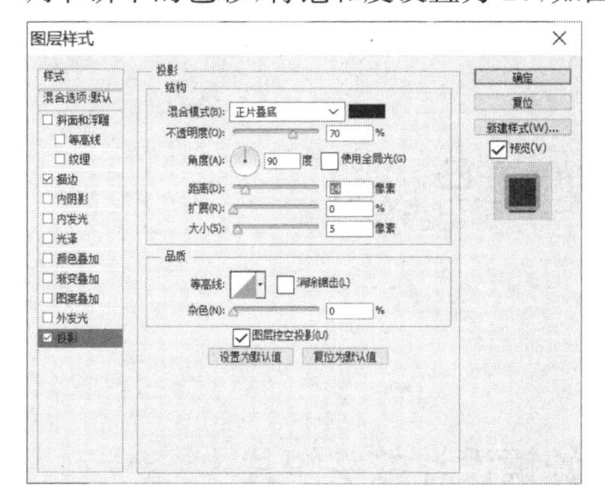

图4.75　“图层样式”对话框3

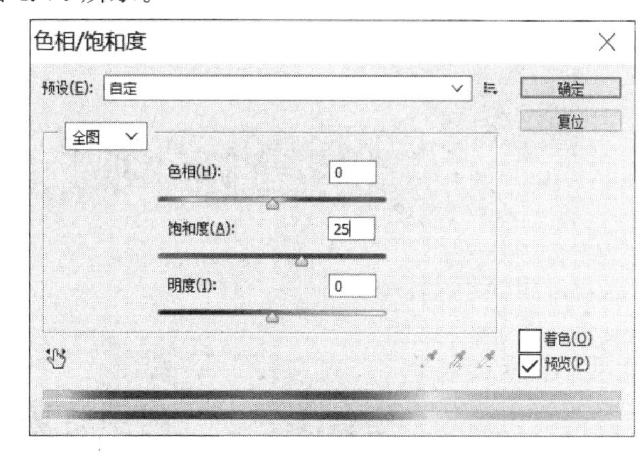

图4.76　“色相/饱和度”对话框

步骤9　利用磁性套索工具将“字母饼干”抠出来，复制并粘贴，使每一个“字母饼干”单独成为一个图层，如图4.77所示。

步骤10　打开“巧克力.jpg”和“巧克力棒.jpg”图像文件，用磁性套索工具抠出“巧克力”和“巧克力棒”，使其单独成为一个图层，如图4.78和图4.79所示。

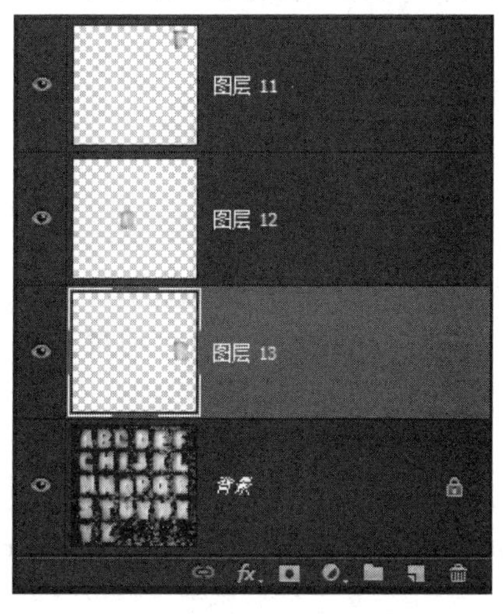

图4.77　图层面板1

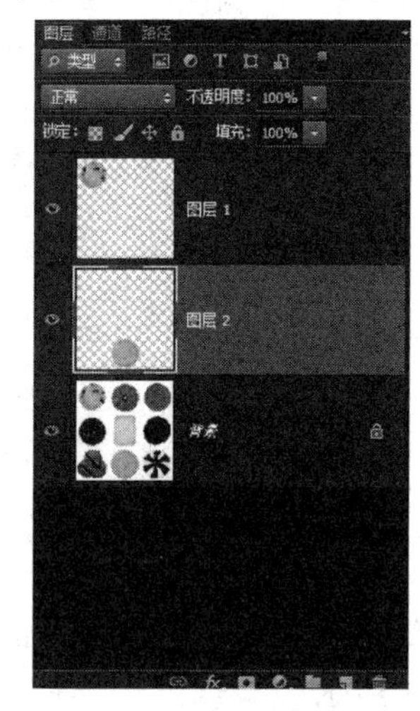

图4.78　图层面板2

图4.79　图层面板3

步骤11　将抠出的“字母饼干”“巧克力”“巧克力棒”等图像拖曳到烘焙工坊图像中，调整并对齐图像。

模块5 数字音频和视频的处理与设计

任务1 利用转场和滤镜设计数字短片

1. 任务目标

(1)掌握使用“转场”实现不同场景间的自然过渡。

(2)掌握使用“视频摇动和缩放”等滤镜增加图片的特殊效果。

(3)掌握使用标题轨制作字幕并设计字幕的动画效果。

(4)学会背景音乐的添加方法。

(5)学会保存项目文件并生成视频文件的方法。

2. 任务要求

利用图片和音乐素材,制作一段配乐数字视频短片。为不同的图片设计转场效果,根据需要在图片上加入滤镜效果。制作片头字幕和片尾字幕,设计字幕的动画效果。保存项目文件,生成完整作品的视频文件。

3. 任务步骤

步骤1 打开会声会影,添加图片素材。在打开的时间轴视图(默认)中,右击视频轨,选择“插入照片…”选项,如图5.1所示。

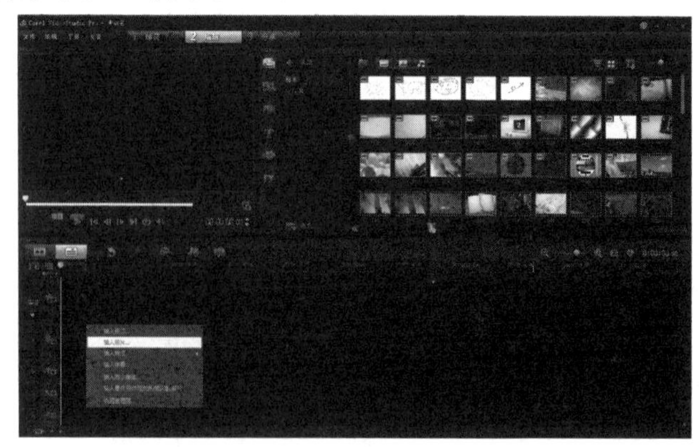

图5.1 在视频轨中插入照片

小知识

会声会影提供故事板视图和时间轴视图。单击时间轴上方左侧的两个按钮可以在两种视图模式之间切换。

①故事板视图。

在故事板视图中，用户要以通过拖动素材来移动素材的位置。故事板视图中的缩略图代表影片中的一个事件，事件可以是视频素材，也可以是转场或静态图像。缩略图按项目中事件发生的时间顺序依次出现，但对素材本身并不详细说明，只是在缩略图下方显示当前素材的区间。

②时间轴视图。

时间轴视图可以准确地显示出事件发生的时间和位置，还可以粗略浏览不同媒体素材的内容。在时间轴视图中，故事板被水平分割成视频轨、覆叠轨、标题轨、声音轨及音乐轨等不同的轨道。

与故事板视图编辑模式相比，时间轴视图编辑模式相对复杂一些，它的功能也要强大很多。在故事板视图编辑模式下，用户无法对标题字幕、音频等素材进行编辑操作，只有在时间轴视图编辑模式下，才能完成这一系统的编辑操作。在时间轴视图编辑模式下，用户可以以精确到"帧"的单位对素材进行编辑，因此在视频编辑过程中，它是最常用的视图模式。

小知识

视频由连续记录外界的多个瞬间画面组成，帧是视频中的一个瞬间画面，是视频片段的最小度量单位。进行操作或标记为特殊处理的画面，称为"关键帧"。

步骤 2　在弹出的窗口中，找到会声会影素材文件夹，选中其中的图片文件，单击"打开"按钮，如图 5.2 所示。根据需要，可以单击排序按钮，选择按名称、类型、日期等进行素材的排序。

图 5.2　打开图片素材文件

小技巧

可以使用时间轴视图中每个轨道前面的“眼睛”图标对当前的轨道进行隐藏或显示。

步骤3 添加背景音乐。右击第一个音乐轨，选择“插入音频”到“音乐轨 #1…”，如图5.3所示。打开音乐素材文件，如图5.4所示。

图5.3 在音乐轨#1中插入音乐素材文件

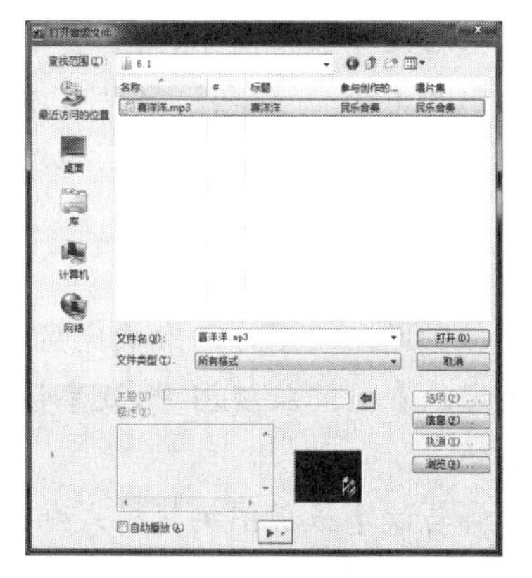

图5.4 打开背景音乐文件

步骤4 设置转场效果。选择“转场”标签，在“画廊”下拉列表中选择“全部”，在各种转场类型中选择适当的转场效果，分别拖动到各个图片之间，如图5.5所示。

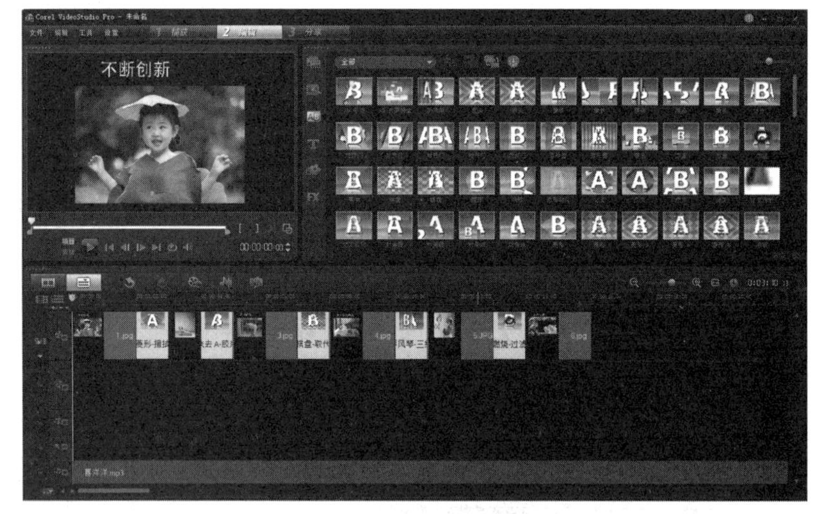

图5.5 设置转场效果

小知识

转场效果：把一个视频中的每一个镜头按照一定的顺序和手法连接起来，使其成为一个具有条理性和逻辑性的整体，这种方法和技巧叫作镜头组接。在影像中段落的划分和转换，是为了使表现内容的条理性更强，层次更清晰。而为了使观众的视觉具有连续性，需要利用造型因素和转场效果，使人在视觉上感到段落与段落间的过渡自然、顺畅。

步骤5 设置图片的滤镜效果。选择“滤镜”标签，在“画廊”下拉列表中选择“全部”，在各种滤镜类型中选择适当的滤镜效果，分别拖动到需要滤镜效果的图片之上。例如，将“云彩”拖动到 3 号图片上、“水流”拖动到 4 号图片上、“视频摇动和缩放”拖动到 5 号图片上，含有滤镜效果的图片左上角出现标识，如图 5.6 所示。

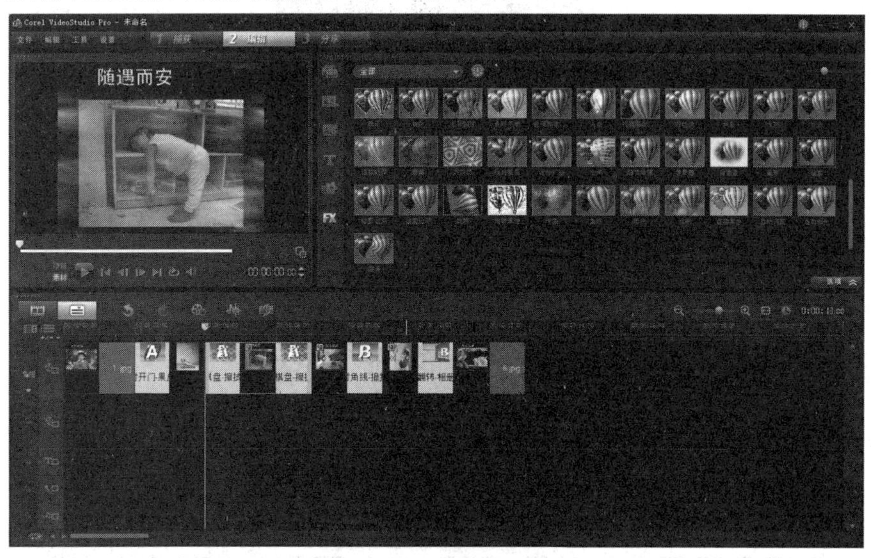

图 5.6　设置图片滤镜效果

小知识

视频滤镜是利用数字技术处理图像，以获得类似电影或电视节目中出现的特殊效果。视频滤镜可以将特殊的效果添加到视频中，用以改变素材的样式或外观。添加视频滤镜后，滤镜效果会应用到素材的每一帧上。调整滤镜属性，可以控制起始帧到结束帧之间的滤镜强度、效果等。

步骤 6　设置图片滤镜的属性。通过设置滤镜的属性，可以完成滤镜的细节设计，也可以删除滤镜。例如，选中 5 号图片，右击，选择“打开选项面板”命令或者单击选项面板中右下角的“选项”按钮 选项 ，如图 5.7 所示。在其中的“属性”选项卡中可以自定义“视频摇动和缩放”的参数，如图 5.8 所示。

图 5.7　打开选项面板

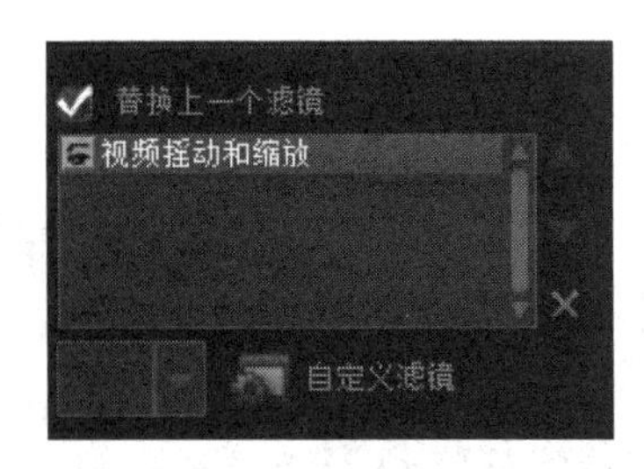

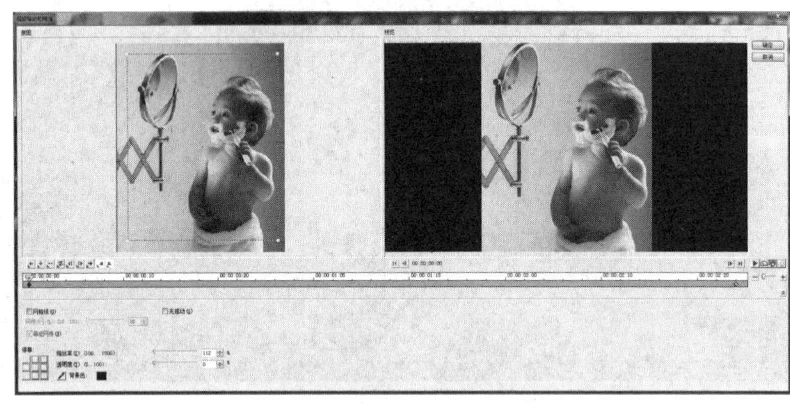

图 5.8　自定义滤镜的属性

步骤 7　使用“文件→保存”命令，保存项目文件，文件名为“童趣. VSP”，如图 5.9 所示。

图 5.9　保存项目文件

小知识

项目：一部完整的影片作品由各种类别的素材组成，素材的类别包括视频、图像、音频、转场效果与标题文字等，而由素材组合而成的影片作品在会声会影中称为项目，项目文件的扩展名是“. VSP”。项目文件可以重新进行多次修改，最终修改完成后可以生成视频文件。

步骤 8　添加片头标题。打开“童趣. VSP”项目文件，将其移动到视频覆叠轨 1#，并在开始部分预留出片头的时间长度。双击屏幕，出现标题框，输入标题“童趣”，在选项面板中的“编辑”选项卡中，可以设置字体的格式，如图 5.10 所示。

图 5.10　添加片头标题

小知识

视频覆叠轨与视频轨的区别是：覆叠轨的内容是叠放在视频轨内容之上的。视频轨通常用来插入背景，覆叠轨插入的是画中画的内容。视频覆叠轨有 20 个，可以右击某轨道或单击时间轴左侧的轨道管理器按钮，打开“轨道管理器”进行管理，如图 5.11 所示。

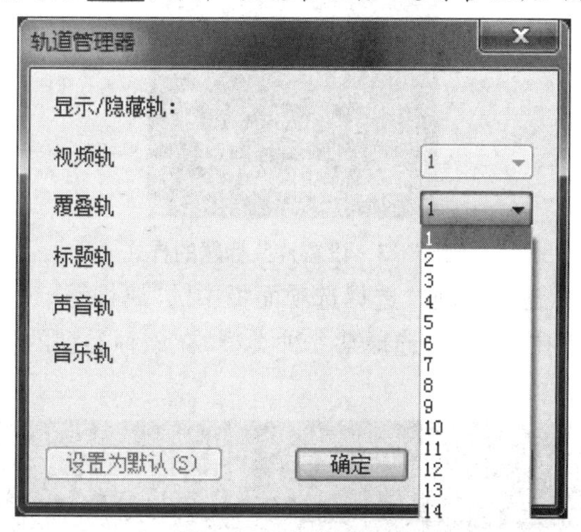

图 5.11　轨道管理器

小提示

①由于需要留出片头标题显示的时间区间，而在视频轨中的素材不能向后移动，因此将项目移动到视频覆叠轨 1# 来实现操作。

②因为覆叠轨的素材是叠放在视频轨的背景之上的，所以通常要调整素材的大小和位置。本任务的视频轨中没有背景素材，所以可以将覆叠轨的图片“调整到屏幕大小”，如图 5.12 所示。

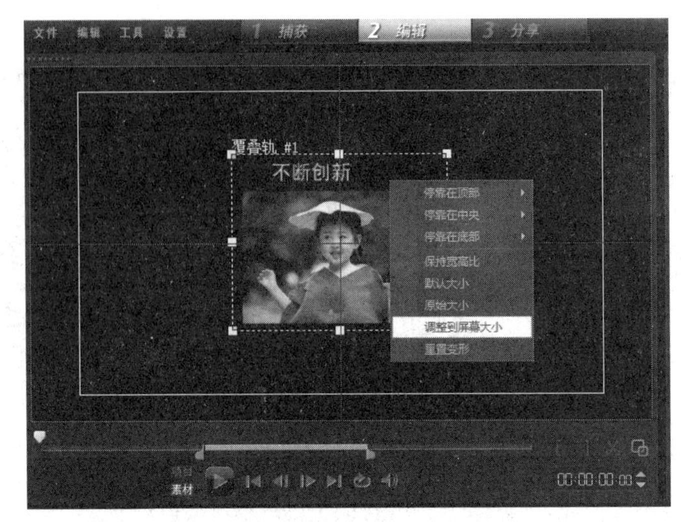

图 5.12 覆叠轨的照片大小调整

步骤 9 设置片头标题的样式。选中标题框，选择“编辑”选项卡，打开“标题样式预设”下拉列表(见图 5.13)，选择一种适当的标题样式。

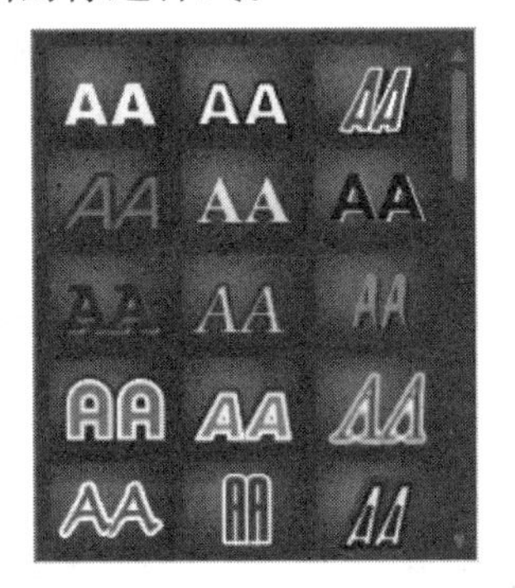

图 5.13 设置片头标题的样式

步骤 10 设置片头标题的动画。选择选项面板中的“属性”选项卡，选择“动画”，勾选“应用”复选框，在“类型”的下拉列表中，选择某一种类型，在该种类型的各种效果中选择适当的一种，如图 5.14 所示。

图 5.14 设置片头标题的动画

步骤11　添加片尾字幕。拖动素材编辑区下方的滚动条，移到片尾位置。选中标题轨，将标题内容设置在与图片不重叠的地方。

步骤12　选中标题轨，双击屏幕，出现标题框。打开“童年.txt”文件，将其中的诗词复制并粘贴到标题框中，移动标题框到屏幕下方的位置，如图5.15所示。

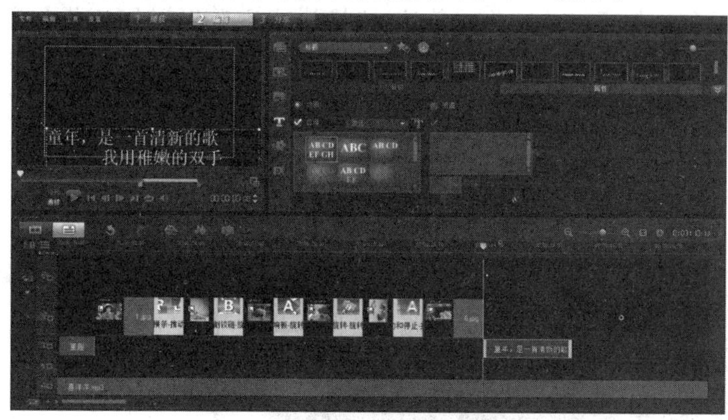

图5.15　添加片尾字幕

步骤13　格式化片尾字幕效果。选中片尾的标题框，选择选项面板中的“编辑”选项卡，设置字号、颜色、对齐方式等。例如，字号为60，颜色为浅绿色，对齐方式为居中对齐，如图5.16所示。

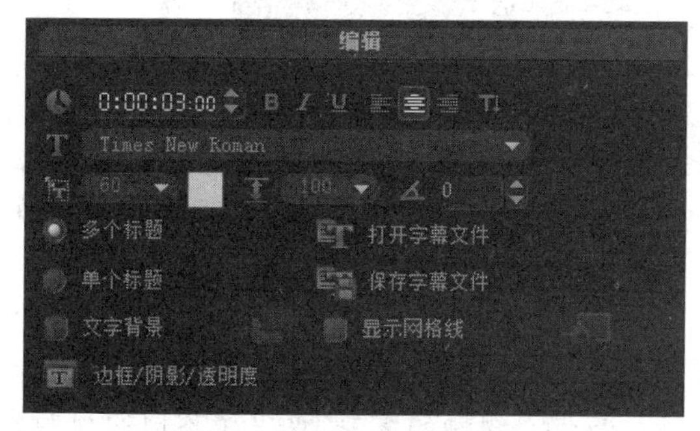

图5.16　片尾字幕格式化

步骤14　选中片尾的标题框，选择选项面板中的“属性”选项卡，选择“动画”，勾选“应用”复选框，在“类型”的下拉列表中选择“飞行”，在各种效果中选择“从底部飞入”效果，如图5.17所示。拖动标题轨中标题右侧的黄块，可调整播放时间长度，以加快或放慢字幕的播放速度。

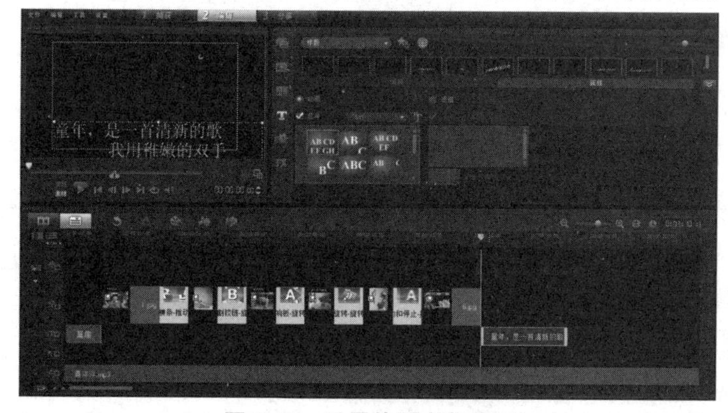

图5.17　设置片尾字幕动画

小提示

图片和字幕没有播放时长的限制，所以可以适当地延长或缩短播放的时长。除了拖动素材右侧的黄块之外，图片素材也可以通过右击，在快捷菜单中选择“更改照片区间…”命令来改变播放时长。视频和音频有播放时长的属性，其播放时长是固定的，不能改变。

步骤 15 在播放按钮区中，选择“项目”。播放项目，查看效果，根据需要进行适当的剪辑。

步骤 16 选择“文件→保存”命令，保存项目文件。

步骤 17 选择“分享”标签，单击“创建视频文件”按钮，选择“自定义”命令，在打开的“创建视频文件”对话框中，“保存类型”选择“MPEG 文件(＊. mpg)”，如图 5. 18 和图 5. 19 所示。经过渲染过程，生成视频文件“童趣. mpg”。

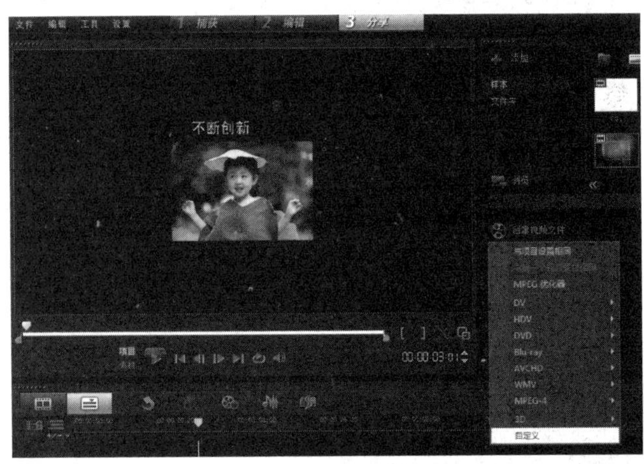

图 5.18 “分享”标签中的“创建视频文件”按钮

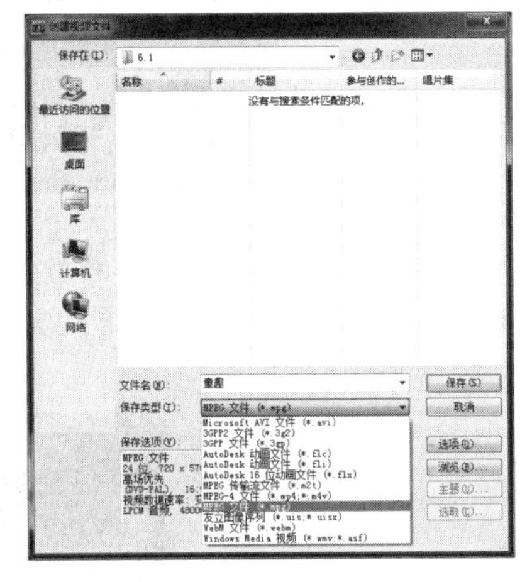

图 5.19 自定义创建视频文件

小知识

①渲染：渲染是将源信息合成单个文件的过程。

②视频文件格式：为了适应储存视频的需要，设定了不同的视频文件格式来把视频和音频放在一个文件中，以方便同时回放。不同的视频文件格式生成的文件大小不一样，视频的播放质量也有区别。

任务 2 利用抠像制作动画视频

1. 任务目标

(1)掌握连续动作图片生成动画的方法。

(2)掌握覆叠轨的使用方法。

(3)掌握修剪滤镜的使用方法。

(4)理解关键帧的作用。

(5)掌握色度键抠像的方法。

(6)学会素材复制并粘贴的方法。

2. 任务要求

(1)利用人物行走的连续动作手绘图片(见图 5.20),生成人物行走的动画视频。

(2)利用人物行走的动画视频素材,与蓝天白云的背景视频合成,生成视频文件,命名为"晨练.mpg"。

图 5.20　人物行走的连续动作手绘图片

3. 任务步骤

●任务(1)操作步骤。

步骤 1　右击视频轨,将人物行走的连续动作手绘图片按照正确的动作顺序逐一插入视频轨。为了方便查看和编辑素材,可以利用按钮来缩小或放大时间轴窗口,也可以利用按钮将项目调整到时间轴窗口大小,如图 5.21 所示。

图 5.21　连续动作手绘图片插入视频轨

步骤 2　为了设置生成行走动画的速度,可以统一设置所有图片的播放时长。先单击选中第一张图片,然后按住 Shift 键,再单击最后一张图片,操作完毕后即可选中全部图片。右击任意一张图片,在快捷菜单中选择"更改照片区间..."命令,如图 5.22 所示。在弹出的"区间"对话框中,可以重新填写播放的时长(默认时长为 3 秒),单击"确定"按钮,如图 5.23 所示。

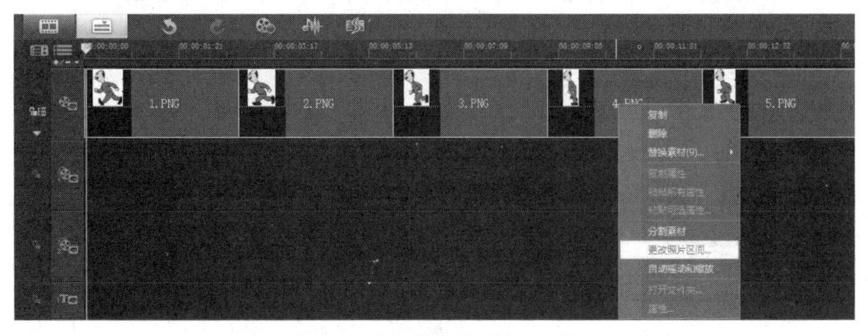

图 5.22　"更改照片区间..."命令

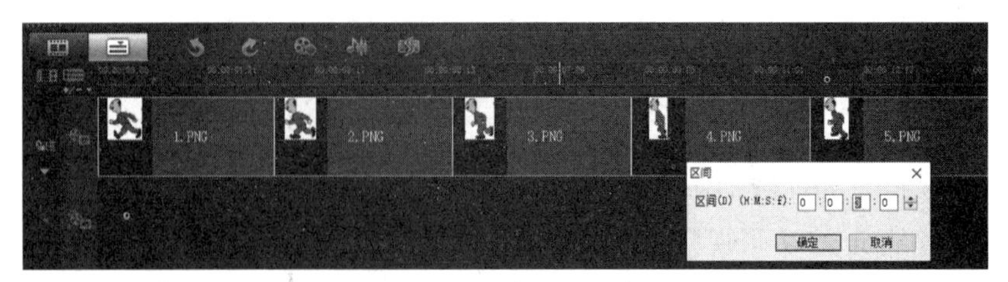

图 5.23 “区间”对话框

步骤 3 选择“文件→保存”命令，保存项目文件。

步骤 4 选择“分享”标签，单击“创建视频文件”按钮，选择“自定义”命令，生成视频文件“行走.mpg”。

●任务(2)操作步骤。

步骤 1 将背景视频文件插入视频轨，将行走的动画视频文件插入覆叠轨 1#，时间轴上可以延迟于背景的播放。选中覆叠轨 1# 的动画视频素材，适当扩大覆叠轨 1# 的动画视频的播放大小，将播放位置区域框移动到右下方，如图 5.24 所示。

图 5.24 插入背景视频文件和动画素材

小提示

视频轨不能调整播放大小，默认与屏幕大小一致。而覆叠轨可以调整播放的位置和大小。

步骤 2 在“画廊”下拉列表中选择“视频滤镜”，在覆叠轨 1# 的动画素材上添加修剪滤镜，单击选项面板“属性”选项卡中的“自定义滤镜”按钮，如图 5.25 所示。

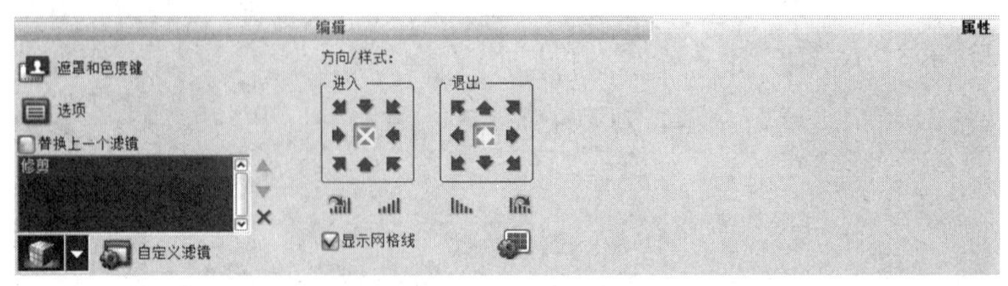

图 5.25 添加“修剪”滤镜

步骤 3 在“修剪”对话框中，根据动画中人物的大小，将第一帧的动画素材进行修剪，设置宽度为 40%，高度为 55%，并取消勾选“填充色”复选框，在预览窗口中查看效果，如图 5.26 所示。

图 5.26　自定义“修剪”滤镜

步骤 4　在“修剪”对话框中，选中第一关键帧，右击，在快捷菜单中选择“复制并粘贴到全部右边”命令，即复制并粘贴第一关键帧的参数到最后一帧，查看最后一帧的预览效果，单击“确定”按钮，如图 5.27 所示。

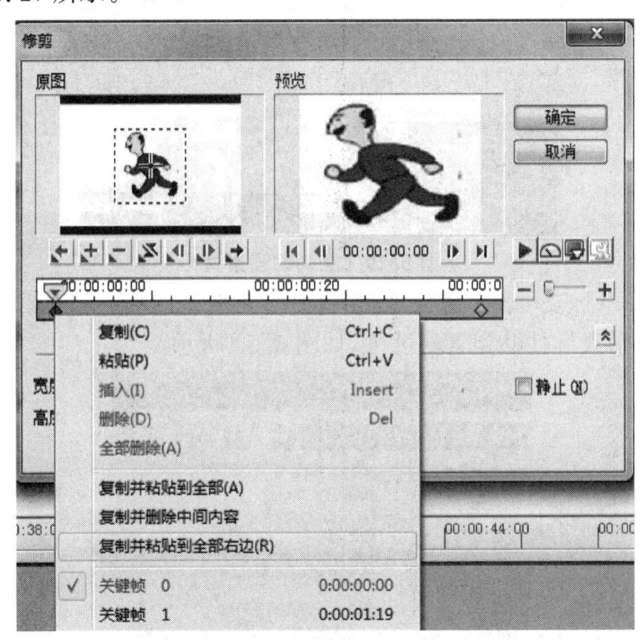

图 5.27　复制并粘贴“修剪”滤镜的参数

步骤 5　选中覆叠轨 1# 的动画视频素材，单击选项面板“属性”选项卡中的“遮罩和色度键”按钮 遮罩和色度键，勾选“应用覆叠选项”复选框，在“类型”下拉列表中，选中“色度键”选项，使用“吸管”工具在动画素材的白色区域单击，使得“相似度”的颜色为白色，如图 5.28 所示。观察播放窗口，可以看到白色背景被消除，即完成了抠像的处理。

图 5.28 使用“色度键”抠像

选中覆叠轨 1# 的动画视频素材，右击，在快捷菜单中选择“复制”命令，复制该素材，如图 5.29 所示。

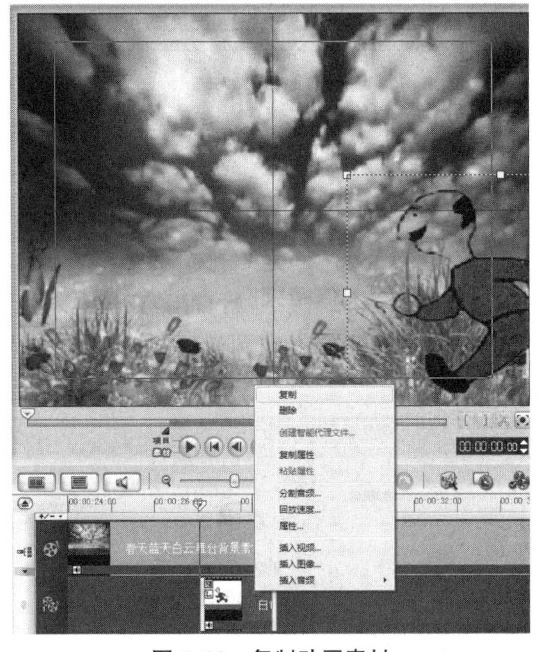

图 5.29 复制动画素材

步骤 6 在“画廊”下拉列表中选择“视频”选项，在素材区的空白处右击，在快捷菜单中选择“粘贴”命令，将动画素材粘贴到素材区中，如图 5.30 所示。

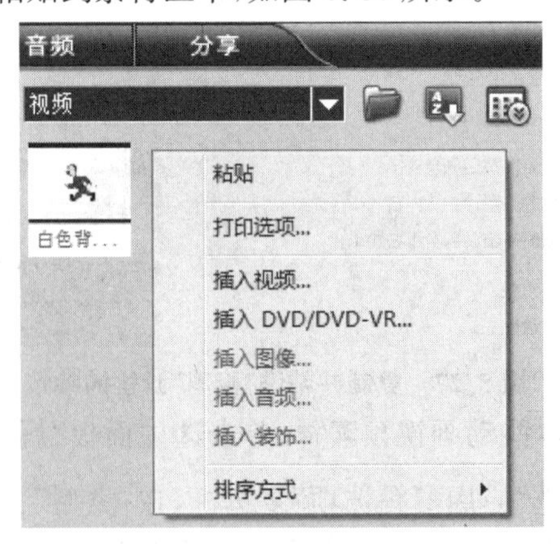

图 5.30 粘贴动画素材

将素材区中的动画素材拖曳到覆叠轨 1# 中，根据需要，多次使用该素材(如 10 次)，以便和背景视频的长度相适应。

小提示

根据需要可以适当缩短背景视频的素材长度。一种方法是拖动时间轴上的播放滑块来确定要进行处理的位置，另一种方法是在时间码 00:01:00:00 的分钟位置输入数值，指定播放滑块的具体位置，例如“01”，即滑块定位到背景视频播放长度为 1 分钟的位置，如图 5.31 所示。然后利用“分割视频”按钮将视频剪断。在视频轨中，选中后部分视频，右击，选择“删除”命令，如图 5.32 所示。

图 5.31　时间码和剪切工具

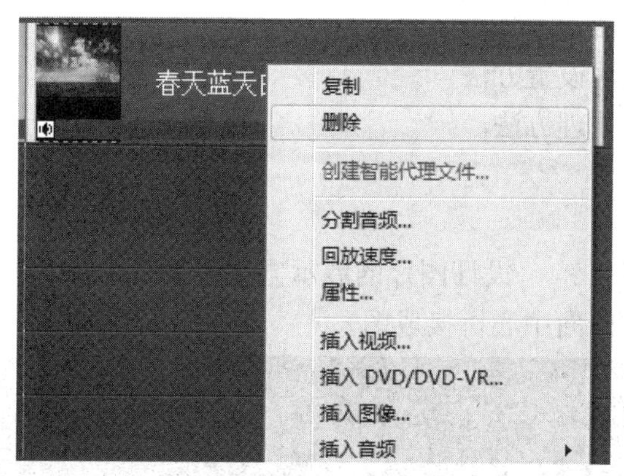

图 5.32　删除后部分视频

步骤 7　选中覆叠轨中的第 5～7 次的动画素材，向左平移其播放位置到屏幕中央，如图 5.33 所示。选中覆叠轨中的第 8～10 次的动画素材，向左平移其播放位置到屏幕左侧位置。

图 5.33　平移第 5 次素材到屏幕播放位置

小提示

可以根据设计想法，调整各个素材的具体播放位置，使其从一个初始位置移动到另一个终点位置，从而达到人物行走时位置变化的效果。

步骤 8 在播放按钮区中，选择“项目”。播放项目，查看效果，根据需要进行适当的剪辑。保存项目文件，命名为“晨练. VSP”。

步骤 9 选择“分享”标签，单击“创建视频文件”按钮，选择“自定义”命令，生成视频文件“晨练. mpg”。

任务 3 利用动画效果制作拼图

1. 任务目标

(1)掌握修剪滤镜的使用方法。

(2)掌握关键帧参数的设置方法。

(3)掌握动画效果的处理方法。

2. 任务要求

现有一张图片(见图 5.34)，设计图片的展示方式为拼图效果，即原图被分割成上、下、左、右 4 个部分，沿对角线方向向中心拼接成图。

图 5.34 花朵图片

3. 任务步骤

步骤 1 打开会声会影编辑器，切换到时间轴视图，设置覆叠轨 1～4，如图 5.35 所示。

图 5.35 时间轴视图和覆叠轨设置

步骤 2 将花朵图片插入覆叠轨 1＃中，拖动素材右侧的黄块，适当延长播放时间。右击浏览区域中的图像，选择“调整到屏幕大小”命令，如图 5.36 所示。

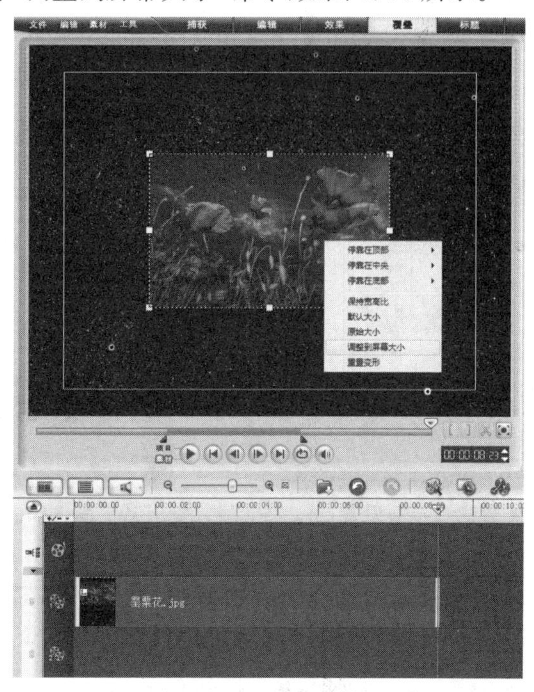

图 5.36　覆叠轨 1＃图像调整到屏幕大小

步骤 3　在“画廊”下拉列表中选择“视频滤镜”，选择选项面板中的“属性”选项卡，在花朵图片上添加修剪滤镜，如图 5.37 所示。

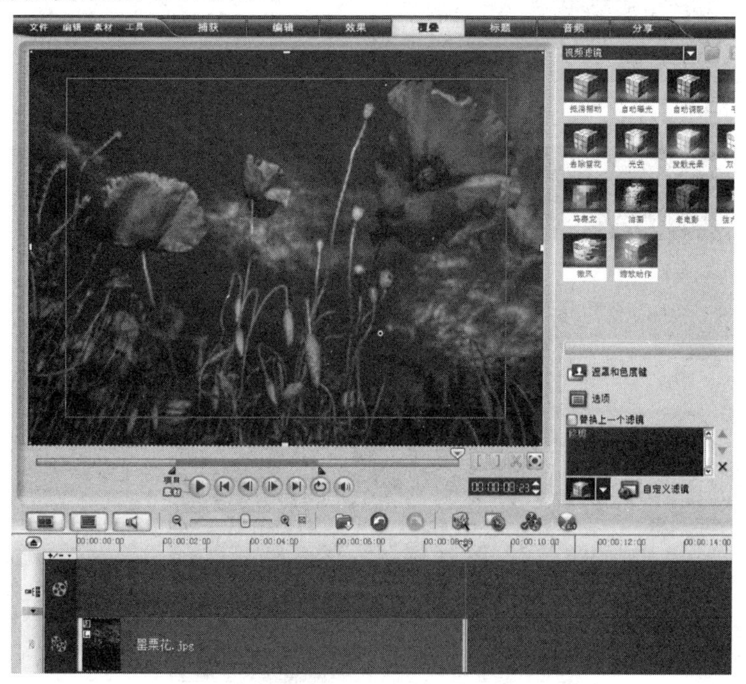

图 5.37　覆叠轨 1＃图像添加修剪滤镜

步骤 4　单击“自定义滤镜”按钮，在“修剪”对话框中，设置第一关键帧的参数，设定修剪区域的宽度和高度的比例均为 50%，将修剪区域的选择虚线框移动到左上区域，取消勾选“填充色”复选框，如图 5.38 所示。将第一帧的参数设置复制并粘贴到右边的所有帧，如图 5.39 所示。查看第一帧和最后一帧的预览画面应该是相同的，单击“确定”按钮，返回编辑界面。

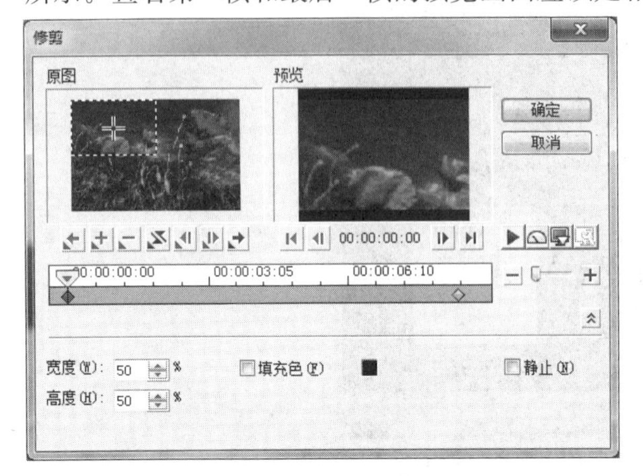

图 5.38　第一帧的修剪滤镜参数设置

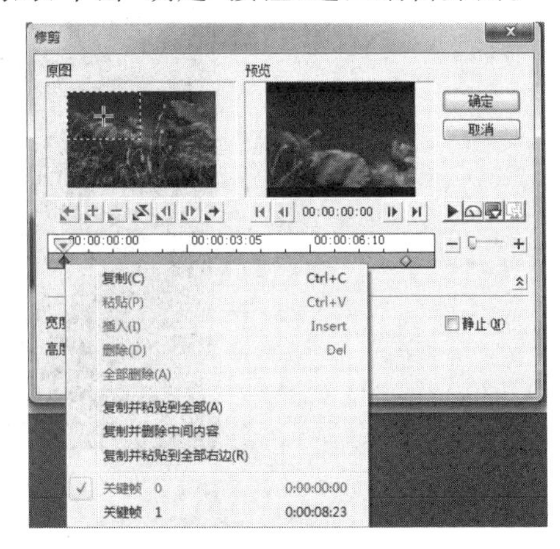

图 5.39　第一帧的参数设置复制并粘贴到右边

步骤 5　勾选“显示网格线”复选框，在“网格线选项”对话框中，设置网格大小为 50%，如图 5.40 所示。拖动浏览区域中花朵图片的柄，将播放区域调整为左上部分，使调整修剪出的左上部分图像在屏幕的左上部分播放，如图 5.41 所示。

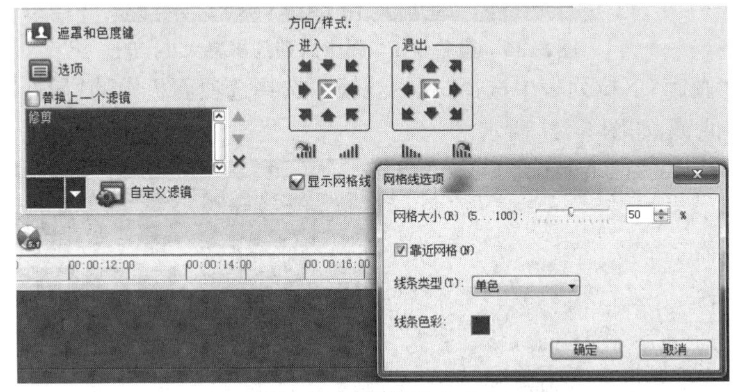

图 5.40　网格线选项

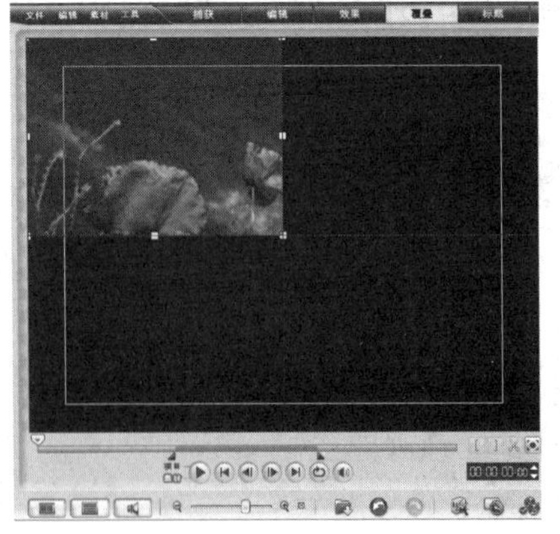

图 5.41　调整修剪出的左上部分图像在屏幕的左上部分播放

步骤 6　设置动画效果的进入方式为“从左上方进入”，退出方式为“静止”，如图 5.42 所示。

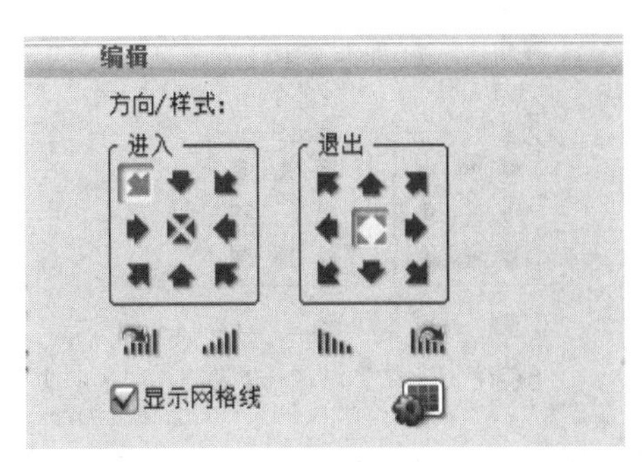

图 5.42　设置左上部分的进入和退出的动画方式

步骤 7　将花朵图片插入覆叠轨 2# 中，重复步骤 1～6，不同之处在于，步骤 4 中的修剪区域为右上部分，如图 5.43 所示；步骤 5 的屏幕播放区域为右上部分，如图 5.44 所示；步骤 6 的进入方式为“从右上方进入”，如图 5.45 所示。

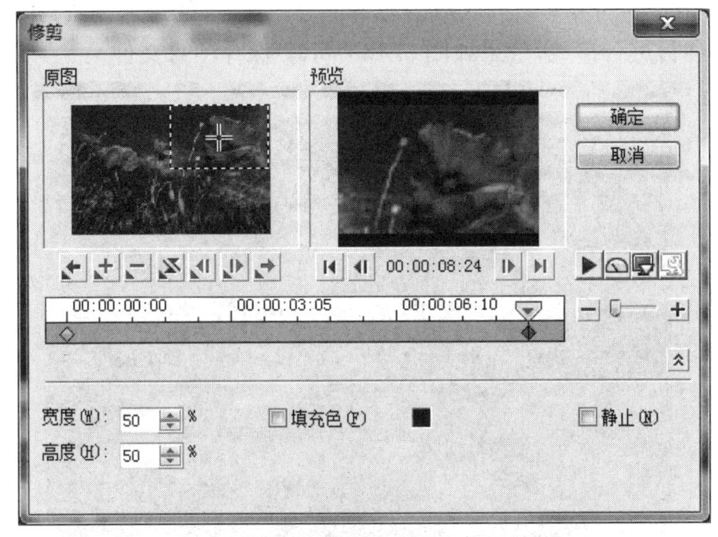

图 5.43　修剪出的右上部分图像

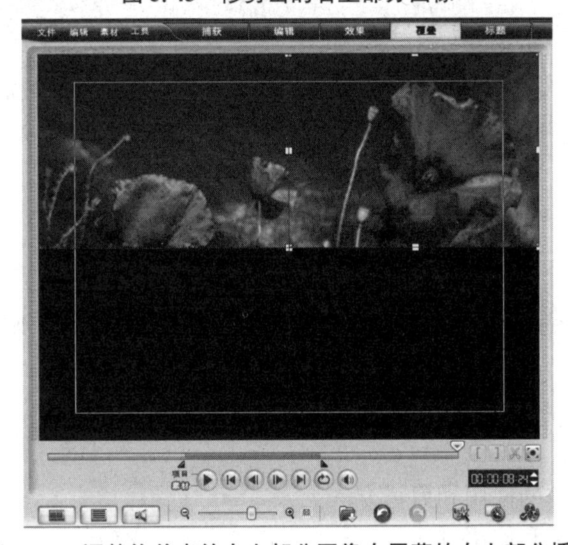

图 5.44　调整修剪出的右上部分图像在屏幕的右上部分播放

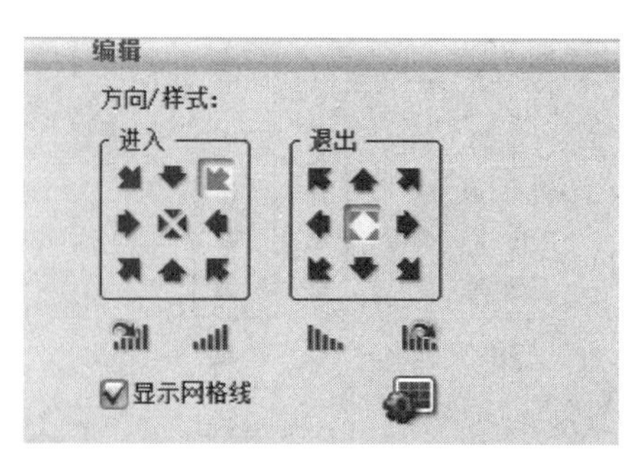

图 5.45　设置右上部分的进入和退出的动画方式

步骤 8　将花朵图片插入覆叠轨 3＃中，重复步骤 1～6，不同之处在于，步骤 4 中的修剪区域为左下部分；步骤 5 的屏幕播放区域为左下部分；步骤 6 的进入方式为“从左下方进入”。

步骤 9　将花朵图片插入覆叠轨 4＃中，重复步骤 1～6，不同之处在于，步骤 4 中的修剪区域为右下部分；步骤 5 的屏幕播放区域为右下部分；步骤 6 的进入方式为“从右下方进入”。

步骤 10　将项目进行播放，效果如图 5.46 所示。保存项目文件。

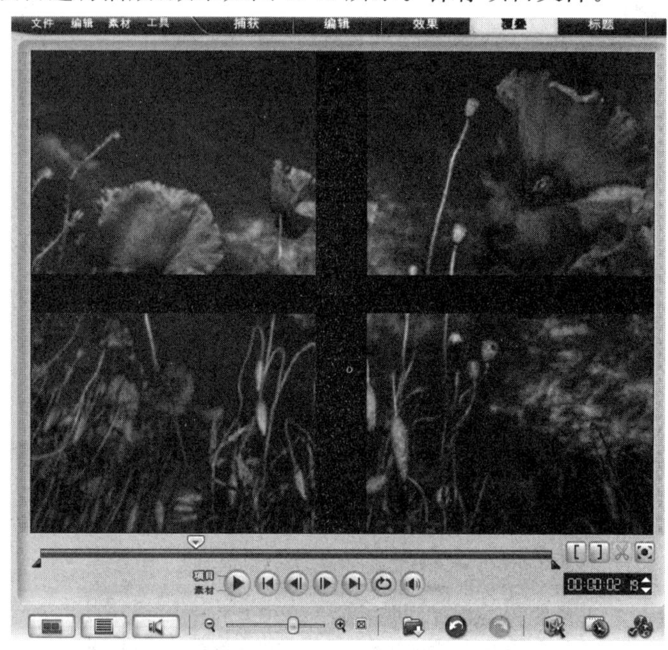

图 5.46　花朵拼图的播放效果

任务 4　利用音频素材制作设计诗朗诵

1. 任务目标

(1)掌握对音频文件的使用和剪辑方法。

(2)掌握字幕的编辑和使用方法。

(3)掌握音频和字幕的配合方法。

2. 任务要求

利用《春日》诗朗诵的音频素材，结合背景视频素材，设计和编辑字幕，完成有画面、有字幕的诗朗诵作品。

3. 任务步骤

步骤 1　准备人声朗诵《春日》的音频文件、背景视频文件，编辑《春日》诗词的文本文件。

步骤 2　将背景视频文件和音频文件分别插入各自的轨道。选择选项面板中的“视频”选项卡，设置背景视频的静音效果，如图 5.47 所示。

图 5.47　插入音频素材和背景视频素材

小技巧

项目中可能会包含多个声音，可以进行调整，以满足整个项目的要求。在时间轴视图中，单击某个轨道中的素材，如果该素材中含有音频，此时选项面板中将会显示音量控制选项，单击音量控制选项右侧的三角按钮，在弹出的窗口中可以拖动滑块以百分比的形式调整视频和音频素材的音量。也可以直接在文本框中输入数值，调整素材的音量，如图 5.48 所示。

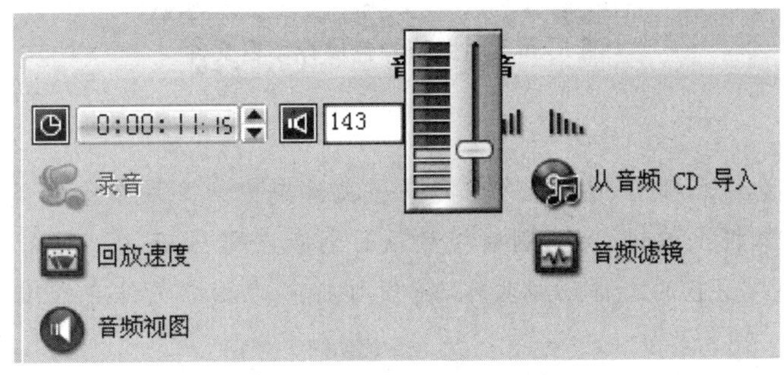

图 5.48　调整素材的音量

步骤 3 进入标题轨，将文本文件中的诗词分句粘贴到恰当的位置，对照音频，同步每句字幕的起始位置和时长，如图 5.49 所示。

图 5.49 配合朗诵声音的字幕

小技巧

可以先播放朗诵音频素材，在时间轴上单击，标记每一诗句的起始位置和结束位置，标记是黄色的三角符号，拖动黄色三角符号出时间轴，可以删除该标记。然后再将相应诗句粘贴到每一句声音对应的起始位置，并拖长到每一句声音对应的结束位置。

步骤 4 利用智能包保存项目文件，如图 5.50 所示。

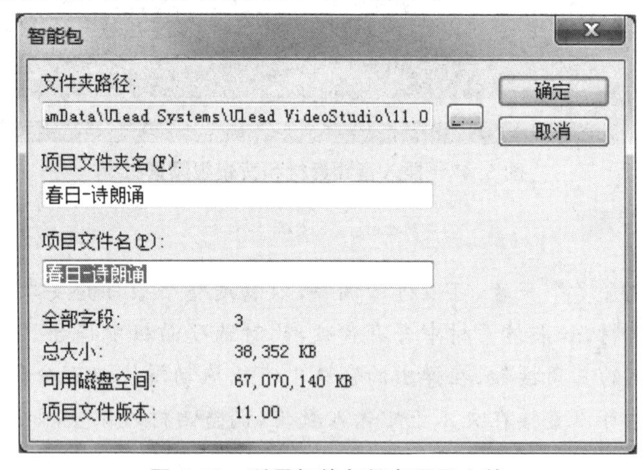

图 5.50 利用智能包保存项目文件

小知识

智能包可以将素材和项目一起保存在同一个文件夹中。如果要备份或传输文件以在便携式计算机或其他计算机上编辑文件，则对视频项目打包会非常有用。另外，也可以使用“智能包”功能中包含的 WinZip 的文件压缩技术，将项目打包为压缩文件夹或准备上传到在线存储位置。

任务 5　利用音乐素材和歌词字幕制作设计音乐短片

1. 任务目标

(1)掌握对音乐素材的使用和剪辑方法。
(2)掌握歌词字幕文件的使用方法。
(3)学会字幕格式转换的方法。
(4)掌握音乐和歌词字幕的配合方法。

2. 任务要求

利用《我和我的祖国》音乐素材和歌词字幕文件,结合背景视频素材,使用歌词转换工具完成歌词字幕格式的转换,编辑和设计字幕效果,最后生成有画面、有字幕的音乐短片(MV)作品。

3. 任务步骤

步骤 1　准备歌曲《我和我的祖国》的音频文件、歌词字幕文件和背景视频文件。

步骤 2　将歌词字幕文件的 LRC 格式转换为 UTF 格式,如图 5.51 所示。

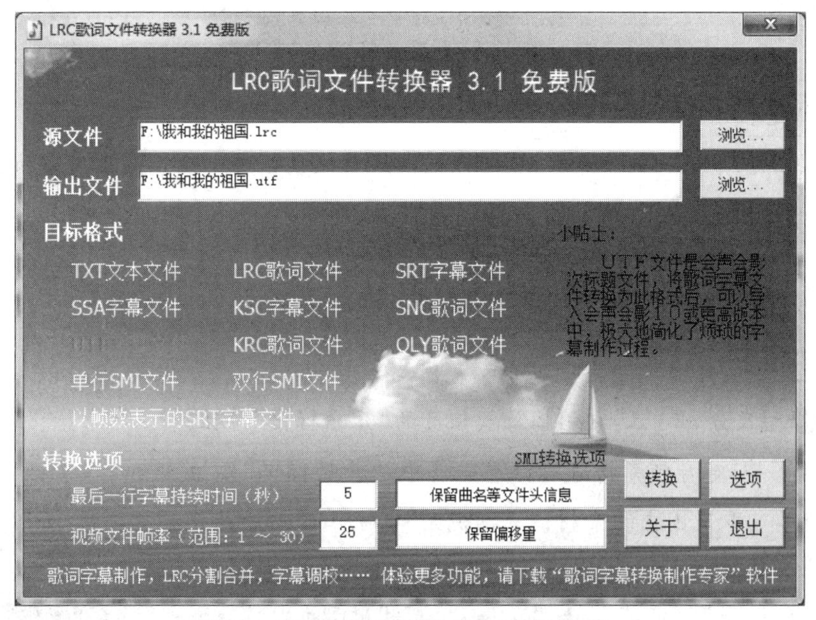

图 5.51　转换 LRC 格式为 UTF 格式

小技巧

在网络上搜索并下载一首歌曲和相对应的字幕文件,通常字幕文件是 LRC 格式的,此格式文件的特点是歌词与歌曲相对应,比会声会影所支持的 UTF 字幕更为流行。

下载并安装"LRC 歌词文件转换器"工具。利用此工具,把下载的 LRC 格式的字幕文件转换为 UTF 格式。

步骤 3 用记事本将 UTF 格式的歌词字幕文件打开,修改添加学生个人信息。

步骤 4 将背景视频文件和音乐文件分别插入各自的轨道。选择选项面板中的"视频"选项卡,设置背景视频的静音效果。

步骤 5 选择标题轨,打开 UTF 格式的字幕文件,选择第一句歌词,按住 Shift 键选择最后一句歌词,复制并粘贴到标题框中后,对文字整体进行相应的移动,保证第一句歌词的起始位置与音乐文件的歌曲内容相对应,以达到全部歌词和歌曲内容对应的效果,如图 5.52 所示。

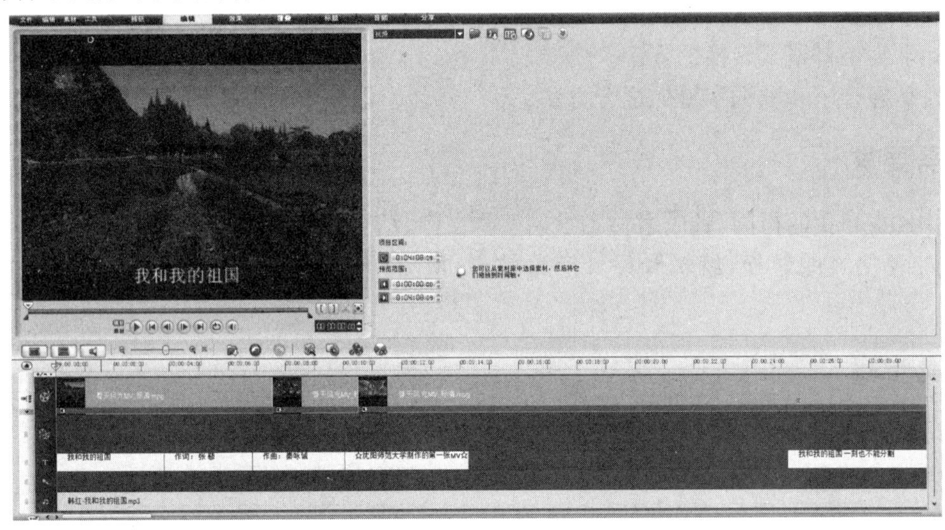

图 5.52 字幕与歌曲对应的调整结果

小提示

将歌词全部选中后进行整体移动,可以准确地将歌词位置对应于歌曲内容的位置,不可以逐句地移动,避免对应出错。

步骤 6 对背景视频素材进行剪辑,删除部分画面,使得背景视频素材与歌曲的播放长度相对应。

小技巧

素材的修整及分割方法:利用播放按钮区的"开始标记"按钮 [、"结束标记"按钮] 、"分割视频"按钮等,对音频素材进行修整。其中,"开始标记"按钮 [和"结束标记"按钮] 成对使用,功能是选取范围内的素材;"分割视频"按钮的功能是将素材剪断,如图 5.53 所示。

图 5.53 音频修整和分割按钮

步骤 7 利用智能包保存项目文件。

任务6　音频、视频素材获取与优化

1. 任务目标

(1)掌握录音生成音频文件的方法。
(2)掌握分割音频生成音频文件的方法。
(3)学会伴奏音乐的提取方法。
(4)学会数字媒体格式转换的方法。
(5)学会去掉视频素材中 logo 的方法。
(6)学会按场景分割视频的方法。
(7)学会多重修整视频的方法。

2. 任务要求

(1)音频素材的获取。
①自备演讲稿件,利用会声会影录制旁白;
②利用会声会影,将 MV 中的音频分割出来,制作成音频文件;
③利用会声会影,将歌曲中的伴奏音乐提取出来,制作成音频文件。
(2)视频素材的优化。
①利用格式工厂转换视频格式;
②利用会声会影去掉原视频中的 logo,生成新的视频文件。
(3)按场景分割视频和多重修整视频。
①以风光片为例,利用会声会影或者 Camtasia 软件录制视频资料,生成视频文件;
②利用会声会影,将录制生成的视频文件按场景进行分割;
③利用会声会影,将自然山水风光的场景进行多重修整,生成新的视频文件。

3. 任务步骤

●音频素材的获取。
步骤1　将麦克风与声卡连接好,进入录制调音台,进行声卡的属性设置,如图 5.54 所示。

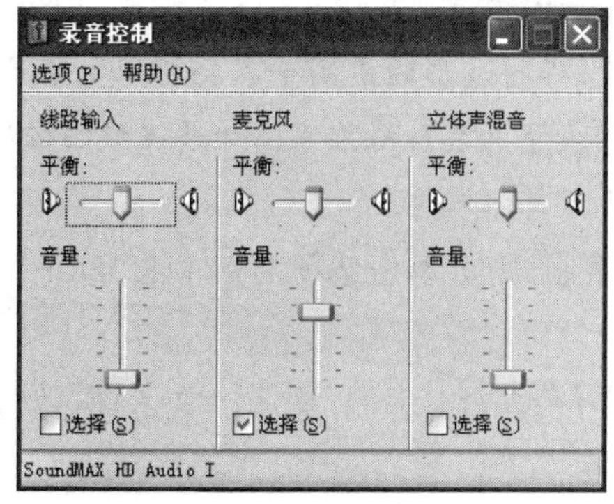

图 5.54　录音控制

小知识

可以录入多种音源，包括麦克风、录音机、CD播放机等。如果只是单纯录制麦克风的声音，则选择“麦克风”选项；如果是单纯录制外界音源（如CD播放机、录音机等）的声音，则选择“线路输入”选项；如果要同时录制麦克风、线路输入和计算机里播放着的声音，就要选择“立体声混音”选项。注意：不用的音源不要选，可以减少录制中的噪音。

步骤2 在会声会影的时间轴视图中双击声音轨，并在时间标尺上将三角指针移动到要添加声音的位置，即声音出现的起始帧位置。

步骤3 单击选项面板“音乐和声音”选项卡中的“录音”按钮 录音（见图5.55），弹出“调整音量”对话框，如图5.56所示。该对话框是用来测试音量的，试着对麦克风说话，对话框中的指示格会变亮，指示格上的刻度表明音量的大小，可以根据所选择的录音音源调整话筒的音量。

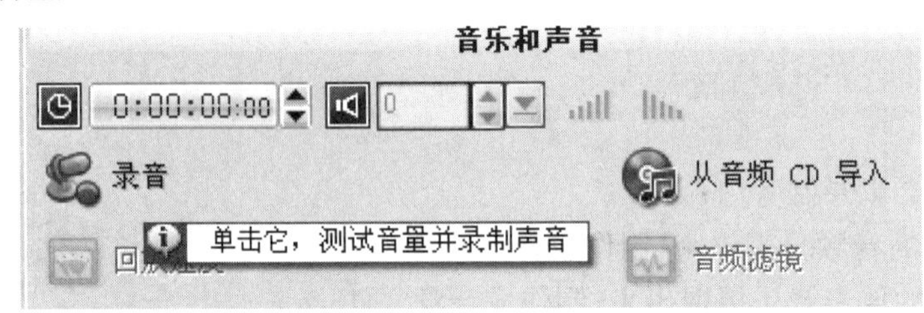

图5.55 “音乐和声音”选项卡中的“录音”按钮

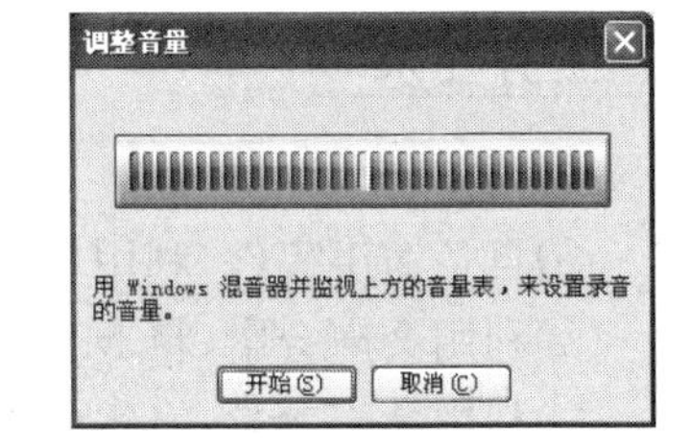

图5.56 “调整音量”对话框

步骤4 调整完毕后，单击“开始”按钮开始录制声音，这时“录音”按钮 录音 变为了“停止”按钮 停止。

小技巧

如果是要录制有视频画面的旁白，则可以在预览窗口中查看当前的视频，以确保录制的声音与视频同步。

小技巧

开始录音以后，会出现“新建波形”对话框，选择适当的采样率、录音声道和采样精度，参数一般可选择44100 Hz、16位、立体声等，相当于CD的音质。开始录音后，可以看到波形在不断延伸，注意观察波形的幅度，保持波形的最高峰不要超过上下两条白线，但是波形幅度也不要过小，以波峰的峰值接触到上下两条白线为宜。如果波形的幅度偏小或偏大，可以检查音源选择是否正确、录音电平是否设置得太低。

步骤5 如果需要停止录制，则可单击选项面板中的“停止”按钮 停止，录制的声音文件会自动添加到声音轨中。

步骤6 单击主界面“分享”选项卡中的“创建声音文件”按钮，保存音频文件，如图5.57所示。

步骤7 在视频轨中插入要分离音频的MV《as long as you love me》视频素材。

图 5.57　创建声音文件

步骤 8　单击选项面板"视频"选项卡中的"分割音频"按钮，如图 5.58 所示。分离出的音频会自动添加到声音轨中，如图 5.59 所示。

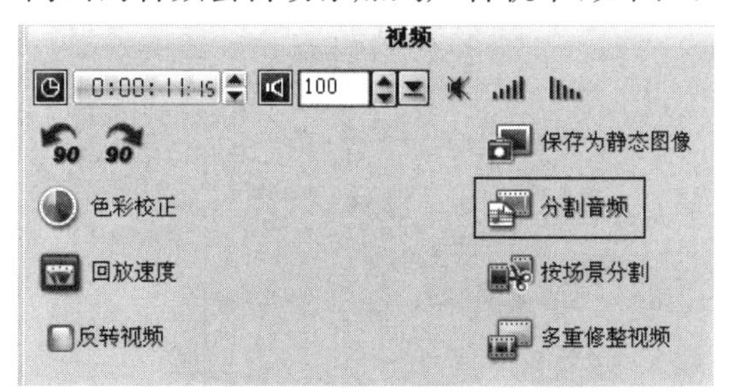

图 5.58　"视频"选项卡中的"分割音频"按钮

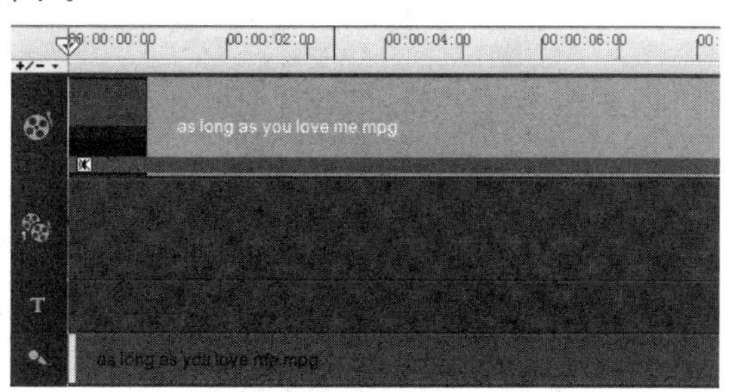

图 5.59　分离出的音频自动添加到声音轨中

步骤 9　单击主界面"分享"选项卡中的"创建声音文件"按钮，保存音频文件。

步骤 10　将歌曲《当我想你的时候》插入音乐轨中，在视图切换按钮中，选择最右侧的音频视图按钮。在选项面板"环绕混音"选项卡中，单击"即时回放"按钮，播放音乐素材，可以在混合器中看到音量起伏的变换，如图 5.60 所示。

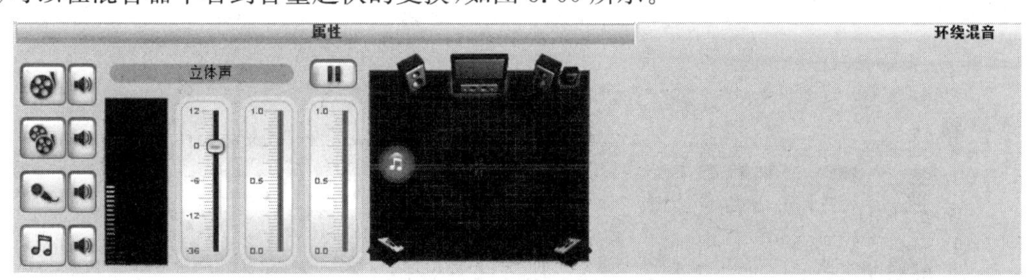

图 5.60　混合器的音量调整

步骤 11　拖动音频混合器中的滑块，可以实时调整当前所选择的音轨的左、右声道的音量。随着滑块移动到左侧时，伴奏声音保留，而人声在减少，直至消失。因此，左声道是伴奏音乐。

步骤 12 选择选项面板中的“属性”选项卡，勾选“复制声道”复选框，选择“左”选项，如图 5.61 所示。此时播放声音就只有左声道的伴奏音乐。

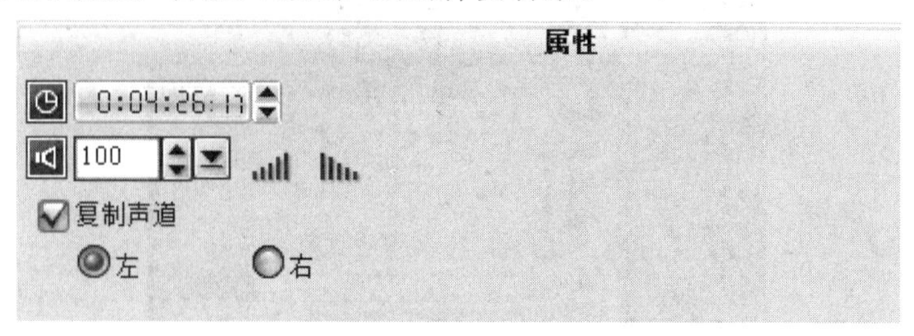

图 5.61 复制左声道

步骤 13 单击主界面“分享”选项卡中的“创建声音文件”按钮，保存伴奏音乐的音频文件。

●视频素材的优化。

步骤 1 根据会声会影支持的视频文件格式或文件规格的要求，必要时应对视频文件进行格式转换。打开格式工厂软件，切换到“视频”选项，选择“→AVI FLV MOV Etc...”选项，将“增强现实.mkv”添加到弹出的对话框中，单击“确定”按钮，如图 5.62 所示。

图 5.62 转换视频文件格式的选项设置

步骤 2 在工具栏中单击“开始”按钮，进行格式转换，如图 5.63 所示。

图 5.63 转换视频文件的格式

步骤 3 在工具栏中单击“输出文件夹”按钮，找到转换后的目标文件。

步骤 4 打开会声会影编辑器，切换到时间轴视图。设定覆叠轨 1～2，如图 5.64 所示。

图 5.64　时间轴视图和覆叠轨设置

步骤 5　将“增强现实.avi”文件插入覆叠轨 1＃中，右击浏览区域中的视频，选择“调整到屏幕大小”命令，如图 5.65 所示。

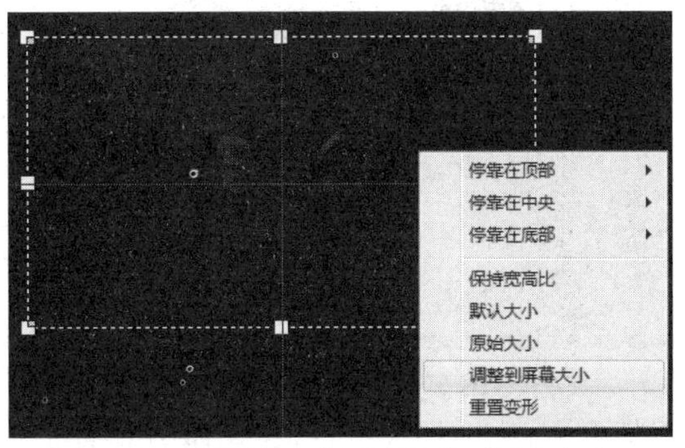

图 5.65　覆叠轨 1＃图像调整到屏幕大小

步骤 6　将“增强现实.avi”文件插入覆叠轨 2＃中，右击浏览区域中的视频，选择“调整到屏幕大小”命令。

步骤 7　单击播放工具区的“项目”选项，使素材一起播放，向后调整播放滑块的位置，出现具体画面，注意观察 logo 的位置，如图 5.66 所示。

步骤 8　选中覆叠轨 2＃，在“画廊”下拉列表中选择“视频滤镜”，选择选项面板中的“属性”选项卡，在视频上添加修剪滤镜，如图 5.67 所示。

图 5.66　项目播放

图 5.67　覆叠轨 2＃图像添加修剪滤镜

步骤 9 单击“自定义滤镜”按钮，在“修剪”对话框中，拖动播放滑块，出现具体画面，单击“+”按钮，增加关键帧，即关键帧 2，如图 5.68 所示。设置关键帧 2 的参数，根据 logo 的长宽，设置修剪区域的宽度和高度的比例分别为 30%和 20%，将修剪区域的选择虚线框移动到右上接近 logo 的区域，取消勾选“填充色”复选框。

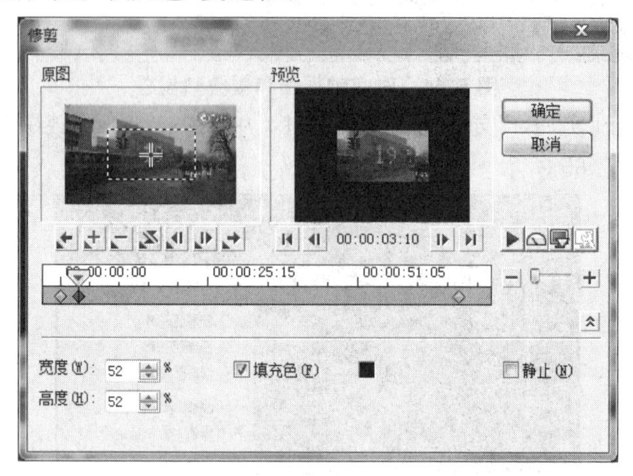

图 5.68 增加关键帧 2

步骤 10 在“修剪”对话框中，拖动播放滑块，在具体画面播放完毕之前，单击“+”按钮，增加关键帧，即关键帧 3。将关键帧 2 的参数设置复制并粘贴到右边的关键帧 3，如图 5.69 所示，单击“确定”按钮，返回编辑界面。

图 5.69 关键帧 2 的参数设置复制并粘贴到关键帧 3

步骤 11 选中覆叠轨 2#，右击浏览区域的视频，选择“默认大小”选项，拖动浏览区域的柄，将播放区域调整约为 logo 的大小，移动该播放区域框至 logo 处，遮盖 logo，继续调整其大小、宽高和位置，使其遮盖效果较为满意，如图 5.70 所示。

图 5.70　遮盖 logo

步骤 12　播放项目，查看效果，根据需要进行适当的剪辑。选择“分享”选项卡，单击“创建视频文件”按钮，如图 5.71 所示。选择下拉列表中的“自定义”命令，保存文件为“增强现实.mpg”，如图 5.72 所示。

图 5.71　创建视频文件

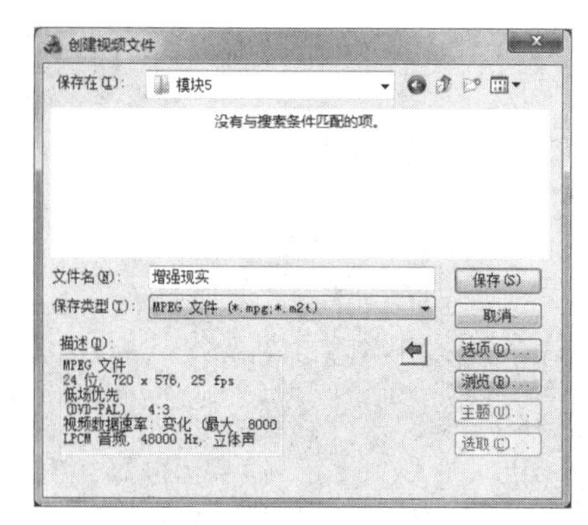

图 5.72　保存文件

小技巧

如果视频素材中 logo 出现的前面和后面的内容是不需要的，可以先将 logo 出现前后的视频内容删除掉，这样就可以不必增加其他的关键帧，仅保留首尾的关键帧 0 和关键帧 1。操作过程中，首先对关键帧 0 进行修剪滤镜参数的设置，然后在图 5.69 中选择“复制并粘贴到全部右边”命令。

●按场景分割视频和多重修整视频。

步骤 1　打开会声会影编辑器，切换到时间轴视图。在视频轨中插入“盛世中华宣传片.mp4”视频文件，右击视频素材，选择快捷菜单中的“按场景分割…”命令，如图 5.73 所示。在弹出的“场景”对话框中，单击“扫描”按钮，进行场景检测，单击“确定”按钮，完成场景分割，如图 5.74 所示。对分割出来的各个场景视频段进行取舍操作。

步骤 2　选择保留的某段场景视频（如第 1 段），右击，选择快捷菜单中的“多重修整视频…”命令，如图 5.75 所示。在弹出的“多重修整视频”对话框中，利用设置开始标记 [和设置结束标记]，选取计划删除的视频帧范围，该视频段将逐个出现在“修整的视频区间”中。选中某个视频段，单击“删除所选素材”按钮 ×，删除该段视频，最后单击“确定”按钮，如图 5.76 所示。

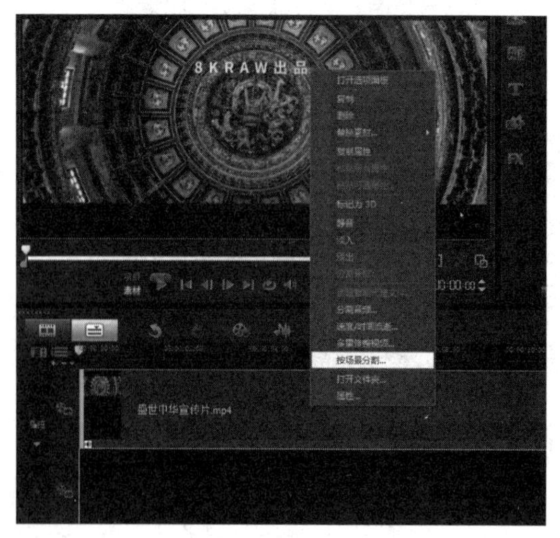

图 5.73　“按场景分割…”命令

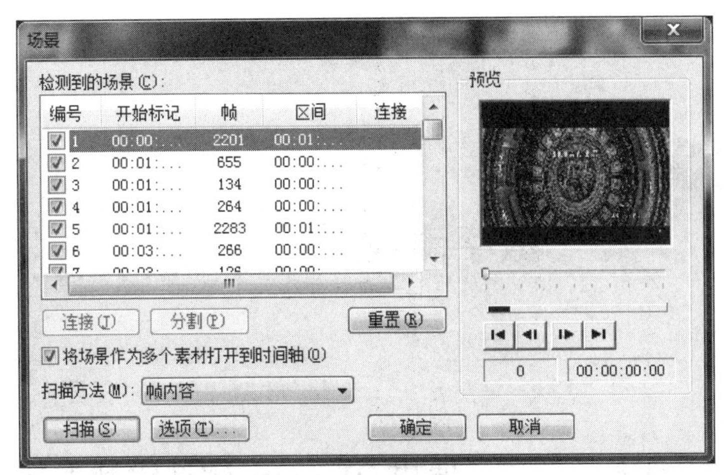

图 5.74　“场景”对话框

图 5.75　“多重修整视频...”命令

图 5.76　“多重修整视频”对话框

模块6 数字动画的设计

任务1 使用 Animate 软件绘制苹果

1. 任务目标

（1）练习 Animate 的形状绘图工具和形状线条的简单调整。

（2）熟练掌握 Animate 径向渐变填充颜色的方法。

（3）掌握常用工具的使用和线条的选择。

2. 任务要求

制作 Animate 动画的基础是绘图，在能够熟练绘制图形和图像的基础上，才能进一步制作动态效果，本任务要求完成如图 6.1 所示的苹果绘制。

图 6.1 苹果效果图

3. 任务步骤

步骤 1 新建文件（按 Ctrl+N 快捷键），在“新建文档”对话框中选择“标准”选项，然后单击“创建”按钮，如图 6.2 所示。

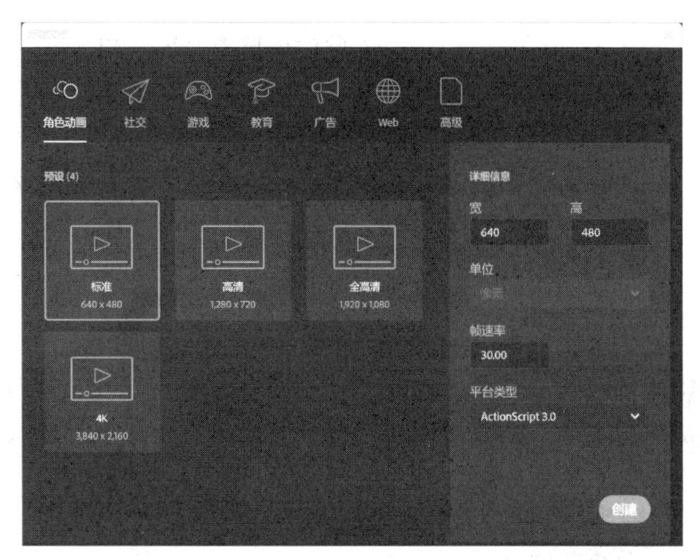

图 6.2　“新建文档”对话框

步骤 2　使用左侧工具栏中的椭圆工具，设置笔触颜色为黑色，填充颜色为透明(显示为)，画一个椭圆，如图 6.3 所示。使用选择工具调整椭圆的形状，如图 6.4 所示。

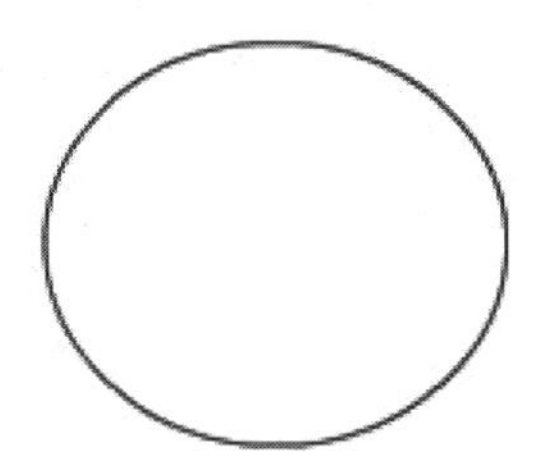

图 6.3　画一个椭圆

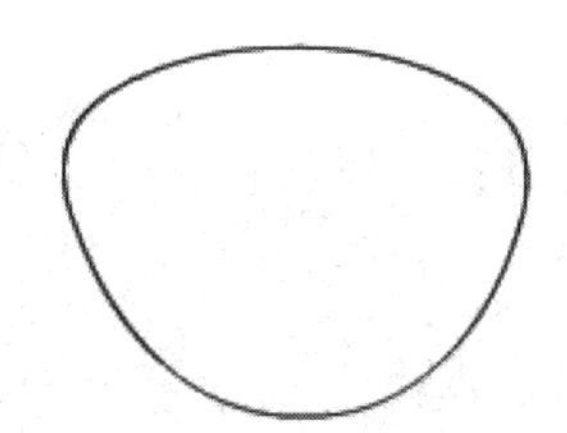

图 6.4　调整椭圆的形状

小知识

任何复杂的图形都是由简单的图形合成的。运用 Animate 工具栏中的绘图工具可以创建、修改动画中的各种矢量图形。一个矢量图形包含路径、笔触和填充 3 个要素。路径负责描述一个矢量图形的形状和位置，与颜色无关；笔触确定图形轮廓的颜色和样式；填充确定图形被路径包围部分的颜色和样式。

步骤 3　使用部分选取工具选中最上面的顶点，按住鼠标向下拖曳，使顶部形成凹形，如图 6.5 所示。使用线条工具绘制顶部的线段，如图 6.6 所示。

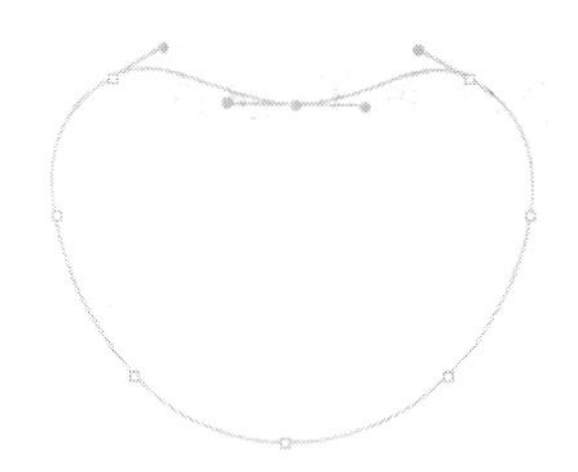

图 6.5　形成凹形

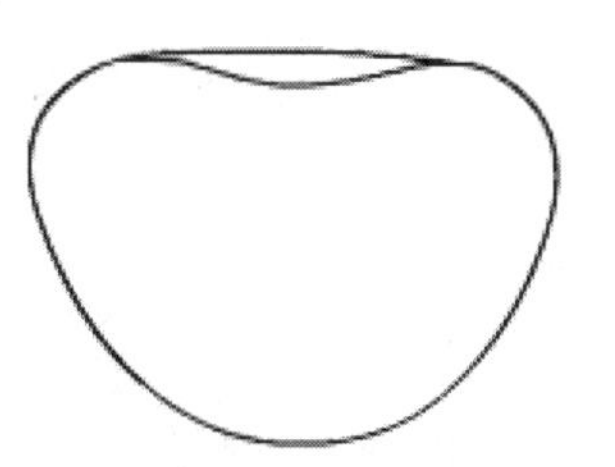

图 6.6　添加一条线段

步骤 4 使用颜料桶工具，分别在上、下两个区域填充深红和红色，如图 6.7 所示。填充好颜色后，利用选择工具选中黑色的轮廓线并按 Delete 键删除，适当调整深红色区域的形状。在图层面板中，锁定图层_1，并新建图层，填充颜色设为黑色，在图层_2 中用传统画笔工具绘制苹果把。注意在右侧属性栏的“属性”选项卡中调整画笔类型及大小，如图 6.8 所示。完成后锁定图层_2。

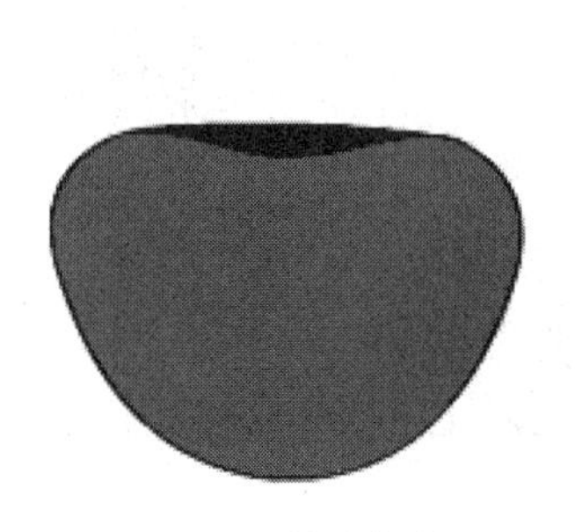

图 6.7 填充颜色

图 6.8 绘制苹果把

步骤 5 在右侧属性栏的“颜色”选项卡中，设置填充颜色类型为径向渐变，左端颜色设为白色，Alpha 值 100%，右端颜色设为红色，Alpha 值 0%，设置笔触颜色为“无色”，如图 6.9 所示。新建图层，在图层_3 中画一个圆，用来表示苹果上的光泽，如图 6.10 所示。

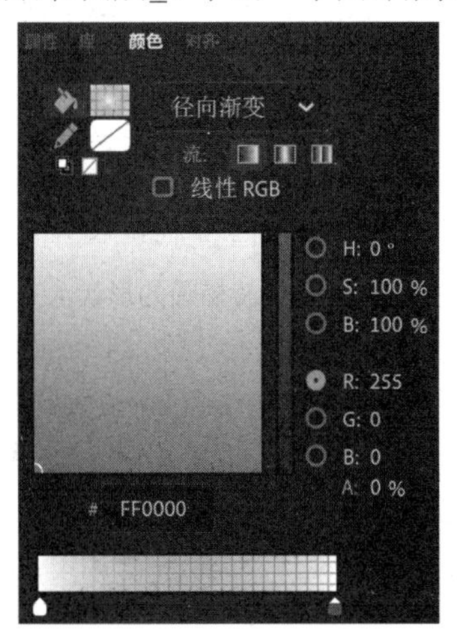

图 6.9 调整颜色

图 6.10 绘制苹果上的光泽

任务 2 简单人物动画的制作

1. 任务目标

(1)掌握 Animate 的逐帧动画的制作。
(2)掌握 Animate 的传统补间动画的制作。

（3）掌握 Animate 的图层、时间轴和关键帧的基本操作。

2. 任务要求

（1）制作人物眨眼的动画。

（2）制作人物挥动手臂的动画。

（3）尝试自行制作人物说话的动画。

3. 任务步骤

步骤 1　新建文件，选择“文件→导入→导入到舞台…”命令，将图片“人物. png”导入到舞台上，如图 6. 11 所示。

步骤 2　选中舞台上的图片，选择“修改→位图→转换位图为矢量图…”命令，设置参数如图 6. 12 所示，将图片转换为矢量图。

图 6. 11　图片导入到舞台上

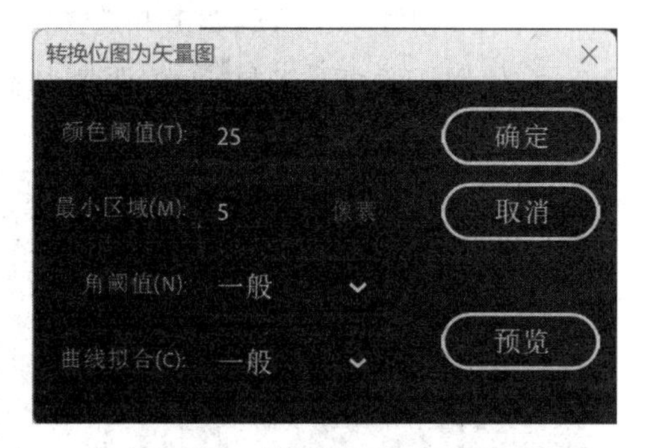

图 6. 12　转换位图为矢量图 1

步骤 3　选中人物周围的白色区域，按 Delete 键删除，如图 6. 13 所示。

步骤 4　按住 Shift 键，利用部分选取工具同时选中两只眼睛并复制（右击后选择“复制”命令），新建图层并重命名为“眼睛”（双击图层名称位置），将复制的眼睛粘贴到新图层中（右击后选择“粘贴到当前位置”命令），然后将眼睛图层隐藏，如图 6. 14 所示。

图 6. 13　简单抠图

图 6. 14　插入眼睛图层

步骤 5　重新选中图层_1，设置填充颜色为皮肤颜色（用吸管工具在皮肤上吸取颜色），使用传统画笔工具，将图层_1 中的眼睛抹去，如图 6.15 所示。完成后锁定图层_1。

图 6.15　抹去眼睛

步骤 6　选择图层_1 的第 10 帧，右击并选择“插入帧”命令（或按 F5 键），分别选择眼睛图层的第 5 帧、第 8 帧和第 10 帧，右击并选择“插入关键帧”命令（或按 F6 键），如图 6.16 所示。选中第 5 帧，使用任意变形工具，将眼睛的高度缩小为原来的一半，如图 6.17 所示。选择“控制→播放”命令，查看动画效果。

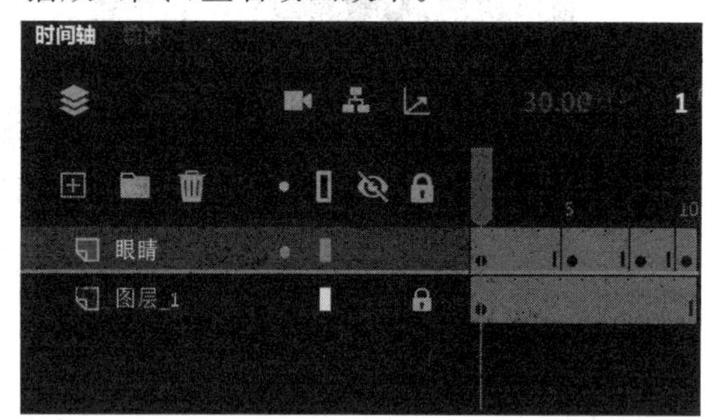

图 6.16　在时间轴上插入关键帧

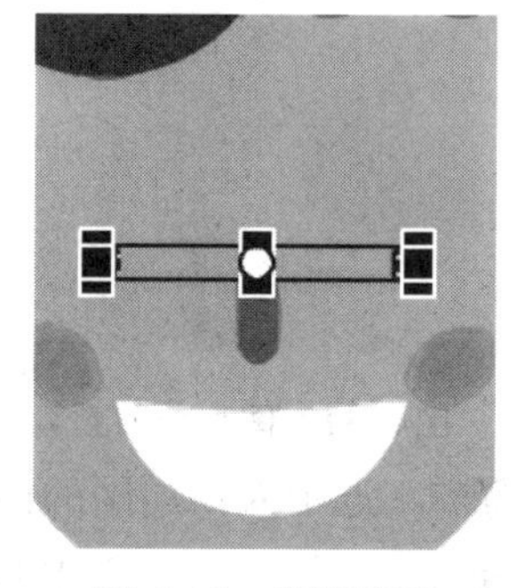

图 6.17　眼睛变形

小知识

帧是创建动画的基础，也是构成动画最基本的元素。

①普通帧。

普通帧用竖线表示，是指在关键帧之间，由系统自动生成的帧，在关键帧之间起过渡作用。用户不能直接对普通帧上的对象进行编辑。

②关键帧。

关键帧用黑色实心圆点表示，关键帧中有具体内容，在播放动画过程中，表现关键性动作或关键性内容。

③空白关键帧。

空白关键帧用空心圆表示，空白关键帧中没有任何内容，主要用于结束前一个关键帧的内容或用于分隔两段动画。

步骤 7　新建文件，设置分辨率为“高清”，选择“文件→导入→导入到舞台...”命令，将图片“挥手. png”导入到舞台上，如图 6.18 所示。

步骤 8　选中舞台上的图片，选择“修改→位图→转换位图为矢量图...”命令，设置参数如图 6.19 所示，将图片转换为矢量图。

图 6.18　挥手图片

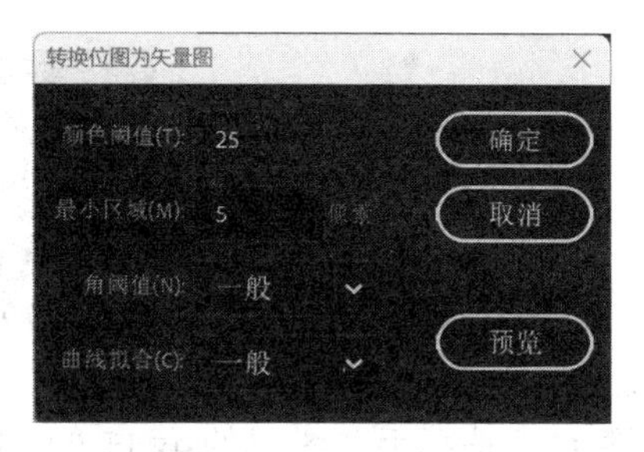

图 6.19　转换位图为矢量图 2

步骤 9　删去人物周围的白色区域后，用选择工具选中手臂的前半部分并复制，如图 6.20 所示。新建图层并重命名为“手臂”，将复制的手臂的前半部分粘贴到当前位置。隐藏并锁定图层_1，使用橡皮擦工具，擦除多余的部分，如图 6.21 所示。全部选中，右击后选择“转换为元件”命令，参数设置如图 6.22 所示。取消隐藏图层_1，移动元件与图层_1 中的手臂重合。

图 6.20　手臂选中的部分

图 6.21　擦除多余的部分

步骤 10　锁定手臂图层，显示手臂图层轮廓，解锁图层_1。使用橡皮擦工具，将轮廓内的部分擦去，如图 6.23 所示。

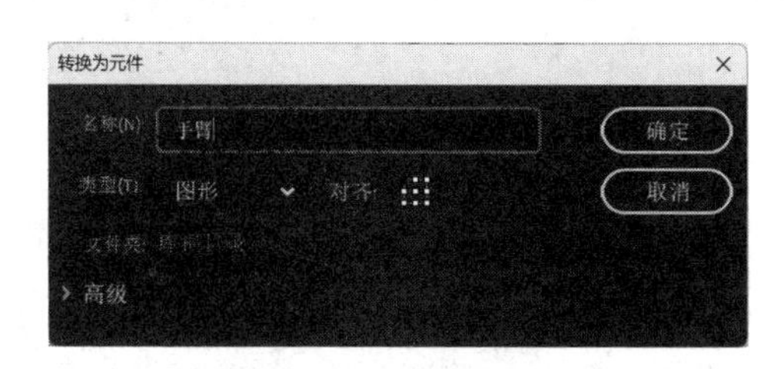

图 6.22　转换为元件

图 6.23　擦去轮廓内的部分

步骤 11 锁定图层_1,解锁手臂图层并取消轮廓显示。选择图层_1 的第 30 帧,插入帧。选择手臂图层的第 1 帧,使用任意变形工具,将元件中心的圆点移动到手肘的位置,如图 6.24 所示。分别选择手臂图层的第 15 帧和第 30 帧,插入关键帧,如图 6.25 所示。

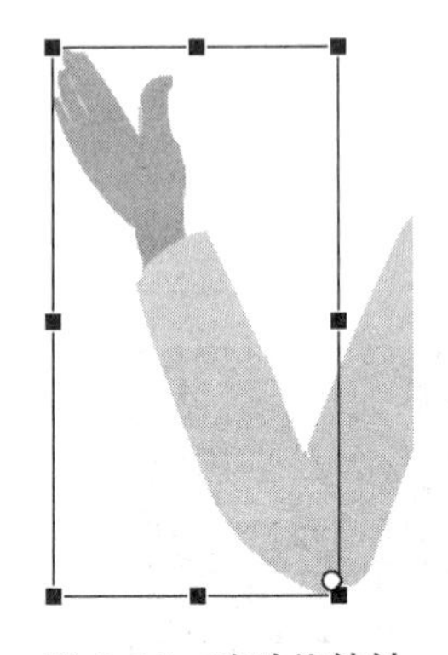

图 6.24 移动旋转轴

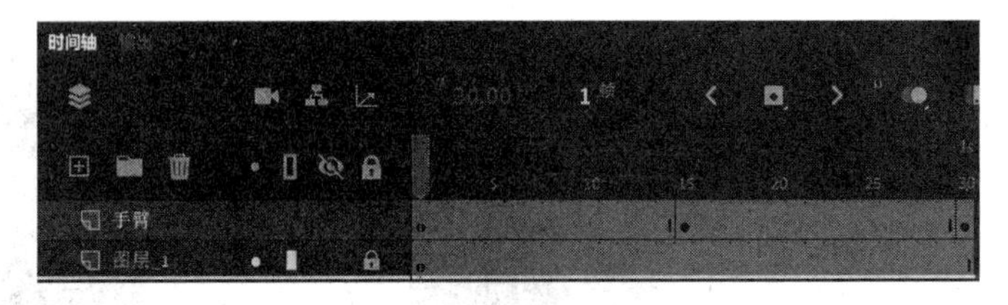

图 6.25 插入关键帧

步骤 12 选择手臂图层的第 15 帧,继续使用任意变形工具,旋转手臂至贴近身体的位置,如图 6.26 所示。分别右击第 1 帧和第 15 帧,选择“创建传统补间”命令。选择“控制→播放”命令,查看动画效果。

图 6.26 手臂旋转的位置

小知识

补间动画是在两个关键帧之间通过自动计算生成中间的各帧,从而使画面从前一个关键帧平滑过渡到下一个关键帧。

传统补间动画是在两个关键帧之间设置对象的位置移动、旋转、倾斜、放大、缩小等变化。

拓展

人物说话的动作应该怎么做?

任务 3　利用遮罩制作动画

1. 任务目标

（1）掌握 Animate 遮罩层的使用方法。

（2）掌握形状补间动画的制作方法。

2. 任务要求

使用圆缩小的遮罩动画，制作场景聚焦的效果。

3. 任务步骤

步骤 1　新建文件，设置分辨率为“全高清”，选择“文件→导入→导入到舞台...”命令，将图片“女孩与鲸鱼.png”导入到舞台，如图 6.27 所示。使用任意变形工具，改变图片大小与舞台相适应，锁定图层_1。

图 6.27　导入图片

步骤 2　新建图层，设置笔触颜色为透明，使用椭圆工具，按住 Shift 键的同时拖动鼠标，绘制一个圆，大小和位置如图 6.28 所示。

图 6.28　绘制一个圆

步骤 3 选择图层_1 的第 40 帧，插入帧。选择图层_2 的第 40 帧，插入关键帧。回到图层_2 的第 1 帧，选择“修改→变形→缩放和旋转...”命令，将圆放大 3 倍覆盖整个舞台，如图 6.29 所示。选择图层_2 的第 25 帧，转换为关键帧，右击图层_2 的第 25 帧，选择“创建补间形状”命令，如图 6.30 所示。

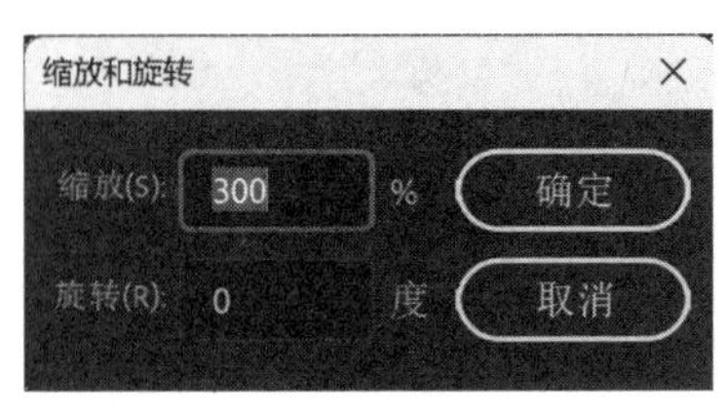

图 6.29 将圆放大 3 倍

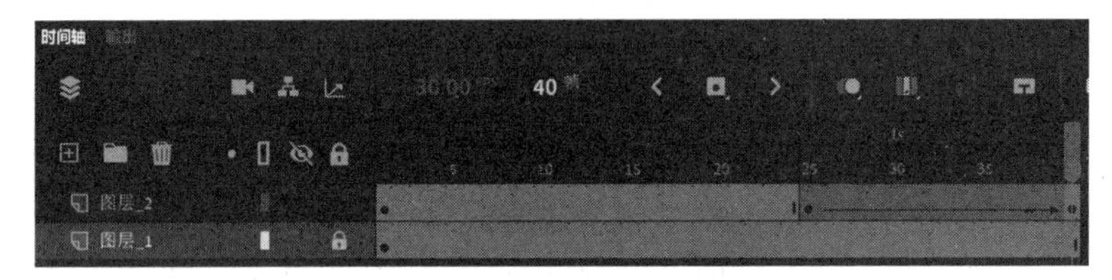

图 6.30 创建形状补间动画

小知识

形状补间动画不仅可以制作形状变形动画，还可以制作补间形状的位置、大小、颜色的变化。

形状补间动画中的对象只能是矢量图形，元件、组合、位图和文字无法应用形状补间。若想对元件、组合、位图和文字进行形状补间，可连续按两次 Ctrl+B 快捷键，将其分离，再应用形状补间。

创建形状补间的原理：在一个关键帧创建对象，在另一个关键帧修改或创建新对象，然后通过自动计算两个关键帧之间的中间帧，连续播放产生了补间动画效果。

步骤 4 右击图层_2 的名字位置，选择“遮罩层”命令，让图层_2 变成图层_1 的遮罩层，如图 6.31 所示。在右侧的属性栏中，选择“属性→文档”命令，在“文档设置”选项组中，修改舞台的背景颜色为黑色，如图 6.32 所示。选择“控制→播放”命令，查看动画效果。

图 6.31 遮罩层

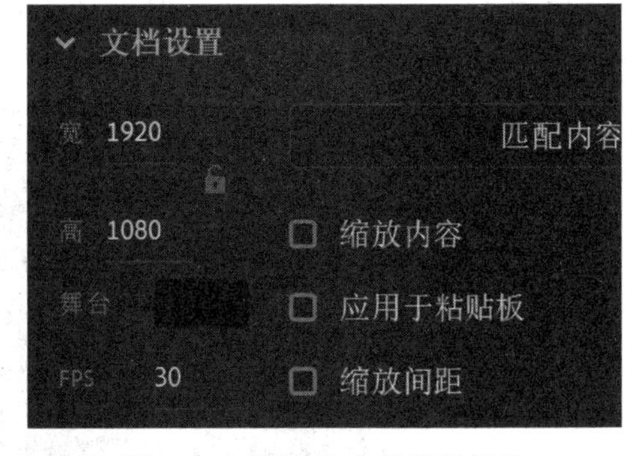

图 6.32 修改舞台的背景颜色

小技巧

获得遮罩效果一般要有两个图层，即遮罩层和被遮罩层。只有遮罩层和被遮罩层在锁定状态下,才能显示遮罩效果,解除锁定后的图层看不到遮罩效果。

小知识

遮罩是 Animate 中的一个很重要的动画工具,通过它可以获得很多特殊的动画效果。

在图层面板中遮罩层位于被遮罩层上方,遮罩效果是显示遮罩层与被遮罩层相交的部分,不相交的部分不显示。在遮罩中的任何填充区域都是完全透明的;而任何非填充区域都是不透明的。显示出来的颜色是被遮罩层的颜色,与遮罩层的颜色无关。遮罩层决定看到的动画形状,被遮罩层决定看到的内容。

任务 4　树上的彩灯动画

1. 任务目标

(1)熟练掌握 Animate 形状补间动画的制作方法。

(2)掌握影片剪辑元件的制作与添加方法。

2. 任务要求

制作动画模拟树上彩灯闪烁的效果。

3. 任务步骤

步骤 1　新建文件,设置分辨率为“高清”,在右侧属性栏中将舞台背景颜色设置为黑色,如图 6.33 所示。选择“文件→导入→导入到舞台…”命令,将图片“彩灯树.png”导入到舞台。

步骤 2　选中舞台上的图片,选择“修改→位图→转换位图为矢量图…”命令,设置参数如图 6.34 所示,将图片转换为矢量图。

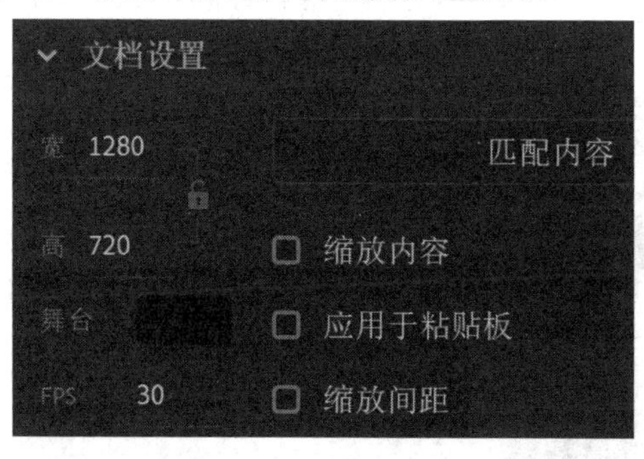

图 6.33　舞台背景设置

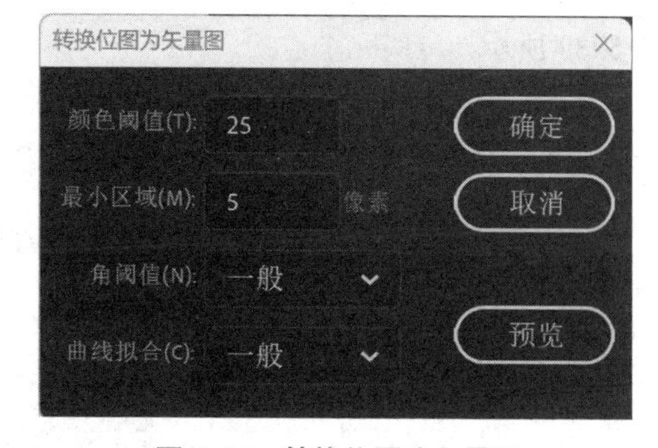

图 6.34　转换位图为矢量图

步骤 3　锁定图层_1,新建图层,设置笔触颜色为透明,填充颜色为“径向渐变”黄色(#FFFF00)到橙色(#FF6600),如图 6.35 所示。在图层_2 中使用椭圆工具,按住 Shift 键的同时拖动鼠标,绘制一个圆,圆的大小与树上的彩灯大小接近。

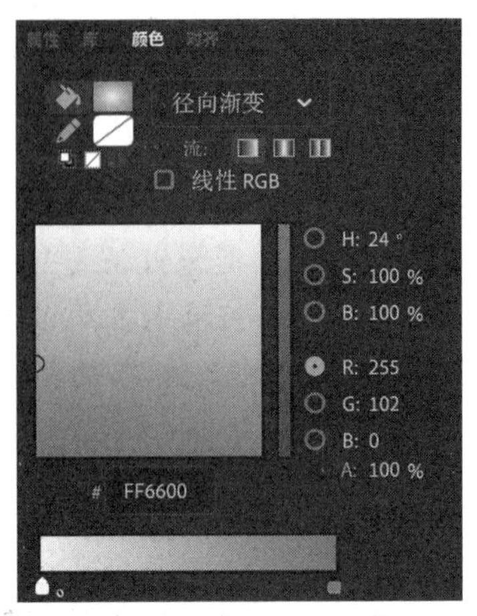

图 6.35　设置渐变填充颜色

步骤 4　右击画好的圆,选择“转换为元件…”命令,名称设为“橙色灯”,类型选择“影片剪辑”,如图 6.36 所示。在库面板中找到橙色灯元件,双击进入元件编辑界面,如图 6.37 所示。

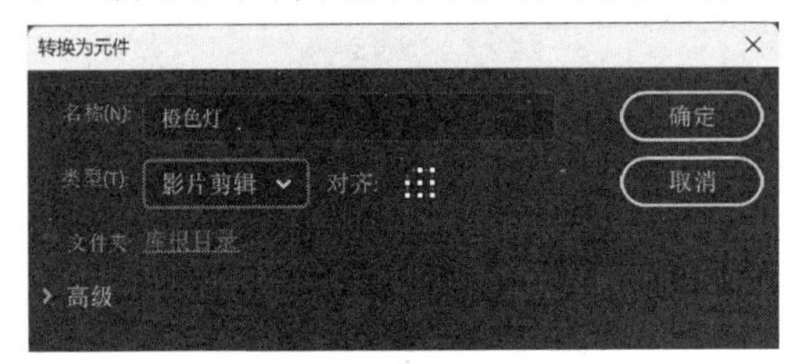

图 6.36　转换为元件

图 6.37　元件编辑

小知识

在 Animate 中常用的元件分为“图形”和“影片剪辑”两类,图形类元件本身是静态的,影片剪辑类元件自身包含动画,放入场景中后,影片剪辑类元件默认会循环播放。

步骤 5　在当前元件图层_1 的第 30 帧插入关键帧,修改第 30 帧圆的填充颜色,将黄色滑块向右滑动,如图 6.38 所示。在第 50 帧插入帧,右击第 1 帧,选择“创建补间形状”命令,如图 6.39 所示。

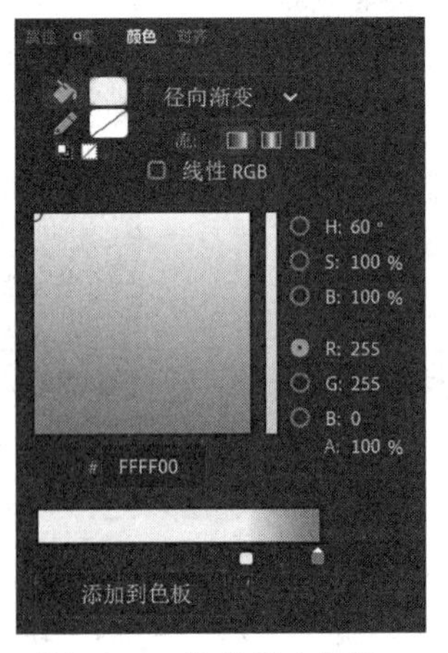

图 6.38　修改填充颜色 1

图 6.39　创建形状补间动画 1

步骤 6　单击返回场景按钮，返回场景 1 并选中图层_2，从库中依次拖曳 3 个橙色灯元件，放入场景中的适当位置。可以根据需要，选择“修改→变形→缩放和旋转…”命令，将元件变小。效果如图 6.40 所示。

图 6.40　在不同位置放置橙色灯

步骤 7　单击库面板左下角的“新建元件”按钮，新建蓝色灯影片剪辑类元件，设置笔触颜色为透明，填充颜色为“径向渐变”浅蓝（#66FFFF）到蓝色（#0000FF），如图 6.41 所示。在蓝色灯元件图层_1 中使用椭圆工具，绘制一个直径为 22 的圆，如图 6.42 所示。

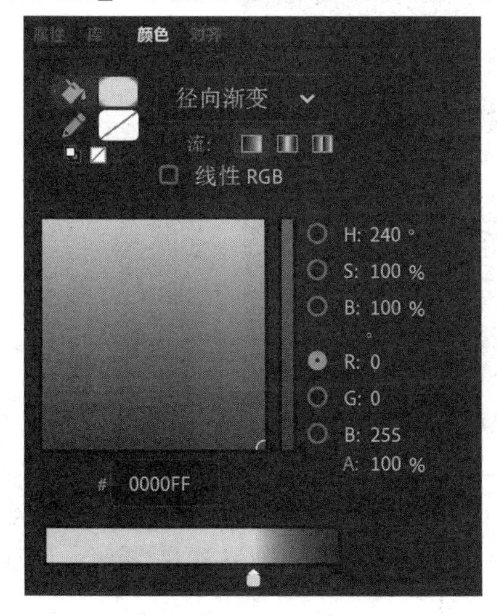

图 6.41　设置颜色

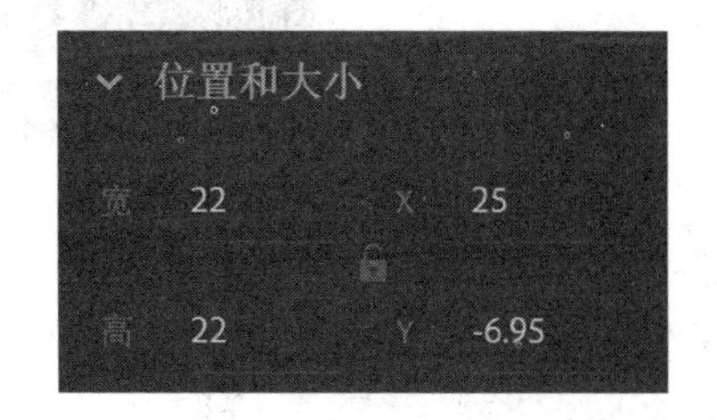

图 6.42　圆的大小设置

步骤 8　在蓝色灯元件图层_1 的第 20 帧插入关键帧。在第 50 帧插入关键帧，修改第 50 帧圆的填充颜色，将浅蓝滑块向左滑动，如图 6.43 所示。右击第 20 帧，选择“创建补间形状”命令，如图 6.44 所示。

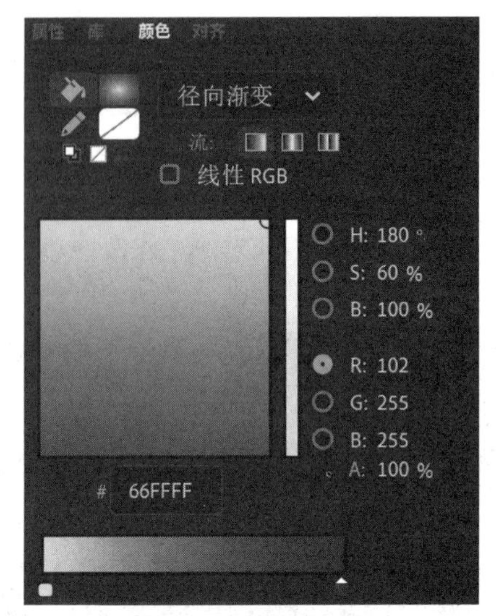

图 6.43　修改填充颜色 2

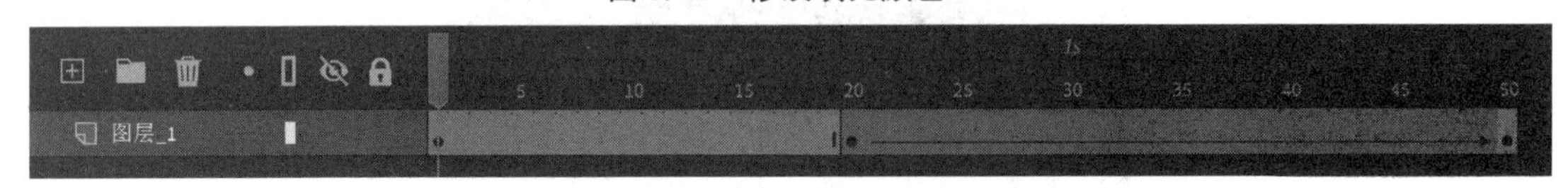

图 6.44　创建形状补间动画 2

步骤 9　单击返回场景按钮，返回场景 1 并选中图层_2，从库中依次拖曳若干个蓝色灯元件，放入场景中的适当位置。可以根据需要，选择“修改→变形→缩放和旋转…”命令，将元件变小。效果如图 6.45 所示。

图 6.45　在不同位置放置蓝色灯

步骤 10　采用相同的方法，继续制作粉色灯、绿色灯和红色灯等，依次拖曳到树上。

步骤 11　保存文件“任务 4. fla”，如图 6.46 所示。选择“控制→测试”命令，生成动画播放的 swf 文件。

图 6.46　保存文件

任务 5　鱼儿游动动画

1. 任务目标

(1)熟练掌握 Animate 传统补间动画缓动效果的制作方法。

(2)掌握引导层的添加和引导线动画的制作方法。

(3)掌握图形元件的制作和使用方法。

2. 任务要求

制作小鱼在水中来回游动的动画,如图 6.47 所示。

图 6.47　动画制作

3. 任务步骤

步骤 1　新建文件,设置分辨率为“高清”,选择“文件→导入→导入到舞台...”命令,将图片“鱼缸.png”导入到舞台。使用任意变形工具,调整鱼缸的大小,让鱼缸比舞台小一圈,如图 6.48 所示。

步骤 2　锁定图层_1,修改图层_1 的名字为“鱼缸”。新建图层,将图片“鱼.jpg”导入到舞台,如图 6.49 所示。选择“修改→位图→转换位图为矢量图...”命令,将图片转换为矢量图,并使用选择工具删除图片周围的白色部分,把鱼抠出来。

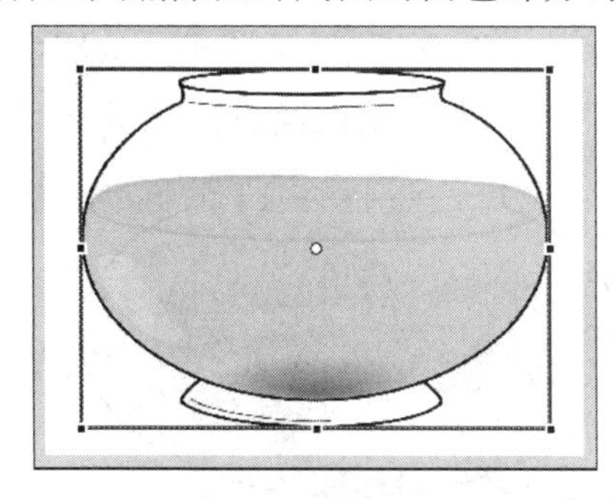

图 6.48　调整图片的大小

图 6.49　图层面板 1

步骤 3　使用 Ctrl+A 快捷键全选,选择“修改→变形→缩放和旋转...”命令,将鱼缩小为 10%(见图 6.50),效果如图 6.51 所示。

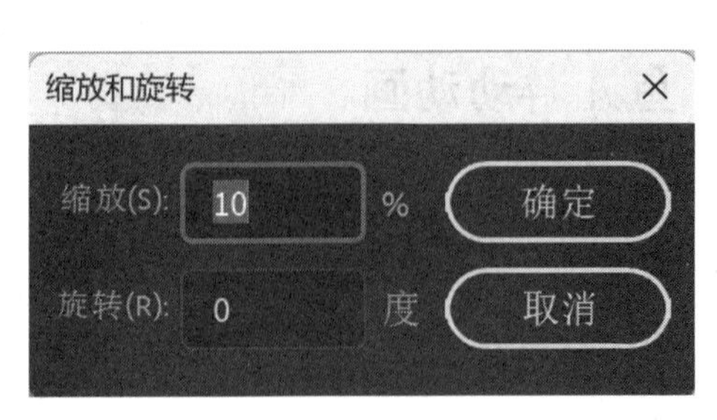

图 6.50　缩小图像

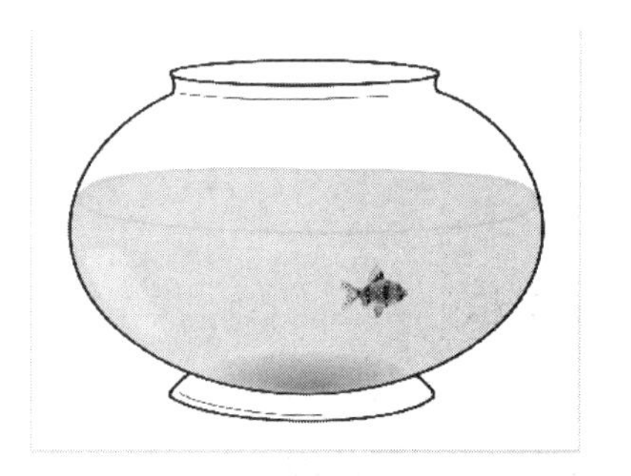

图 6.51　效果图 1

步骤 4　选择“修改→转换为元件…”命令，将鱼转换为图形元件，命名为“鱼”，如图 6.52 所示。此时，在库面板中会看到一个“鱼”元件，如图 6.53 所示。

步骤 5　使用选择工具调整元件的位置，修改图层_2 的名字为“鱼 1”，如图 6.54 所示。

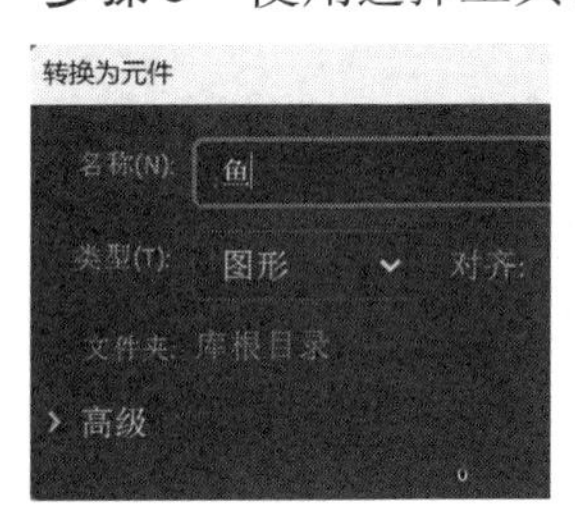

图 6.52　转换为元件

图 6.53　库

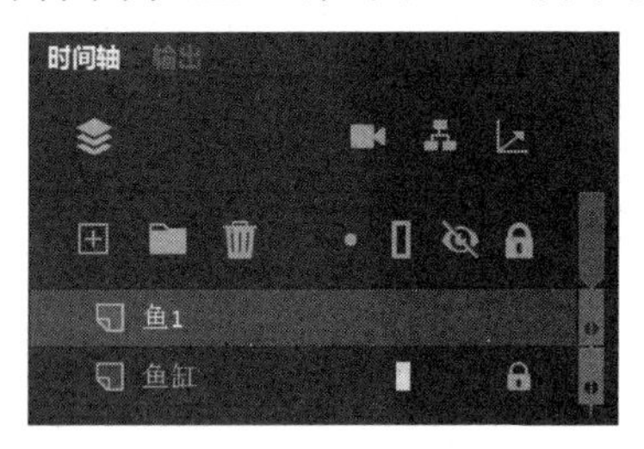

图 6.54　元件图层

步骤 6　锁定“鱼 1”图层。新建图层并重命名为“水草”，如图 6.55 所示。将图片“水草.jpg”导入到舞台，使用与处理鱼图片相同的方式进行处理，并调整大小和位置，效果如图 6.56 所示。

图 6.55　图层面板 2

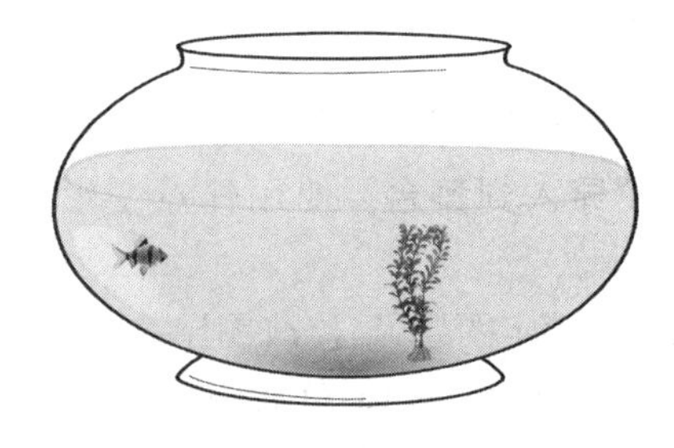

图 6.56　效果图 2

步骤 7　锁定“水草”图层。新建图层并重命名为“鱼 2”，如图 6.57 所示。从库中把图形元件“鱼”拖曳到舞台。选择“修改→变形→水平翻转”命令，并调整位置，效果如图 6.58 所示。

图 6.57　图层面板 3

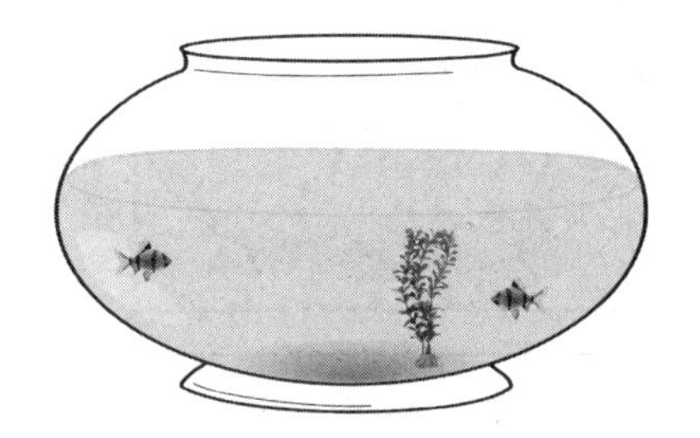

图 6.58　效果图 3

步骤 8　锁定“鱼 2”图层。右击“鱼 2”，选择“添加传统运动引导层”命令，在“鱼 2”上面添加一个“引导层”。分别选择“鱼缸”和“水草”图层的第 60 帧，插入帧，如图 6.59 所示。

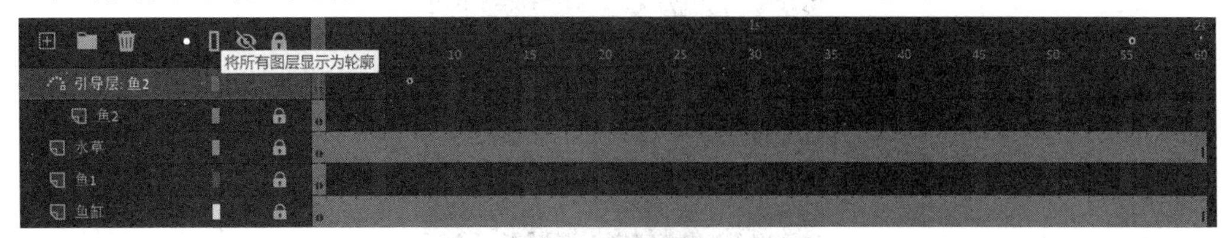

图 6.59　添加传统运动引导层

小知识

在 Animate 中有两种引导层：引导层和传统运动引导层。在时间轴面板中，引导层用 标志，传统运动引导层用 标志。在引导层中，可以绘制各种图形、引入元件等，但在发布的 Animate 的作品中，引导层的内容不会显示出来。

引导层主要为其他图层提供辅助绘图和定位的帮助。引导层不能直接创建，只能在普通图层的基础上转换而成。传统运动引导层可以设置运动的路径，然后使用补间动画功能使与其关联的被引导层中的对象沿着路径运动。

小技巧

补间动画的运动轨迹都是直线的，比较简单，利用设置关键帧可以完成。当运动轨迹是弧线或不规则曲线等复杂路径时，可以依靠传统运动引导层来实现相应的运动效果。

步骤 9　锁定“引导层”，解锁“鱼 1”图层，选择“鱼 1”图层的第 30 帧，插入关键帧，如图 6.60 所示。把第 30 帧的鱼移动到鱼缸的右端，如图 6.61 所示。右击“鱼 1”图层的第 1 帧，选择“创建传统补间”命令。

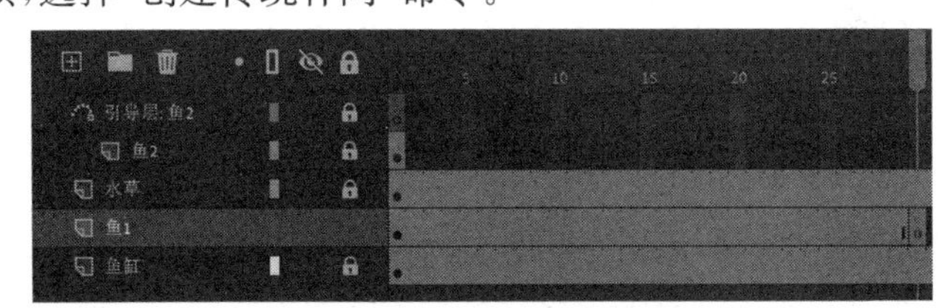

图 6.60　插入关键帧

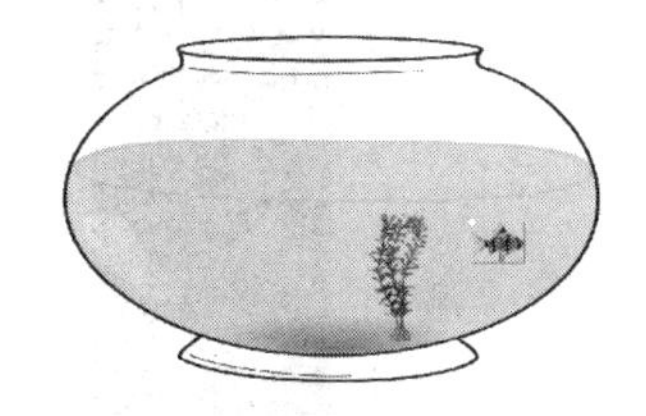

图 6.61　关键帧上元件的位置

步骤 10　选择“鱼 1”图层的第 31 帧，插入关键帧。选择“修改→变形→水平翻转”命令，将鱼翻转过来，变成头朝左。选择第 60 帧，插入关键帧，把这一帧的鱼移动到鱼缸的左端。右击第 31 帧，选择“创建传统补间”命令，如图 6.62 所示。

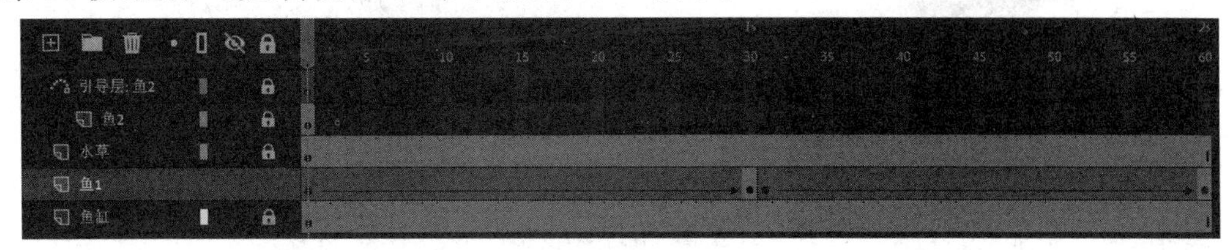

图 6.62　设置关键帧

步骤 11　选择“鱼 1”图层的第 1 帧，单击右侧“属性→帧”面板的“效果”选择框，如图 6.63 所示。调整曲线，双击应用，如图 6.64 所示。选择第 31 帧，按同样的方式调整曲线，如图 6.65 所示。完成“鱼 1”来回游动的动画。

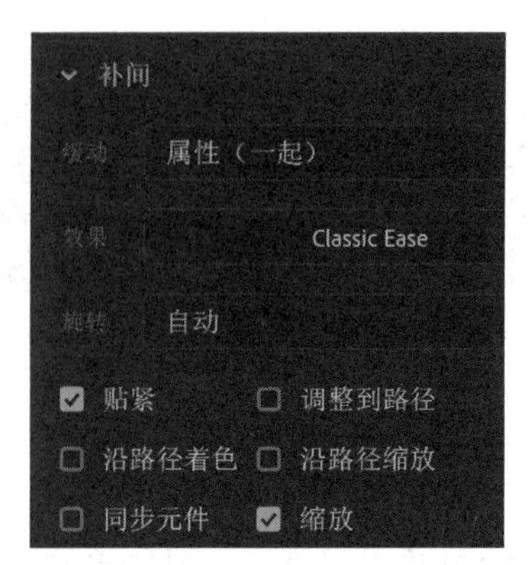

图 6.63　“属性→帧”面板的“效果”选择框

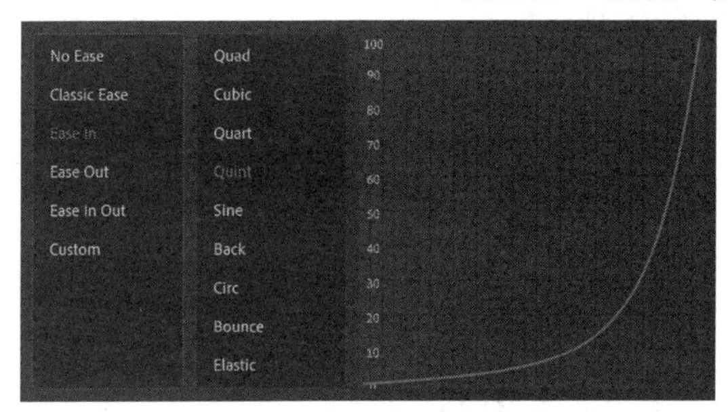

图 6.64　第 1 帧的曲线

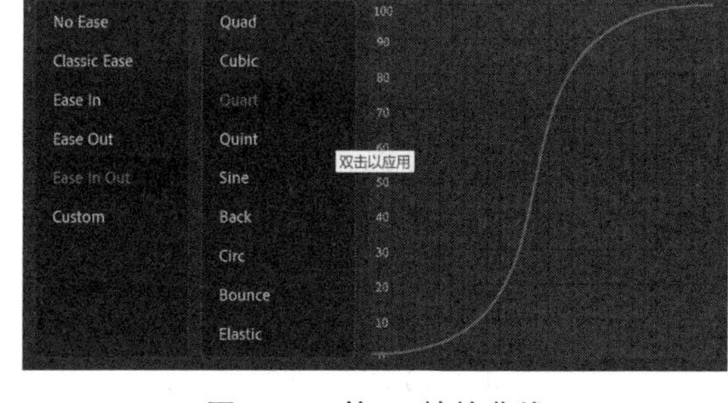

图 6.65　第 31 帧的曲线

步骤 12　锁定“鱼 1”图层，解锁“引导层”。选择“引导层”的第 1 帧，选择铅笔工具，在工具栏下方设置铅笔模式为“平滑”，如图 6.66 所示。在鱼缸中画出一条曲线，如图 6.67 所示。

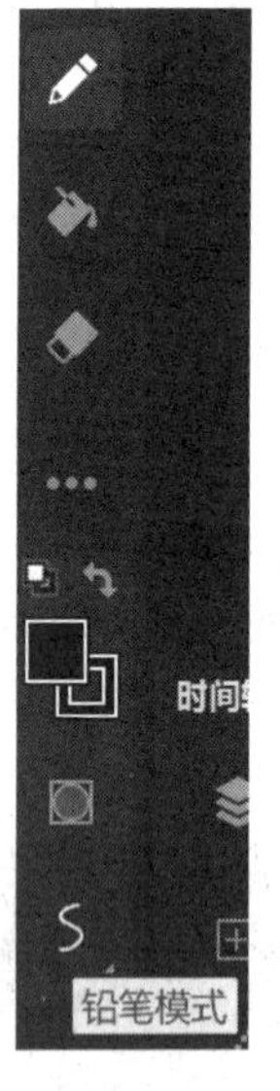

图 6.66　铅笔工具

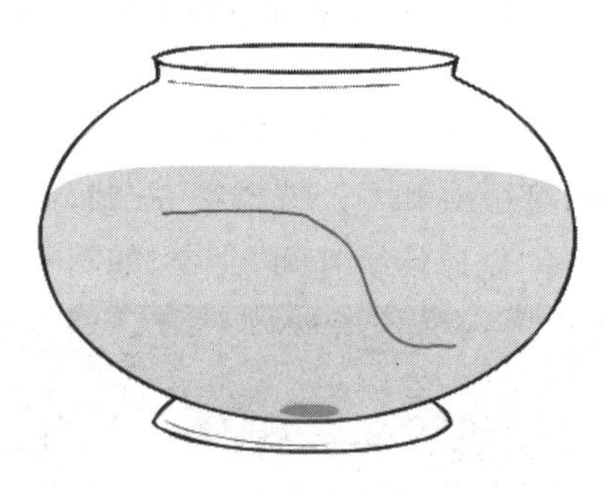

图 6.67　绘制曲线

步骤 13　锁定“引导层”，选择“引导层”的第 25 帧，插入帧。解锁“鱼 2”图层，选择第 1 帧，调整“鱼 2”的位置，使其中心点与曲线的右端点重合，如图 6.68 所示。选择第 25 帧，插入关键帧，调整“鱼 2”的位置，使其中心点与曲线的左端点重合，如图 6.69 所示。右击第 1 帧，选择“创建传统补间”命令，如图 6.70 所示。

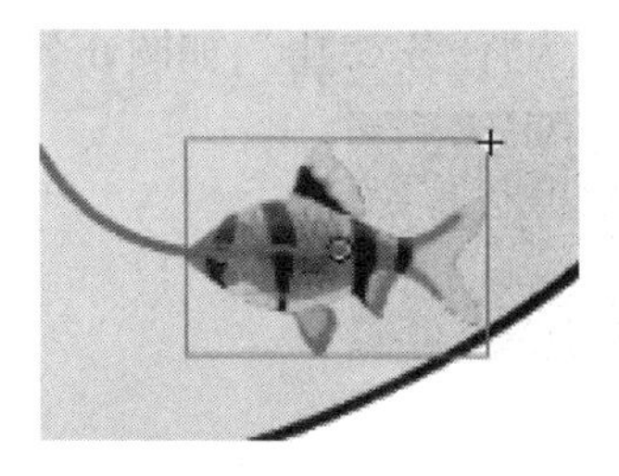

图 6.68　第 1 帧“鱼 2”的位置

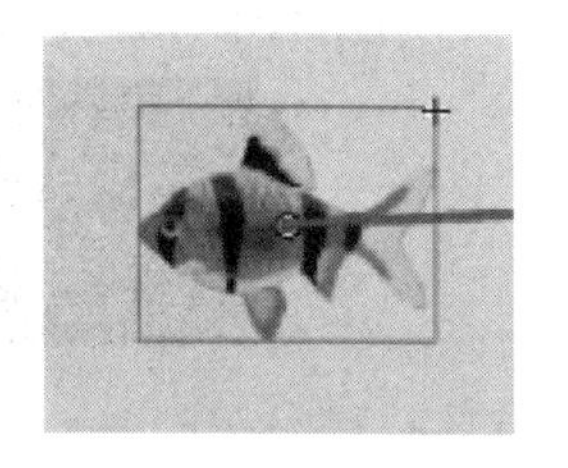

图 6.69　第 25 帧“鱼 2”的位置

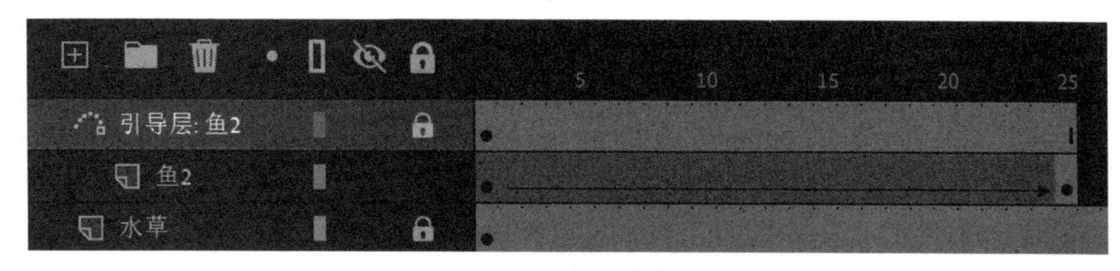

图 6.70　创建传统补间动画 1

步骤 14　锁定“鱼 2”图层，解锁“引导层”。选择第 26 帧，插入空白关键帧(按 F7 键)。按 Alt+Shift+O 快捷键(显示出刚才的曲线)，使用直线工具，在鱼缸中画出一条线段，使两个端点与刚才曲线的两个端点重合。使用选择工具，将直线调整成曲线，如图 6.71 所示。完成后再次按 Alt+Shift+O 快捷键。

图 6.71　绘制曲线

步骤 15　锁定“引导层”，选择“引导层”的第 60 帧，插入帧。解锁“鱼 2”图层，选择第 26 帧，插入关键帧，水平翻转“鱼 2”，并调整“鱼 2”的位置使其中心点与曲线的左端点重合，如图 6.72 所示。选择第 60 帧，插入关键帧，调整“鱼 2”的位置使其中心点与曲线的右端点重合，如图 6.73 所示。右击第 26 帧，选择“创建传统补间”命令，如图 6.74 所示。

图 6.72　第 26 帧“鱼 2”的位置

图 6.73　第 60 帧“鱼 2”的位置

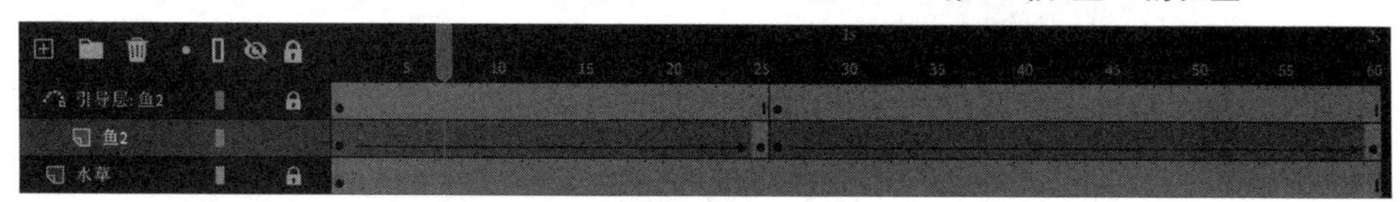

图 6.74　创建传统补间动画 2

步骤 16 选择"文件→保存"命令，保存文件，命名为"任务 5. fla"，如图 6.75 所示。

图 6.75 保存文件

步骤 17 选择"控制→测试"命令，生成动画播放的 swf 文件。

任务 6 多场景动画

1. 任务目标

(1)熟练掌握 Animate 多场景动画的制作方法。

(2)掌握文本工具的使用方法。

(3)掌握文本的分离和文本特效的使用方法。

2. 任务要求

制作新年贺卡多场景动画。

3. 任务步骤

步骤 1 新建文件，设置分辨率为"高清"。

步骤 2 在右侧的属性栏中，设置舞台背景颜色为#CC0000，如图 6.76 所示。

步骤 3 使用工具箱中的文本工具 T ，在属性栏设置字体为"隶书"，字号为"120 pt"，文本填充颜色为黑色，如图 6.77 所示，并在舞台中间打出"新年快乐"4 个字。

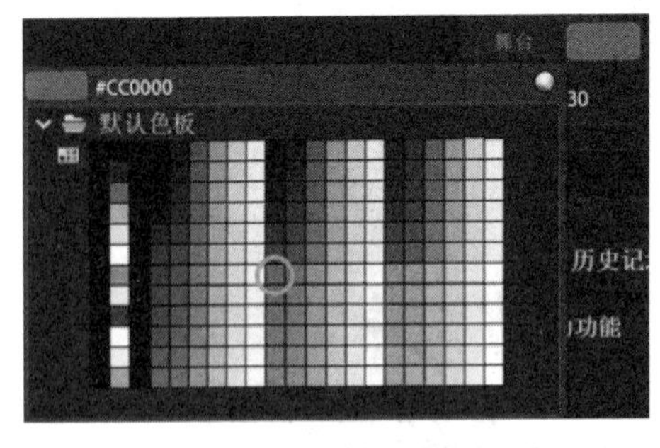

图 6.76 设置背景颜色

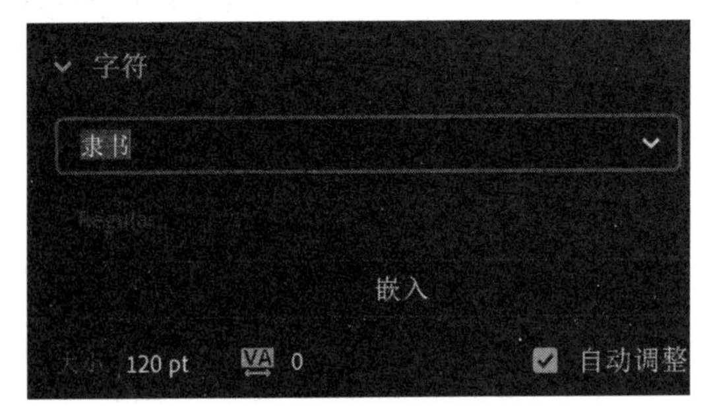

图 6.77 设置文本

步骤 4 使用选择工具选中文字，选择"修改→分离"命令，把 4 个字分开，如图 6.78 所示。右击文字，选择"分散到图层"命令，获得每个字一个独立的图层，如图 6.79 所示。分别将每个字转换成图形元件。

图 6.78　分离文本

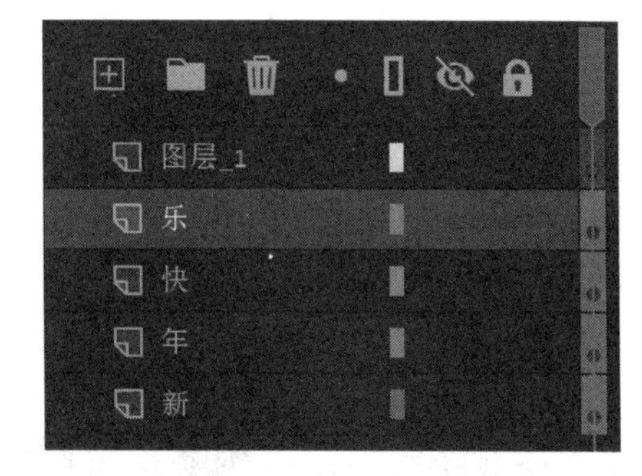

图 6.79　各个字的图层

步骤 5　制作“新”字图层的动画，锁定其他图层。在第 5 帧和第 10 帧分别插入关键帧。修改第 1 帧，缩小“新”字为 10%。修改第 5 帧，放大“新”字为 120%。分别在第 1 帧和第 5 帧创建传统补间动画，如图 6.80 所示。

步骤 6　锁定“新”字图层，解锁“年”字图层，把“年”字图层的第 1 帧，拖动到第 6 帧。在第 6～15 帧，制作与“新”字相同的缩放动画，如图 6.81 所示。

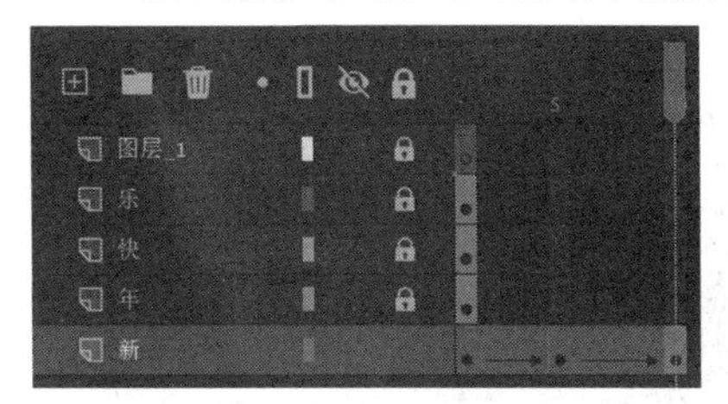

图 6.80　制作“新”字图层的动画

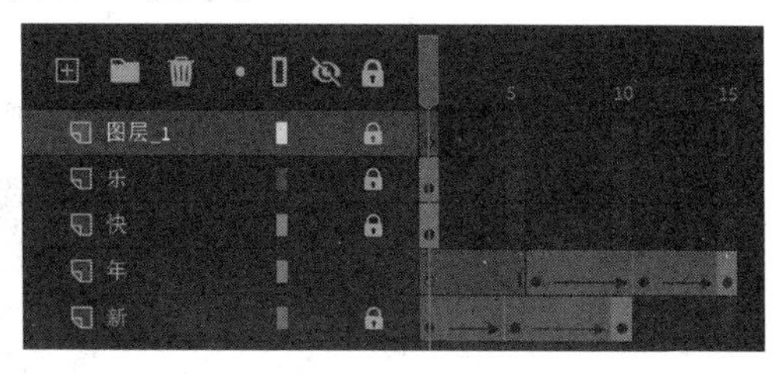

图 6.81　制作“年”字图层的动画

步骤 7　使用相同的方法制作“快”“乐”两个图层的动画，起始位置分别是第 11 帧和第 16 帧。分别在 4 个字所在图层的第 40 帧插入帧，如图 6.82 所示。

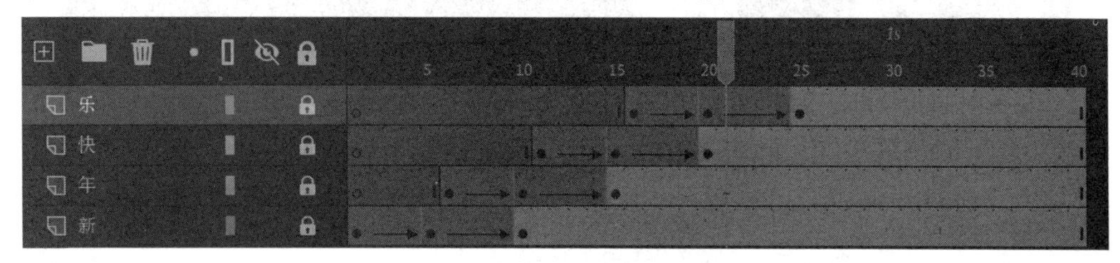

图 6.82　各个字的图层的关键帧

步骤 8　把图层_1 重命名为“白框”，在第 21 帧插入帧。锁定其他图层。选择工具箱中的矩形工具，设置笔触颜色为白色，笔触大小为 3，填充颜色为透明，如图 6.83 所示。画一个矩形将文字框起来，如图 6.84 所示。

图 6.83　设置矩形工具

图 6.84　设计文字框线

小提示

可以在选中框线后，使用方向键来调整其位置。

步骤 9 分别在“白框”图层的第 25 帧、第 30 帧和第 35 帧插入关键帧，在第 40 帧插入帧。将 25 帧的框线颜色调整为绿色（#00FF00），第 30 帧的框线颜色调整为紫色（#6600FF），第 35 帧的框线颜色调整为黄色（#FFFF00），分别在第 21 帧、第 25 帧和第 30 帧创建形状补间动画，如图 6.85 所示。

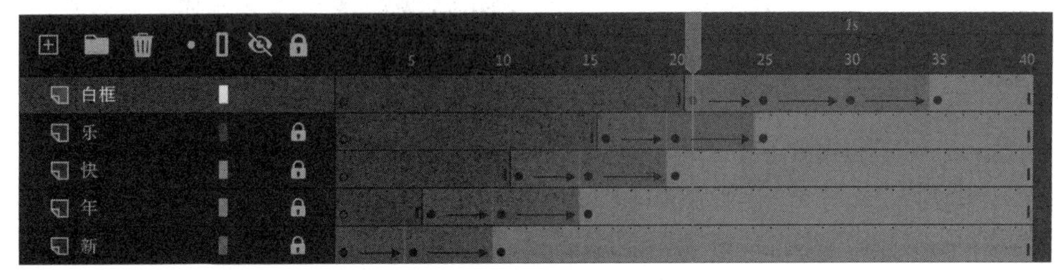

图 6.85 创建形状补间动画

步骤 10 选择“插入→场景”命令，插入场景 2，如图 6.86 所示。把图层_1 重命名为“灯笼”，将图片“灯笼.png”导入到舞台，缩小为 30%，将其复制并粘贴，调整位置，如图 6.87 所示。

图 6.86 设计灯笼场景

图 6.87 “灯笼”图层效果

步骤 11 锁定“灯笼”图层，新建图层，重命名为“文字”，如图 6.88 所示。将图片“万事如意.gif”导入到舞台，缩小为 20%，将其转换为矢量图，并把图片中的白色区域去掉，如图 6.89 所示。

图 6.88 图层面板

图 6.89 图层效果

步骤 12 在“文字”图层的第 10 帧插入关键帧，返回到第 1 帧，缩小文字为 10%。从第 1 帧到第 10 帧创建形状补间动画。在“灯笼”图层的第 10 帧插入帧，如图 6.90 所示。选择“文字”图层的第 10 帧，选择“窗口→动作”命令，插入代码“stop();”，如图 6.91 所示。

图 6.90 制作文字图层动画

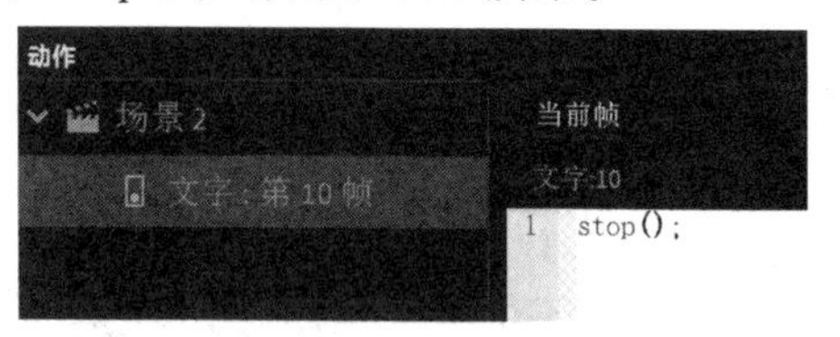

图 6.91 插入代码

步骤 13 选择“文件→保存”命令，保存文件，命名为“任务 6.fla”。选择“控制→测试”命令，生成动画播放的 swf 文件。

模块7 微课的设计与制作

任务1 录制与剪辑

1. 任务目标

(1)理解项目文件的作用。
(2)掌握录制屏幕及其设置操作。
(3)了解录制微课准备工作。
(4)掌握轨道的管理操作。
(5)掌握媒体块的剪辑操作。
(6)掌握插入外部媒体文件的操作。

2. 任务要求

建立一个 Camtasia 项目文件,保存为“我的微课. tscproj”。在该项目中录制一段屏幕微课,录制内容为 PPT 课程的演示与讲解,PPT 课件“计算机的组成. pptx”已经给出。删除录制前后无用的片段。在录屏视频的第三张和第四张幻灯片之间插入一张图片“习题. png”,播放时间为 5 秒。微课制作结果如图 7.1 所示。

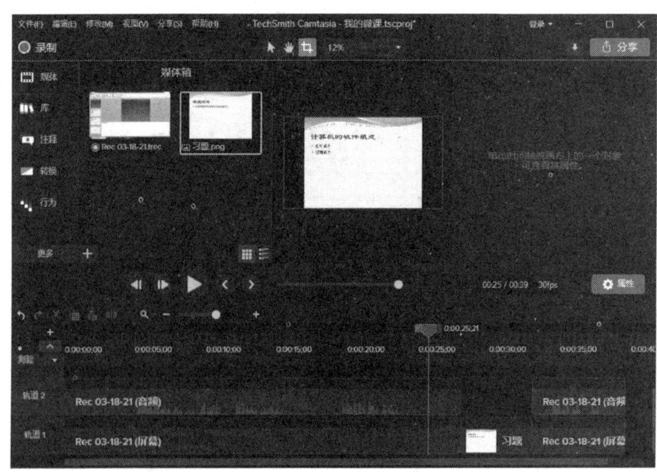

图 7.1 微课制作结果

3. 任务步骤

步骤 1　准备工作。

(1)打开 PPT 课件文件“计算机的组成. pptx”,熟悉课件内容,如图 7. 2 所示。

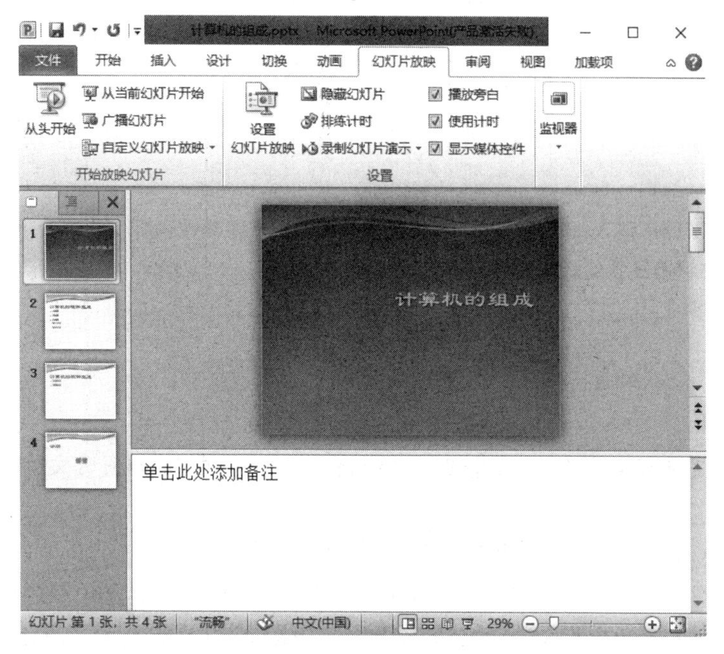

图 7. 2　幻灯片首页

(2)在 PowerPoint 中,选择“幻灯片放映→开始放映幻灯片→从头开始”命令,放映幻灯片。放映同时演练讲解过程。

小提示

课件包含 4 张幻灯片,首页(见图 7. 3)不需要旁白;第二张(见图 7. 4)需要配旁白,内容为“计算机硬件包含运算器、控制器、存储器、输入设备和输出设备,运算器和控制器组成中央处理器”;第三张(见图 7. 5)的旁白内容为“计算机软件包含系统软件和应用软件”;第四张(见图 7. 6)的旁白内容为“这节课讲到这里,谢谢观看”。

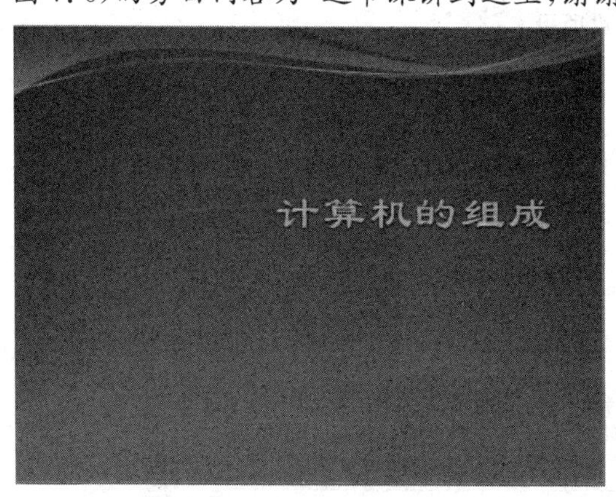

图 7. 3　幻灯片首页

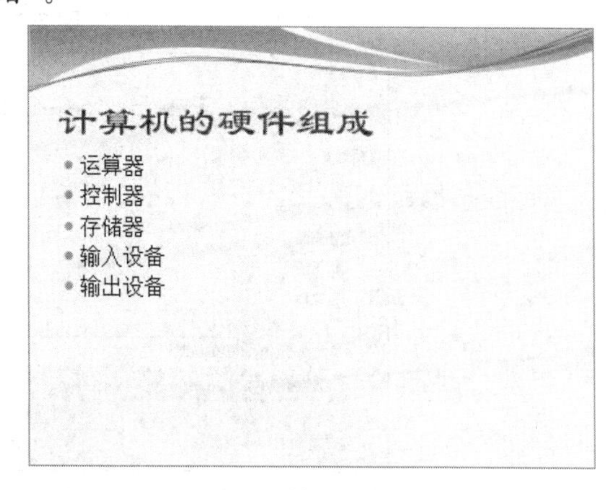

图 7. 4　第二张幻灯片

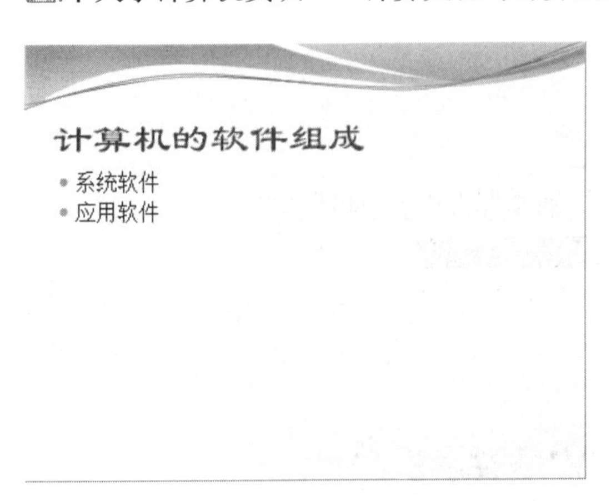

图 7.5　第三张幻灯片

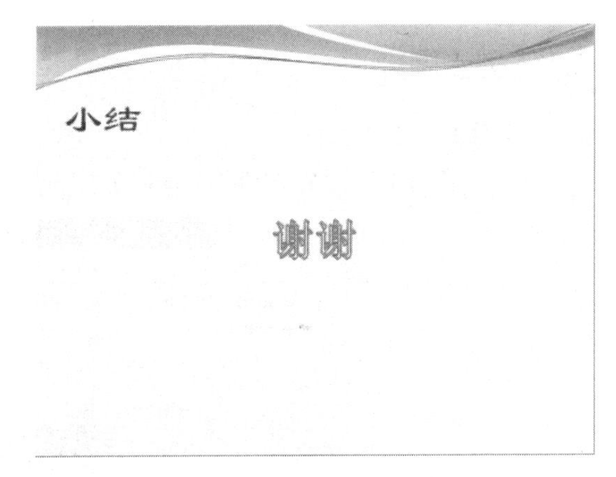

图 7.6　第四张幻灯片

步骤 2　管理项目文件。

(1)在 D 盘新建一个文件夹,命名为“Camtasia 微课”。

小提示

该文件夹将用来保存制作微课过程中可能使用的所有文件,如项目文件、录屏文件、图片、音频和视频等。

(2)在 Camtasia 的菜单中,选择“文件→新建项目”命令,创建一个新项目,如图 7.7 所示。选择“文件→保存”命令,打开“另存为”对话框,如图 7.8 所示。在“另存为”对话框中,设置保存路径为“D:\Camtasia 微课”,设置文件名为“我的微课”,单击“保存”按钮完成项目文件的保存。

图 7.7　新建项目

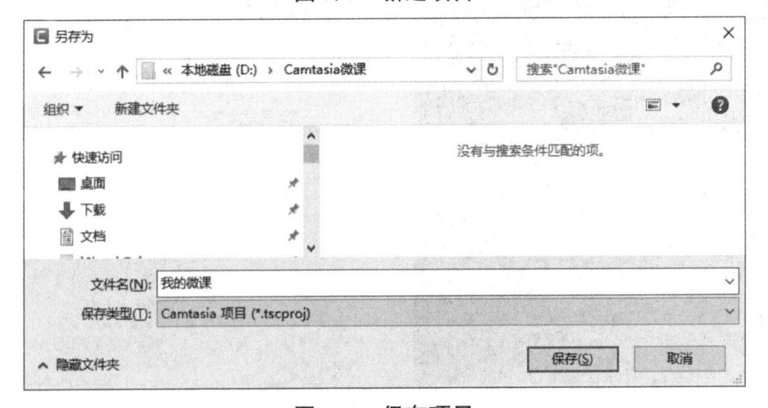

图 7.8　保存项目

小知识

项目文件(扩展名为“tscproj”)是一种管理型文件,用该文件管理制作微课过程中使用的文件资源。保存并关闭项目之后,可以双击打开项目文件继续编辑。

步骤 3　设置录制参数。

单击“录制”按钮 录制 ,打开录屏设置窗口,如图 7.9 所示。在“选择区域”中选择“全屏”(因为幻灯片放映为全屏状态)选项,在“已录制输入”中单击“音频打开”右边的箭头按钮,在弹出的列表中选择“麦克风”(用来录制旁白语音)选项,勾选“录制系统音频”(用来录制计算机的系统音频,如 PPT 背景音乐)复选框。

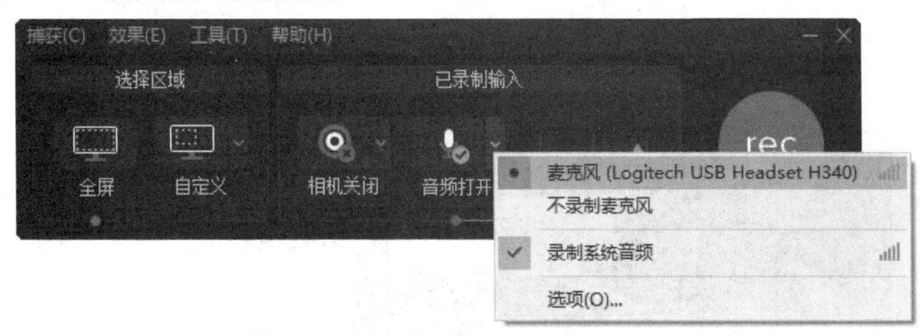

图 7.9　录屏设置窗口

小技巧

如果需要录制非全屏视频,如某窗口或屏幕局部区域,可通过选择“自定义”选项来实现。如果要同时录制摄像头视频,可在菜单中选择“捕获→录制网络摄像头”命令进行设置。

步骤 4　对幻灯片的放映与讲解进行录制。

(1)单击“rec”按钮 rec ,启动录制,如图 7.10 所示。倒计时完毕时,即进入录制状态。

图 7.10　录制倒计时

(2)进入录制状态后,打开“计算机的组成. pptx”文件,按照步骤 1“准备工作”中的演练,放映幻灯片并用麦克风阅读旁白。当录制结束时,按 F10 键或者在录制控制窗口中单击“停止”按钮完成录制,如图 7.11 所示。

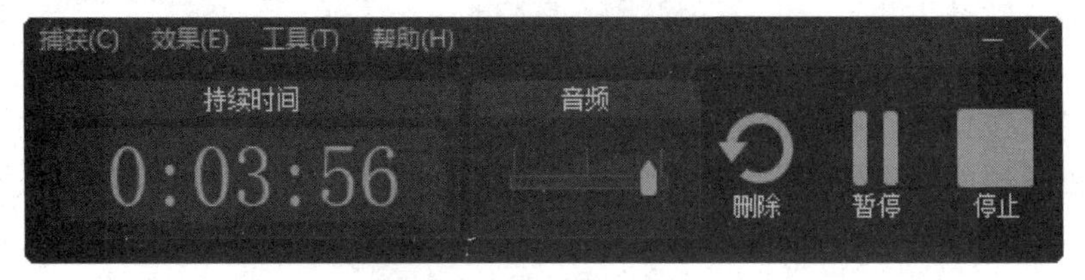

图 7.11　录制控制窗口

(3)录制结束后自动返回到主窗口,如图 7.12 所示。在主窗口的“媒体箱”中可见录制生成的录屏文件，该文件包含录制的“屏幕”(含系统音频)和“音频”(麦克风音频)两个媒体块，并分别自动添加到轨道1和轨道2中。

录屏文件被系统自动按时间命名，如“Rec 03-18-21. trec”，可在“媒体箱”中右击该文件，选择“打开文件位置”命令查看该文件，文件的默认保存路径为“C:\Users\用户名\Documents\Camtasia”，如图7.13所示。

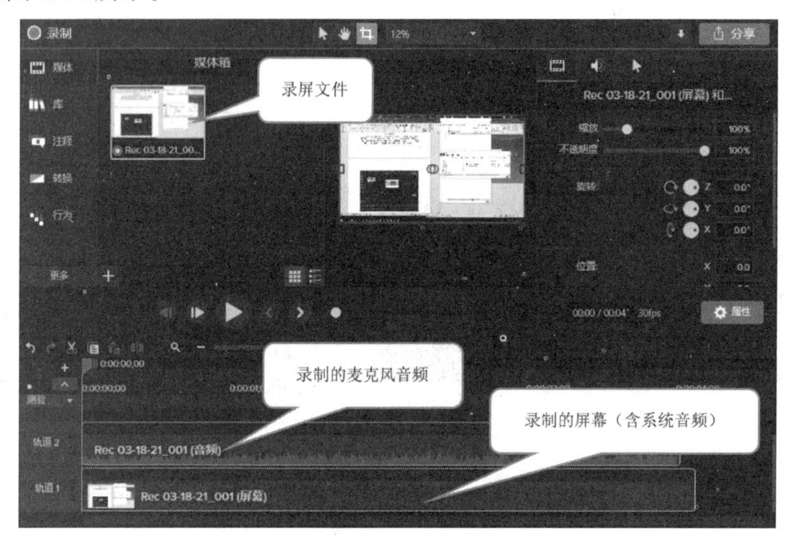

图7.12 录制结果

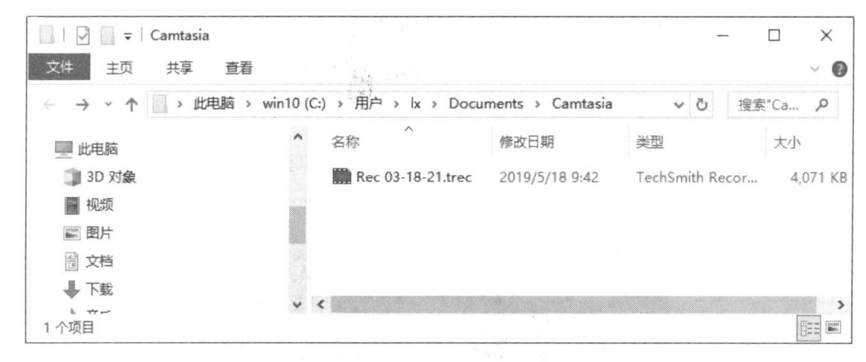

图7.13 录屏文件及其默认保存路径

小提示

录制完成后不要随意修改录屏文件的名称和路径，否则打开项目时将出现无法找到文件的错误。但是，可以将“C:\Users\用户名\Documents\Camtasia”中的录屏文件移动到当前项目文件所在的文件夹中。

步骤5 删除首尾的无用片段。

将绿色游标按钮拖动到轨道尾部将要删除的片段的开始位置，将红色游标按钮拖动到尾部将要删除的片段的结束位置，右击两个游标之间的蓝色区域，在快捷菜单中选择“删除”命令，即可删除蓝色区域内所有轨道中的片段，如图7.14所示。这样，在本任务中，轨道1(屏幕)和轨道2(音频)在结尾处相同时间段内的片段一同被删除掉。

使用相同的方法，删除轨道1和轨道2在开始时的无用片段，如图7.15所示。

图 7.14　删除某时间段内所有轨道上的片段

图 7.15　删除首尾无用片段后的状态

小提示

时间标尺是轨道上面的时间刻度尺。轨道中游标的定位操作、媒体块播放起止时间的调整操作，都要通过对照时间标尺完成。在选择区域之前，应该先拖曳灰色游标按钮(红、绿游标按钮之间的按钮)，观察并确定起点和终点的精确位置。

步骤 6　分割并移动媒体块。

(1)同时选中“屏幕”和“音频”两个媒体块(按住 Ctrl 键并分别单击完成多选)，将灰色游标按钮拖曳到分割处(第三张和第四张幻灯片之间，即“小结”页开始时的位置)，单击时间标尺上面的分割按钮完成分割。分割后的状态如图 7.16 所示。

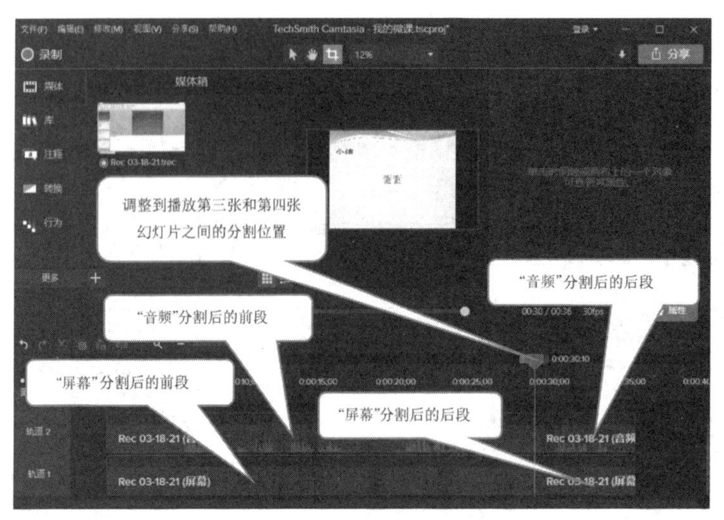

图 7.16　分割媒体块后的状态

小技巧

如果分割操作需要精确地定位游标，则可以通过单击时间标尺上面的放大按钮放大时间标尺，并在键盘上按左右键移动游标实现。

(2)将两个前段同时拖动到最左侧(时间起点)，将两个后段同时向右拖动一定的距离(为后续插入习题图片预留空间)，如图 7.17 所示。

图 7.17　移动媒体块后的状态

步骤 7　向"媒体箱"导入图片"习题.png"并插入到轨道中。

(1)在"媒体箱"中单击导入按钮，在弹出的菜单中选择"导入媒体"命令，在打开的"打开"对话框中打开"习题.png"文件，完成外部文件的导入，如图 7.18 所示。

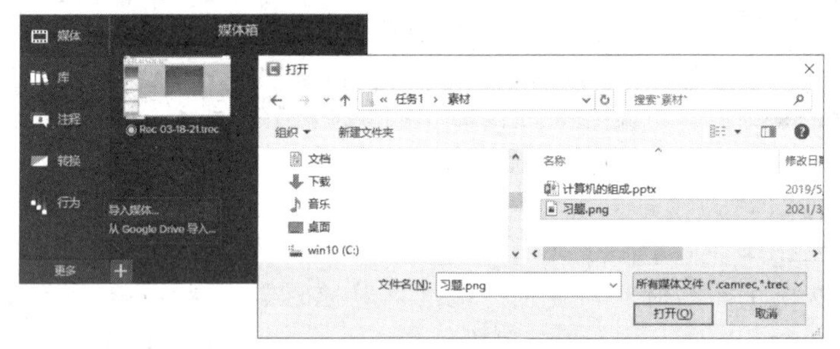

图 7.18　将外部文件导入到"媒体箱"

小提示

在 Camtasia 中使用外部文件(如图片、视频、音频、录屏等)资源时，需要先将外部文件导入到"媒体箱"中，然后再从"媒体箱"中选择导入的媒体对象，拖入轨道中进行使用。

(2)将"媒体箱"中的"习题.png"图片拖动到轨道 1 中两个媒体块之间的位置，拖动"习题”媒体块右侧边缘，将其持续时间设置为 5 秒，如图 7.19 所示。

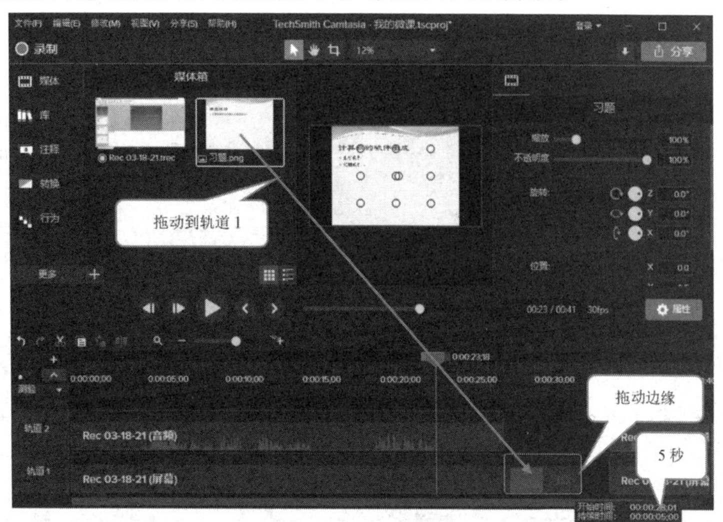

图 7.19　将“习题. png”图片拖动到轨道 1 中

(3)拖动各段媒体块使得首尾连接(注意保证两个轨道上的内容同步)，调整结果如图 7.20 所示。

图 7.20　媒体块位置调整结果

步骤 8　将游标按钮移回起点，单击播放按钮▶预览播放效果。

任务 2　库、字幕与注释的使用

1. 任务目标

(1)掌握“库”工具的使用方法。

(2)掌握添加字幕的方法。

(3)掌握“注释”工具的使用方法。

2. 任务要求

打开项目“文件操作. tscproj”，使用“库”工具为微课制作片头，为 3 段视频片段(复制文件、移动文件、重命名文件)制作节标题，使用“字幕”工具为“复制文件”片段添加字幕并设置其格式，使用“注释”工具为“移动文件”片段添加说明。

3. 任务步骤

步骤 1　使用“库”工具制作片头。

(1)在左侧单击“库”按钮 库，打开“库”面板，将“库→前奏”中的“linewipe”图标拖动到轨道 2 上，如图 7.21 所示。

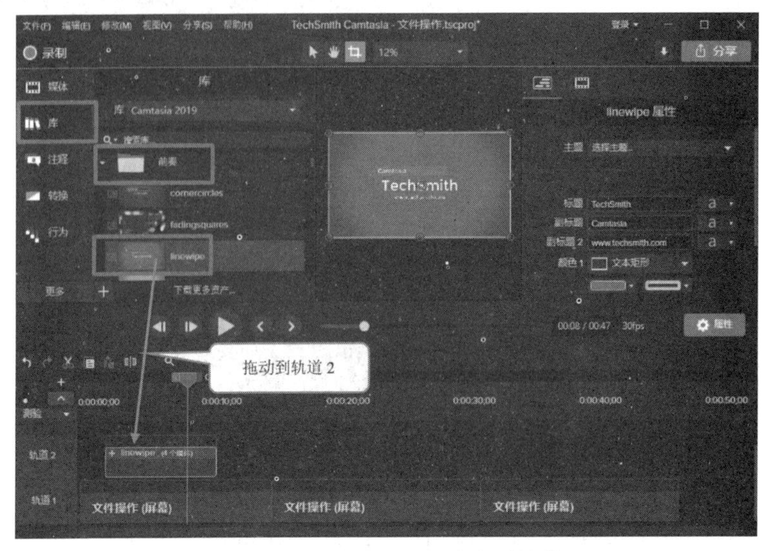

图 7.21 向轨道 2 添加前奏媒体块

(2)选中轨道 2 上的媒体块，将游标拖动到该媒体块后半部分(可以查看到标题的大概位置)。在右侧的“属性”面板中设置“标题”为“文件操作”，“副标题”为“Windows”，“副标题 2”为“File operation”，如图 7.22 所示。

图 7.22 设置前奏 3 个标题

小提示

单击每个标题后面的文字设置按钮 a ，可以设置标题的字体、尺寸、样式和对齐等格式。

(3)将轨道 1 中的 3 个媒体块向后移动，将轨道 2 中的“前奏”媒体块拖动到轨道 1 的前面，调整 4 个媒体块间隔大于 5 秒(为后续插入节标题预留空间)，如图 7.23 所示。

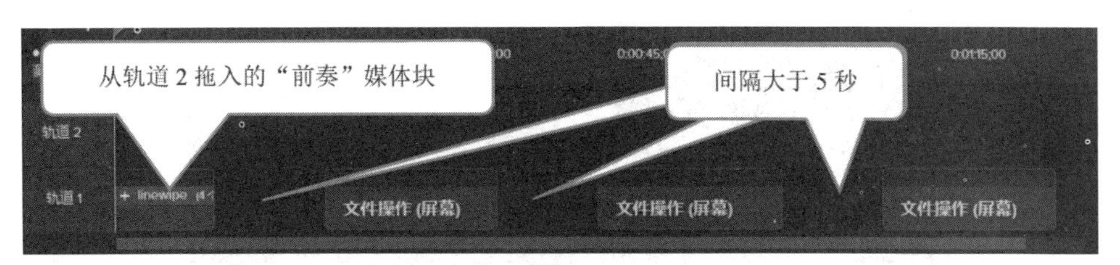

图 7.23　拖动 4 个媒体块

步骤 2　使用“库”工具制作节标题。

(1)将“库→下三分之一”中的“basictext - 01”拖动到轨道 1 中第一个和第二个媒体块之间，生成一个文本框。将文本框拖动到屏幕中心，并在“属性”窗口中设置“标题”为“复制文件”，“副标题”为“Copy file”，如图 7.24 所示。

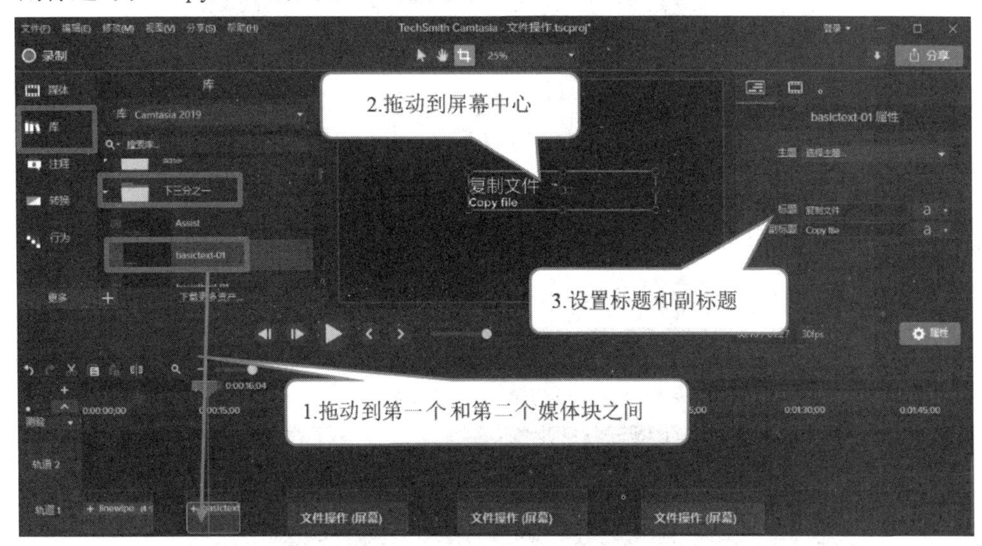

图 7.24　插入节标题媒体块

小提示

制作节标题不局限于用“下三分之一”媒体块，可以按需求随意使用其他媒体块，如“库”中的各种“图标”。

(2)利用同样的方法，在第 2，3 节之间插入“basictext - 01”媒体块(“标题”为“移动文件”，“副标题”为“Move file”)，在第 3，4 节之间插入“basictext - 01”媒体块(“标题”为“重命名文件”，“副标题”为“Rename file”)。调整所有媒体块的位置，使它们首尾连接，如图 7.25 所示。

图 7.25　调整媒体块的位置，完成首尾连接

步骤 3　为“复制文件”媒体块添加字幕并设置字幕格式。

(1)将游标定位到复制操作开始处，单击左侧的“字幕”按钮(须先单击“更多”按钮)，并在“字幕”面板中单击“添加字幕”按钮，在“字幕编辑区”中输入文字“右击‘abc.docx’文件……”，字幕自动添加到轨道 2 中，拖动字幕右边框将持续时间调整到 5 秒左右，如图 7.26 所示。

图 7.26　添加第一条字幕

小提示

添加字幕时，要将字幕的持续时间调整到合适的长度（留给观众充足的阅读时间），还要注意字幕内容和视频正文内容同步匹配。

（2）使用相同的方法，在第一条字幕后面添加大于5秒时长的字幕，字幕内容为"打开文件夹，右击后选择'粘贴'"，如图7.27所示。

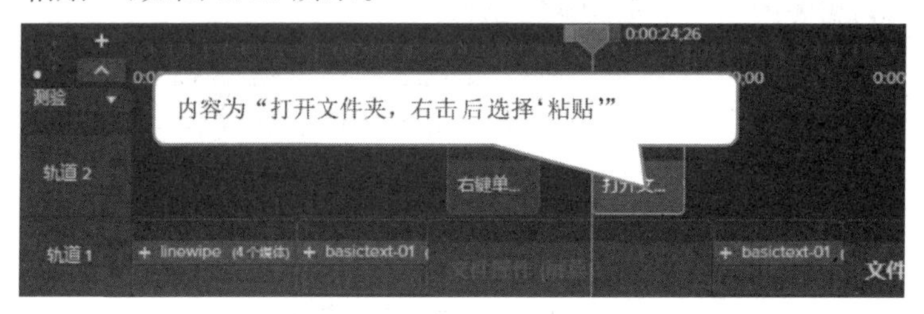

图 7.27　添加第二条字幕

（3）单击左侧的"字幕"按钮，打开"字幕"面板，选择其中的第一条字幕，单击预览区下面的文字设置按钮，打开字幕格式编辑面板，在该面板中设置字体颜色为红色，尺寸为70，如图7.28所示。

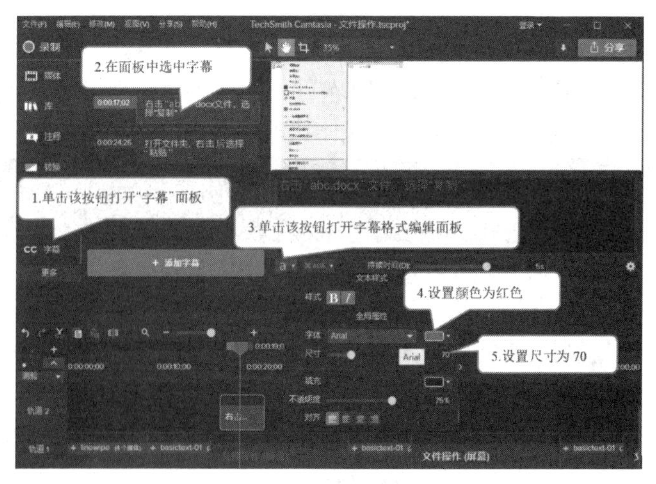

图 7.28　设置字幕格式

(4)将游标移回起点,单击播放按钮预览播放效果。

步骤 4　利用“注释”工具为“移动文件”媒体块添加说明。

(1)将游标移动到“移动文件”媒体块中将要右击“ok. txt”的位置。

小提示

在预览区滚动鼠标滑轮可以缩放画面,还可以通过单击上方手形按钮,在预览区拖动鼠标切换观察范围,单击右侧“属性”按钮可以打开或关闭“属性”窗口,如图 7.29 所示。

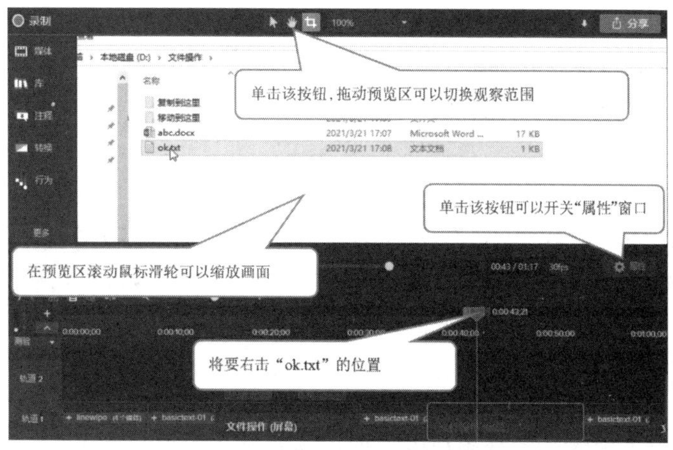

图 7.29　准备插入注释

(2)单击预览区上方的鼠标指针按钮返回编辑状态,从“注释”面板中将矩形注释拖动到预览区,此时在轨道 2 生成该注释的媒体块。在预览区拖动矩形注释到合适的位置,拖动注释四周圆圈句柄适当修改注释大小,拖动尖端的圆圈句柄使其指向文件“ok. txt”。将轨道 2 上的注释媒体块的持续时间设置为 2 秒左右,如图 7.30 所示。

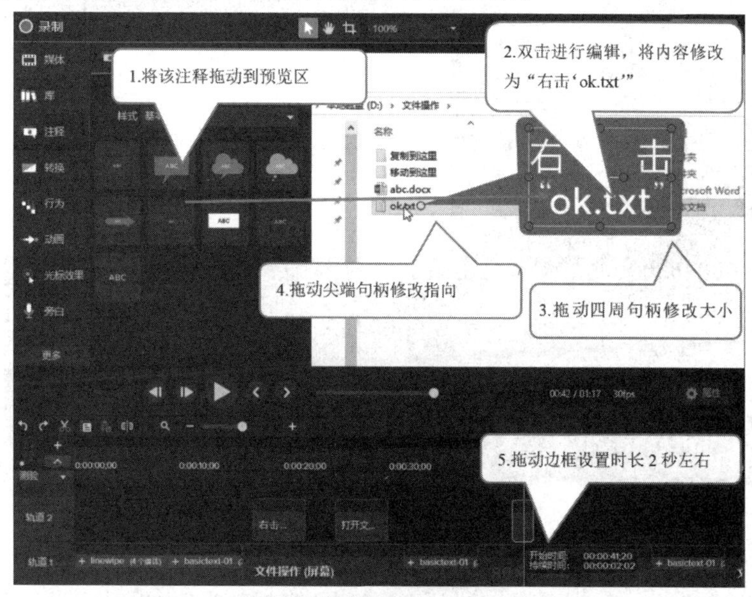

图 7.30　插入注释并编辑其大小、位置和时长

步骤 5　将游标移回起点,单击播放按钮预览播放效果。

任务3　转换、光标效果与音效的使用

1. 任务目标

(1)掌握“转换”工具的使用方法。

(2)掌握为光标设置移动、单击等光标效果的方法。

(3)掌握插入和编辑音频的方法。

(4)掌握制作音频淡入淡出效果的方法。

2. 任务要求

打开项目“文件操作.tscproj”。在轨道1中为3段视频片段添加转场效果,为“复制文件”片段(第一个片段)中的光标移动操作添加“光标突出显示”效果,为单击添加“左键单击环”效果,添加背景音乐并为背景音乐设置淡入淡出效果。

3. 任务步骤

步骤1　为轨道1中的3段视频片段添加转场效果。

单击左边的“转换”按钮 转换 ,打开“转换”面板。从“转换”面板中将“循环拉伸”图标拖动至片段1开始处,将“折叠”图标拖动至片段1和片段2衔接处,将“翻转”图标拖动至片段2和片段3衔接处,如图7.31所示。

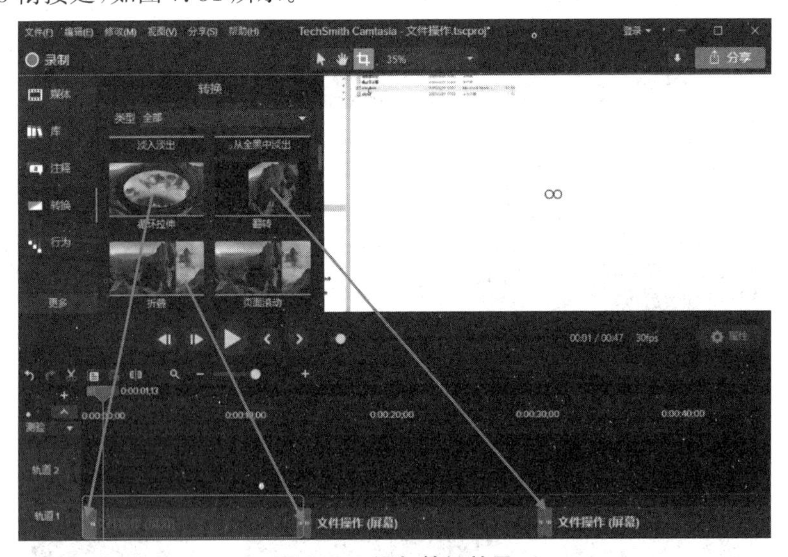

图7.31　添加转场效果

步骤2　为“复制文件”片段(第一个片段)添加光标移动效果和单击效果。

(1)单击左边的“光标效果”按钮 光标效果 ,打开“光标效果”面板,将“光标突出显示”图标拖动到轨道1第一个视频块中,使得该视频中移动的光标呈现黄色圆圈的突出显示效果,如图7.32所示。

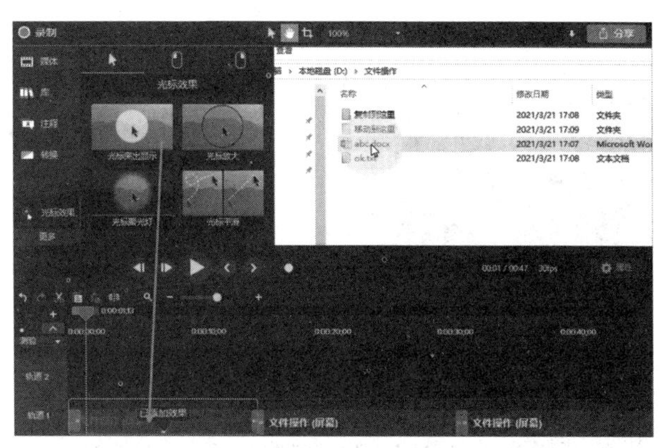

图 7.32　添加“光标突出显示”效果

(2)在“光标效果”面板上方单击“左键单击”按钮，打开“左键单击”面板，将其中的“左键单击环”图标拖动至轨道 1 第一个视频块中，使得该视频中单击鼠标左键时，光标显示红色光环效果，如图 7.33 所示。

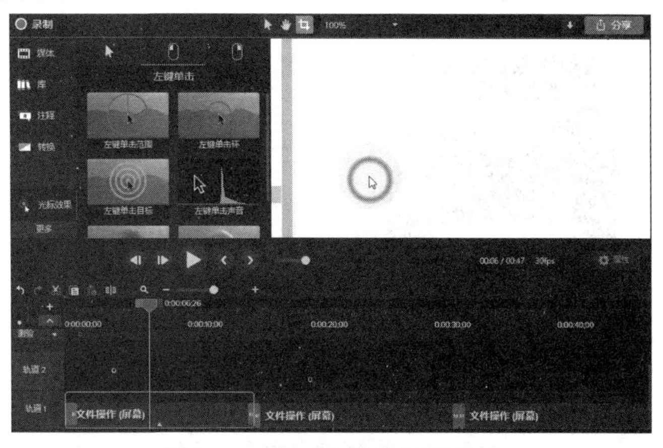

图 7.33　添加“左键单击环”效果

步骤 3　添加背景音乐并设置淡入淡出效果。

(1)在“媒体箱”面板中单击导入按钮，选择“导入媒体...”命令，在打开的“打开”对话框中选择“背景音乐雨的印记.wma”文件，单击“打开”按钮，如图 7.34 所示。这样，文件“背景音乐雨的印记.wma”被添加到了“媒体箱”中。

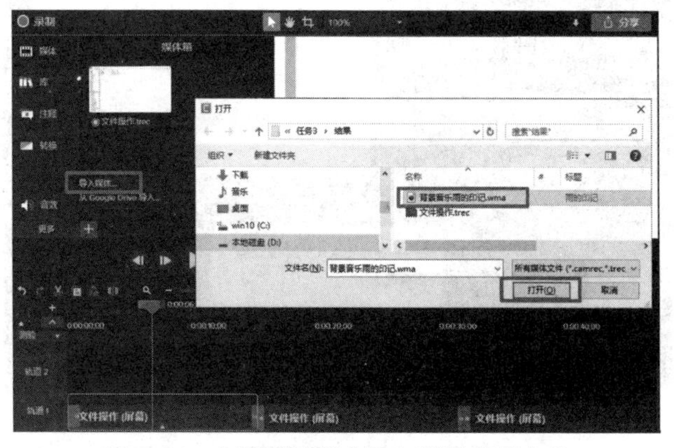

图 7.34　向“媒体箱”中导入背景音乐文件

(2)从“媒体箱”中将文件“背景音乐雨的印记.wma”拖动至轨道 2,如图 7.35 所示。

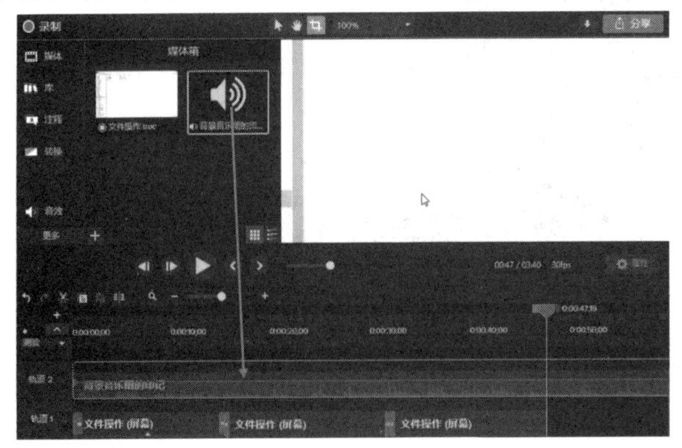

图 7.35　将背景音乐拖动至轨道 2

(3)将游标定位到轨道 1 第三个片段末尾处,选中轨道 2 并单击轨道上方的分割按钮,对音频块进行分割,然后右击分割形成的第二个音频片段,选择“删除”命令,如图 7.36 所示。这样,就删除了多余的音频片段,只保留和轨道 1 中视频时长相等的音频。

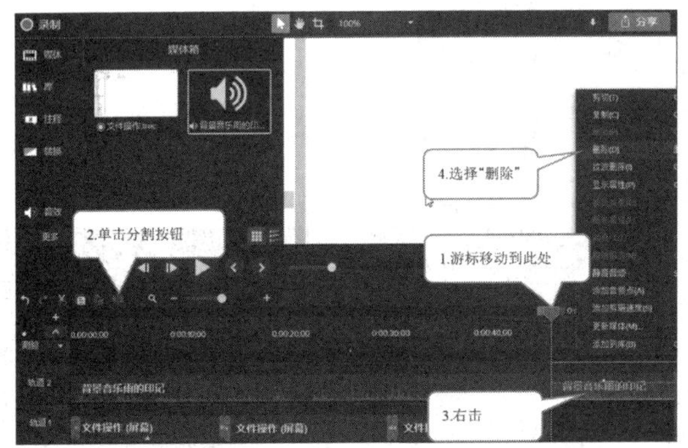

图 7.36　删除背景音乐多余部分

(4)在左边单击“音效”按钮,打开“音效”面板,从“音效”面板中分别将“淡入”和“淡出”图标拖动至轨道 2 的背景音频块中,如图 7.37 所示。淡入音效使得音频声音从静音线性地增大至正常音量,淡出音效使得音频声音从正常音量线性地减小至静音状态。

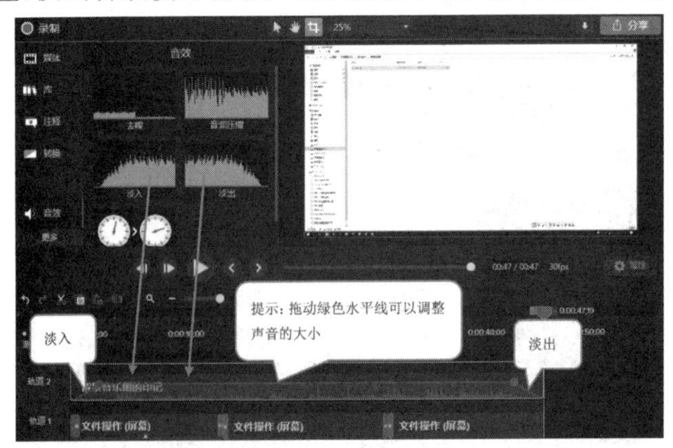

图 7.37　为背景音频块添加淡入和淡出音效

步骤 4　将游标移回起点,单击播放按钮预览播放效果。

任务 4　动画、视觉与行为效果

1. 任务目标

(1)理解动画关键帧的作用。

(2)掌握制作动画的通用方法。

(3)掌握运动、缩放、旋转、透明变化效果的设置方法。

(4)掌握视觉效果中“移除颜色”和“剪辑速度”工具的使用方法。

(5)掌握行为效果的制作方法。

2. 任务要求

(1)制作动画。

打开项目“动画. tscproj”,其中轨道 1 中已经存在一张图片“动物园地图”,轨道 2 中已经存在一张图片“游乐场”(以很小尺寸显示在屏幕右下角的位置)。利用“动画”工具为“动物园地图”和“游乐场”添加放大、平移、缩放等效果。

(2)视觉与行为效果。

打开项目“抠图. tscproj”,将“讲台”图片制成背景,将“绿色背景视频”(卡通人物)和“文字”图片制成前景,使用“移除颜色”工具去除“绿色背景视频”和“文字”图片的背景色,达到抠图效果,使用“剪辑速度”工具加速卡通人物的动作。

3. 任务步骤

●制作动画。

步骤 1　为“动物园地图”添加平移和放大动画效果,使得播放视频时,对地图的查看范围从初始状态平移到游乐场附近并放大显示。

(1)在左侧单击“动画”按钮 动画 ,打开“缩放与平移”面板,选择“动画”选项切换到“动画”面板,将“自定义”图标拖动到“动物园地图”媒体块中。拖动动画箭头起点和终点句柄,使得箭头起点大概在第 2 秒位置,箭头终点大概在第 6 秒位置,如图 7.38 所示。

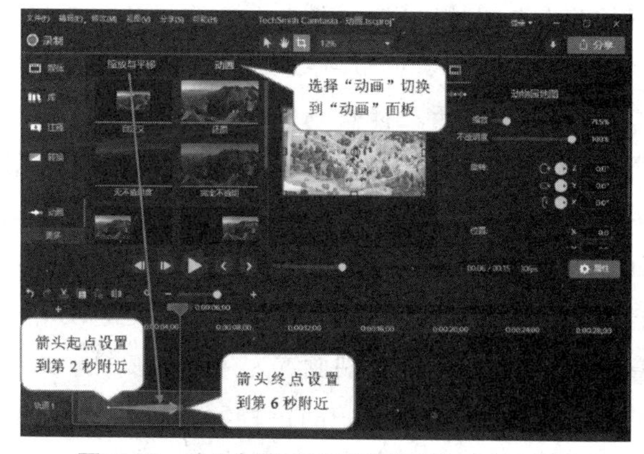

图 7.38　为“动物园地图”添加“自定义”动画

小提示

动画箭头代表着当前媒体块的一个动画，箭头起点和终点位置分别是动画开始和结束的时间点。可以右击动画箭头对动画进行“复制”“剪切”“删除”等操作。

(2)双击动画终点的红色句柄(末关键帧)，在右侧单击“属性”按钮，打开“属性”窗口，在“属性”窗口中将缩放参数设置为“100%”，在预览区中用鼠标拖动“动物园地图”进行平移，使“游乐场”显示在屏幕的中心稍微靠右下的位置(左上位置为后续显示“游乐场”图标预留空间)，如图 7.39 所示。

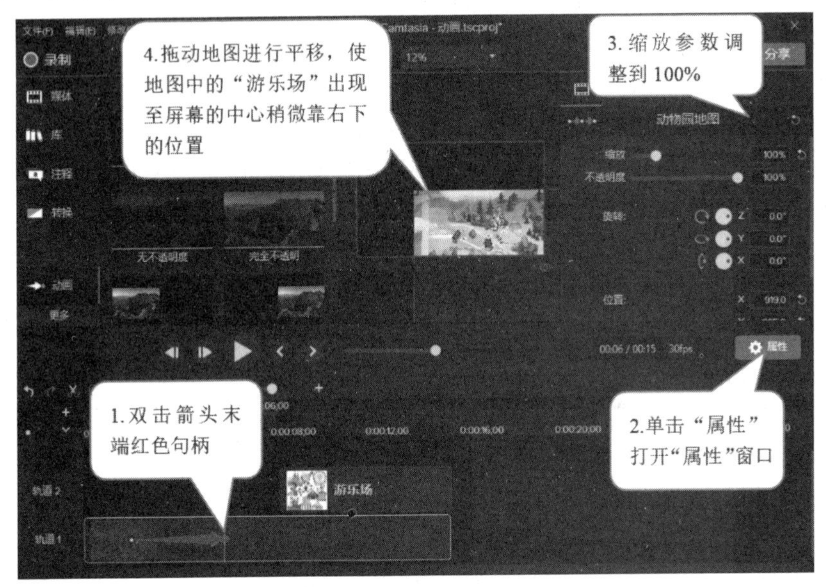

图 7.39　为“动物园地图”的终点关键帧设置图片状态

此时，将游标移动到起点进行播放预览，可以看到当播放到第 2 秒时，“动物园地图”会从开始状态(动画箭头起点关键帧的状态)平滑放大和平移至动画箭头终点关键帧的状态。

小知识

Camtasia 中的动画基于关键帧生成。在动画箭头中编辑关键帧处的媒体块状态后，播放时系统会自动地在相邻的两个关键帧之间，按照先后关键帧的状态切换媒体块的尺寸、位置、旋转角度、透明度等可视化属性，从而实现动画效果。动画箭头默认具有起点和终点两个关键帧，也可以在起点和终点之间添加若干关键帧。

步骤 2　为“游乐场”制作平移、放大、翻转动画效果，动画效果设置 3 个关键帧(起点关键帧、终点关键帧、中间关键帧)，使得“游乐场”经平移、放大、翻转之后显示在屏幕左上角位置。

(1)在“动画”面板中将“自定义”图标拖动至“游乐场”媒体块中，将动画箭头的起点和终点分别设置到“游乐场”媒体块的播放起点和终点。双击终点关键帧，在“属性”窗口中设置“缩放”参数为“93%”，位置中 X 与 Y 的坐标分别设置为“−260.0”和“90”，如图 7.40 所示。

(2)将游标移动到“游乐场”动画箭头的中间位置，在“属性”窗口中设置 Z 轴旋转参数为“360.0°”(此时在当前位置自动生成中间关键帧)，如图 7.41 所示。

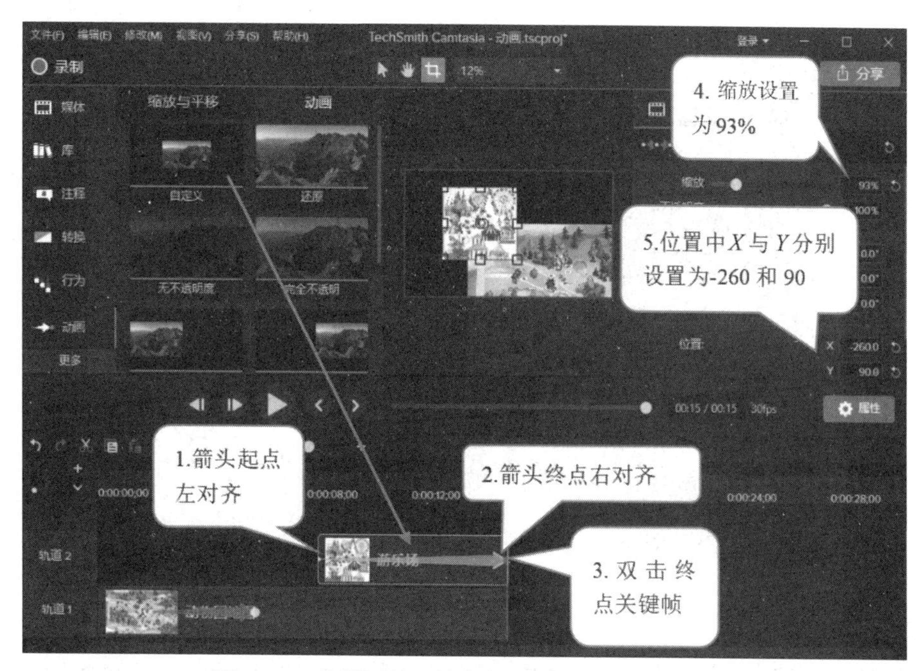

图 7.40　为“游乐场”的终点关键帧设置图片状态

图 7.41　为“游乐场”插入中间关键帧并设置对应图片状态

步骤 3　将游标移回起点，单击播放按钮预览播放效果。

●视觉与行为效果。

步骤 1　向轨道添加图片和视频并设置位置和大小。从“媒体箱”中分别将“讲台”“绿色背景视频”“文字”拖动到轨道 1，2，3 中。将“绿色背景视频”和“讲台”的位置和大小调整到如图 7.42 所示的状态，要求卡通人物下边框要与讲台桌子边缘重叠在一起(提示：选中卡通人物后，按方向键可以进行微调式平移)。

图 7.42 添加和设置对象位置和大小

步骤 2 利用“移除颜色”工具去除“文字”和“绿色背景视频”的背景色。

(1)从“视觉效果”面板中将“移除颜色”图标拖动至“文字”媒体块上。在“属性”窗口中单击颜色按钮并单击取色笔按钮，然后用取色笔单击“文字”的背景色，如图 7.43 所示。去除背景色后的“文字”效果如图 7.44 所示。

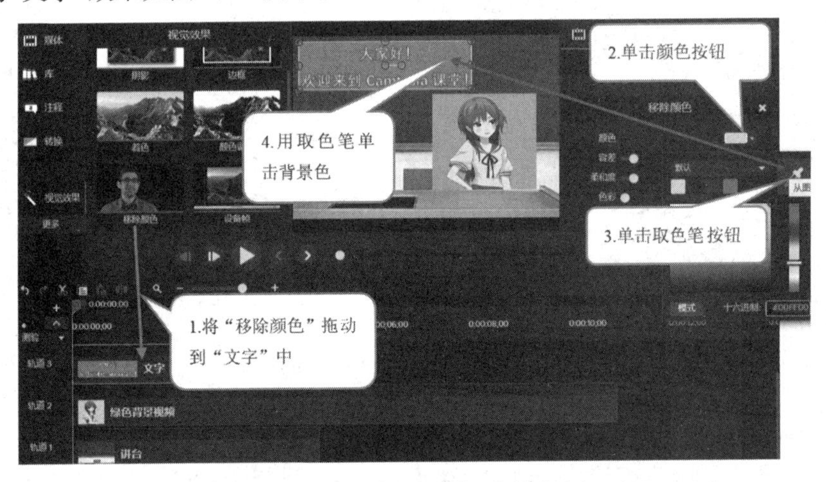

图 7.43 去除“文字”背景色

图 7.44 去除“文字”背景色后的效果

(2)将“移除颜色”图标拖动至“绿色背景视频”媒体块上，此时可见绿色背景已处于消除状态(默认去除绿色)，但绿色去除得不彻底。在“属性”窗口中调整“容差”等参数可以进一步去除绿色背景色，直到最佳的状态，这里将容差参数设置为 45%，如图 7.45 所示。

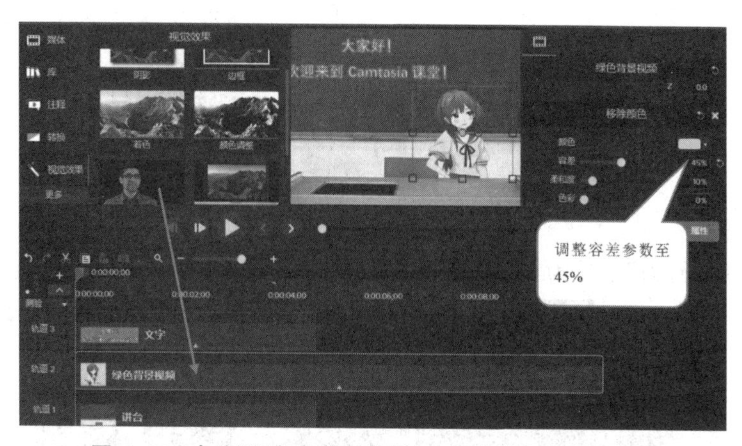

图 7.45　去除“绿色背景视频”的背景色并调整“容差”值

步骤 3　利用“剪辑速度”工具加速卡通人物的动作。

(1)从“视觉效果”面板中将“剪辑速度”图标拖动至“绿色背景视频”媒体块上。单击“绿色背景视频”中间的三角形按钮进入编辑状态，如图 7.46 所示。

图 7.46　为“绿色背景视频”添加“剪辑速度”

(2)向左拖动蓝色的“剪辑速度”控制条右端的时钟按钮，缩短“剪辑速度”控制条(见图 7.47)，将控制条长度拖动成与“讲台”相同的长度，如图 7.48 所示。这里需要说明的是，当提高剪辑速度时，播放时长会随之减小，因此“绿色背景视频”媒体块的长度同步随之缩短。

图 7.47　缩短“剪辑速度”蓝色控制条

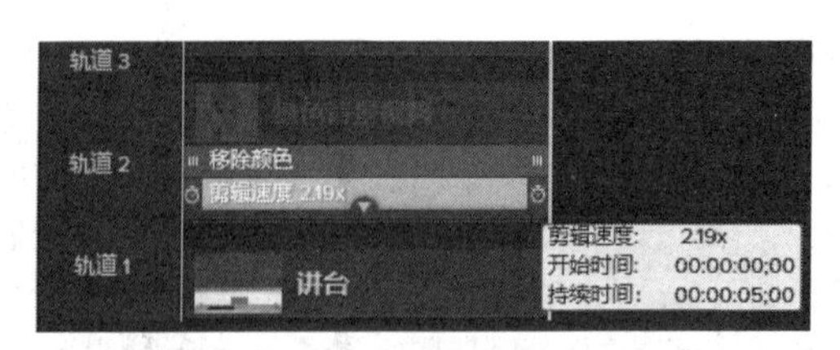

图 7.48 编辑剪辑速度结果

步骤 4 利用“行为”工具为“文字”图片添加“弹出”效果。

在左侧单击“行为”按钮 行为，打开“行为”面板，将“弹出”图标拖动至“文字”媒体块中，如图 7.49 所示。

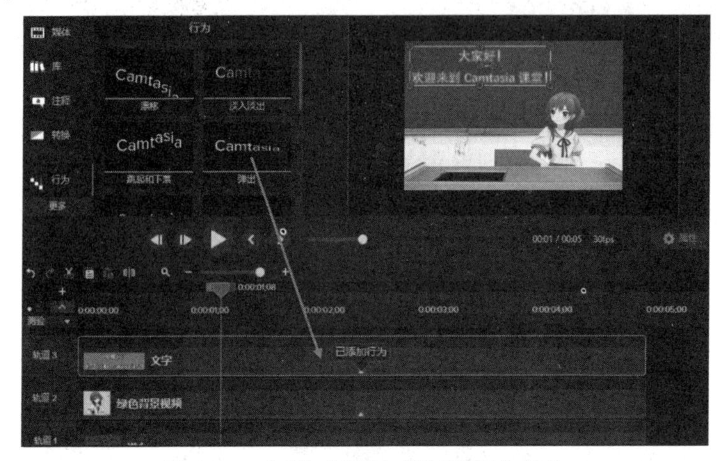

图 7.49 为“文字”添加“弹出”行为效果

步骤 5 将游标移回起点，单击播放按钮预览播放效果。

任务 5 制作旁白与生成视频

1. 任务目标

(1)掌握录制旁白的方法。

(2)掌握生成视频的方法。

(3)了解生成视频参数设置的方法。

2. 任务要求

打开项目“文件操作微课.tscproj”，为项目中的视频录制旁白。项目中已经存在与“文件操作录屏”对应的 4 句字幕，要求按照字幕文字阅读旁白，对旁白进行录制。为项目生成最终视频文件(mp4 格式)，要求生成的视频不显示“控制器生成”。

3. 任务步骤

步骤 1 根据字幕录制旁白。

(1)在左侧单击“旁白”按钮 旁白 ,打开“旁白”面板,将游标定位到开始位置,准备录制旁白,如图 7.50 所示。

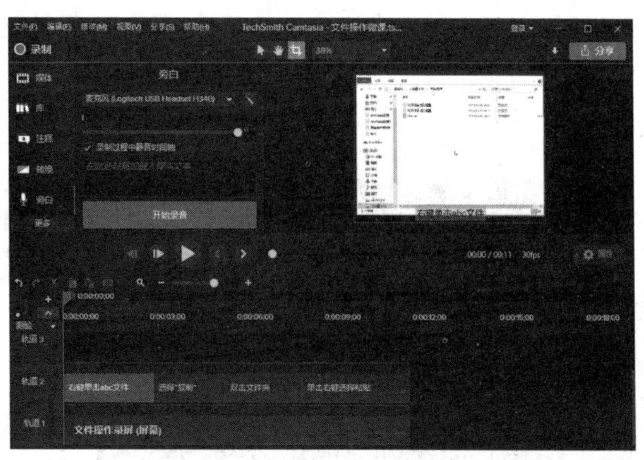

图 7.50　准备录制旁白

(2)单击“开始录音”按钮 开始录音 ,启动录制状态,利用麦克风,依照出现的字幕阅读旁白,阅读完毕时单击“停止”按钮 停止 ,停止录制,自动弹出“将旁白另存为”对话框,设置文件名为“旁白录音”并保存(默认保存在当前项目所在文件夹中,文件名为“旁白录音.m4a”),如图 7.51 所示。生成的旁白被自动插入“媒体箱”和轨道 3 中,如图 7.52 所示。

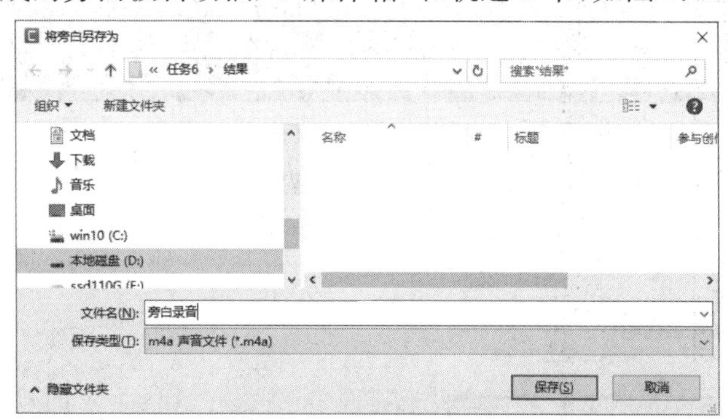

图 7.51　保存旁白文件

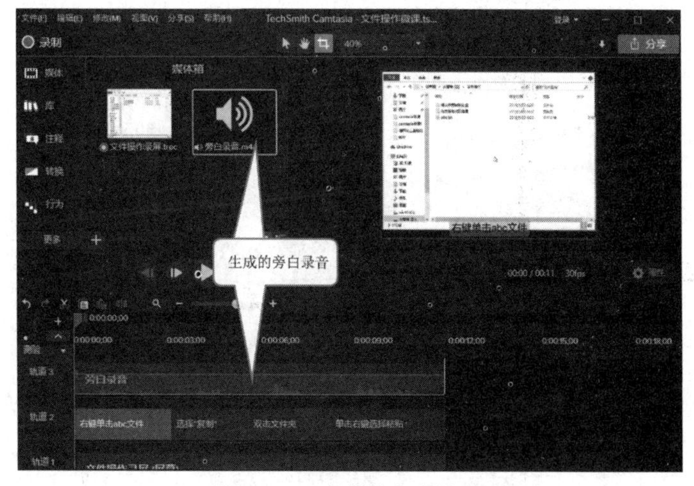

图 7.52　生成的旁白录音

录制旁白时，要注意旁白要与视频演示内容对应一致，可以分别录制（比如一次录一句），也可以整体录制。

步骤 2　为项目生成视频文件（mp4 格式）。

（1）在菜单中选择“分享→自定义生成→新自定义生成…”命令，如图 7.53 所示。

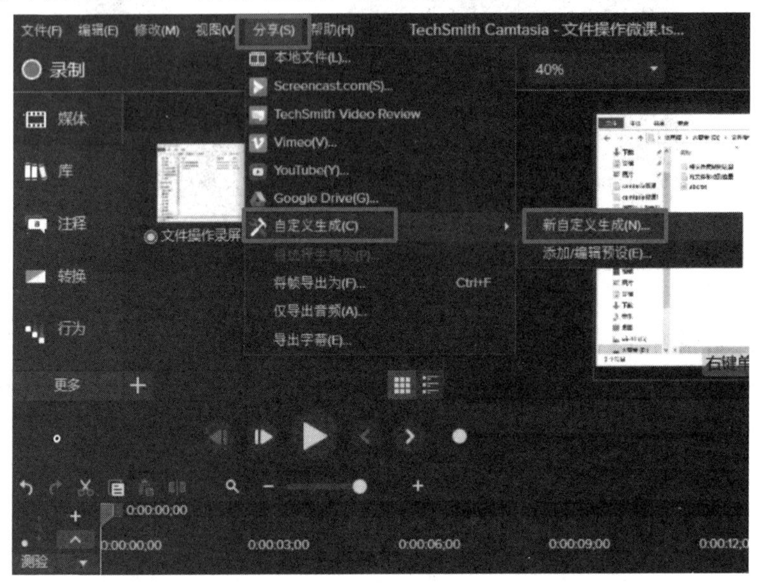

图 7.53　选择“新自定义生成…”命令

（2）选择“MP4 -智能播放器（HTML5）”文件类型，单击“下一步”按钮，如图 7.54 所示（如果看不见“下一步”按钮，也可以按 N 键执行“下一步”命令）。

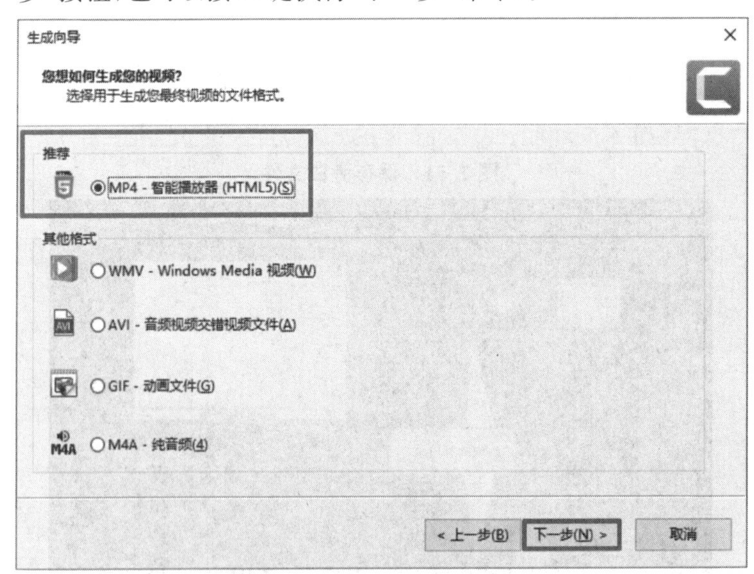

图 7.54　选择“文件类型”

（3）取消勾选“控制器生成”复选框，单击“下一步”按钮，如图 7.55 所示。

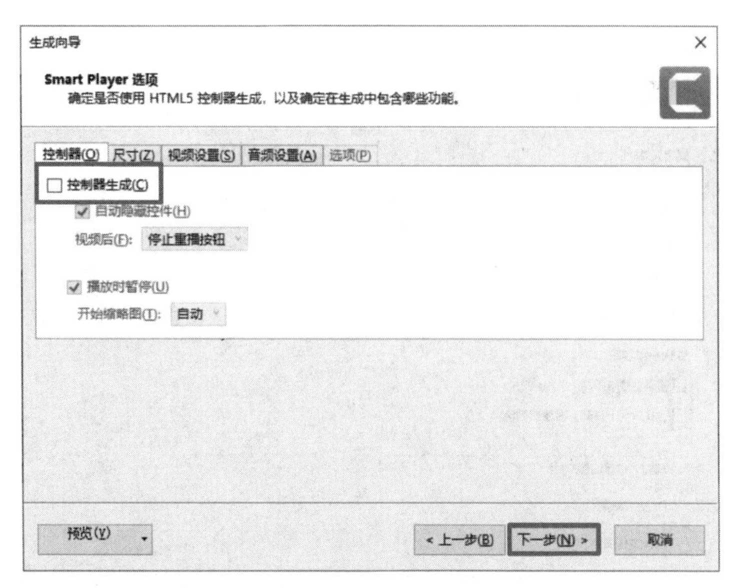

图 7.55　取消勾选“控制器生成”复选框

小提示

如果勾选“控制器生成”复选框，那么利用网页浏览器播放视频文件时，会在视频窗口下面显示播放控制工具条。

(4)取消勾选“包含水印”复选框，单击“下一步”按钮，如图 7.56 所示。

图 7.56　生成向导

(5)将“文件夹”设置为“D:\生成结果”(生成的视频文件将被保存在该文件夹中)，取消勾选下面 3 个复选框，单击“完成”按钮，如图 7.57 所示(如果看不见“完成”按钮，可以按回车键执行“完成”命令)。

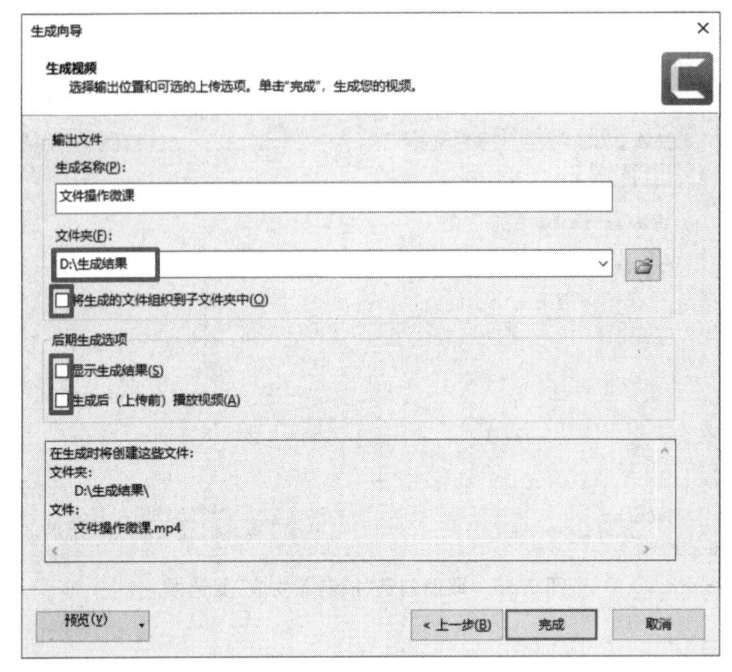

图 7.57　设置保存路径

(6)在 D 盘的"生成结果"文件夹中查看生成的视频文件，如图 7.58 所示。

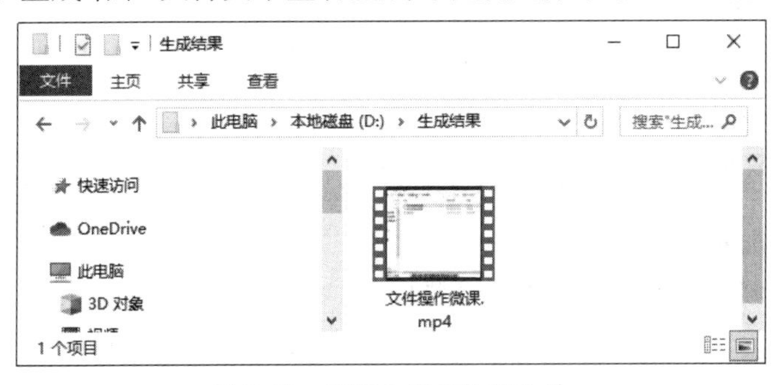

图 7.58　查看生成的视频文件

小知识

MP4 是一种通用的视频音频格式，是一套用于音频、视频信息的压缩编码标准，由国际标准化组织(ISO)和国际电工委员会(IEC)下属的"动态图像专家组"制定。

任务 6　微课设计与制作综合任务

1. 任务目标

(1)掌握微课综合设计方法。

(2)熟悉 Camtasia 多种工具的使用方法。

2. 任务要求

根据给定的题目、课件、字幕文本、音频等资源，制作一个简短的微课视频。设计过程采用先录制无语音视频再根据字幕插入配音的方法，通过录制、剪辑、字幕、录制旁白、插入音视频、视觉效果、注释、发布等多个 Camtasia 工具，对微课视频进行编辑和优化。

3. 任务步骤

步骤 1　课程准备。

(1)确定题目与讲解内容。

所选题目为高中生物的“有丝分裂”，主要讲解细胞有丝分裂的 4 个时期和分裂过程。

(2)准备课件与字幕(旁白文本)。

课件包含 7 张幻灯片，如图 7.59 所示。每张幻灯片的演示时间(录制时间)、字幕文本如表 7.1 所示。

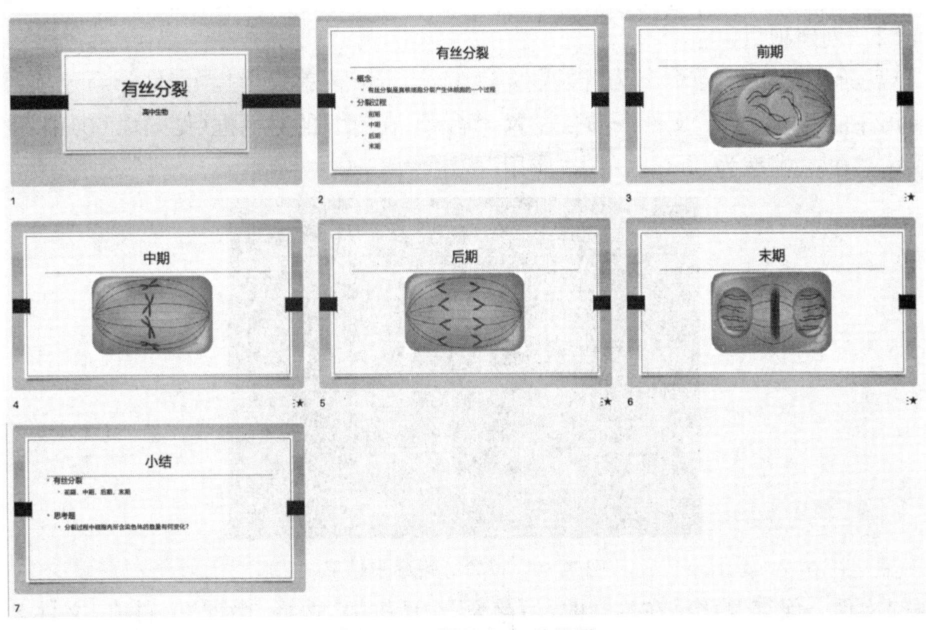

图 7.59　课件幻灯片预览

表 7.1　幻灯片演示时间与字幕文本

页码	演示时间	字幕文本
1	约 10 秒	同学们好，这节课学习有丝分裂
2	约 10 秒	有丝分裂是真核细胞分裂产生体细胞的一个过程， 其分裂过程包含前、中、后、末 4 个时期
3	约 10 秒	在分裂前期，细胞内的核膜、核仁消失， 出现纺锤体和染色体，染色体散乱分布
4	约 10 秒	在分裂中期，纺锤丝牵引染色体运动， 使每条染色体的着丝粒排列在细胞中央的一个平面上

续表

页码	演示时间	字幕文本
5	约 10 秒	在分裂后期，着丝粒分裂， 姐妹染色单体分开成为两条子染色体， 由纺锤丝牵引平均分配到两极
6	约 13 秒	在分裂末期，染色体变成染色质丝， 纺锤体消失，出现新的核膜、核仁， 中间出现细胞板，细胞板形成细胞壁后则完成有丝分裂
7	约 20 秒	课程小结。 这节课我们学习了细胞的有丝分裂过程， 包含前、中、后、末 4 个时期。 课后思考题：分裂过程中细胞内所含染色体的数量有何变化？ 本节课就上到这里，谢谢观看

步骤 2　创建项目。

在 D 盘新建文件夹，重命名为"微课"。在 Camtasia 菜单中选择"文件→新建项目"命令，创建新的空白项目。选择"文件→项目设置…"命令，在打开的对话框（见图 7.60）中，设置分辨率为 1920×1080，帧率为 30 fps，单击"应用"按钮。

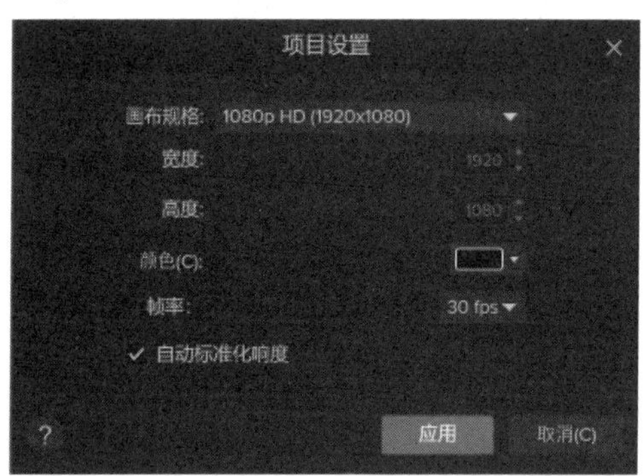

图 7.60　设置分辨率与帧率

选择"文件→保存"命令，在打开的"另存为"对话框中，选择"微课"文件夹，文件名设置为"有丝分裂微课"，单击"保存"按钮，如图 7.61 所示。

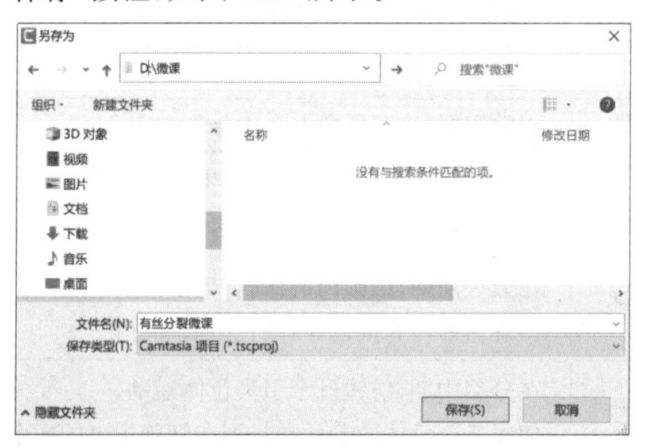

图 7.61　保存项目

步骤 3 录制课件幻灯片的放映。

(1)单独录制并剪辑第一张幻灯片。

打开素材文件夹中的“有丝分裂课件. pptx”文件,选中第一张幻灯片。在 Camtasia 中单击“录制”按钮,在录屏设置窗口中,设置录制区域为“全屏”,关闭相机,关闭音频,如图 7. 62 所示。

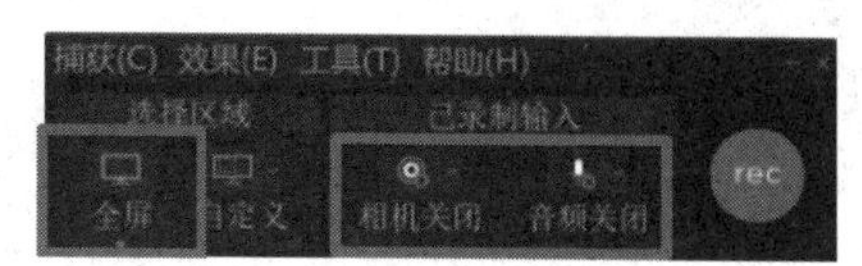

图 7. 62 设置录制参数

单击“rec”按钮进入录制状态,全屏放映第一张幻灯片,放映 10 秒(从单击“从头开始”按钮开始计时)后按 F10 键停止录制,录制的视频自动添加到“媒体箱”和“轨道 1”中,如图 7. 63 所示。

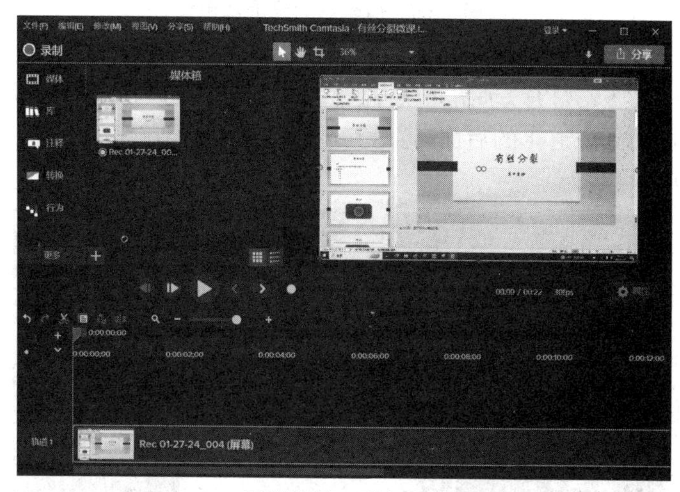

图 7. 63 录制的第一张幻灯片演示视频

将游标定位到幻灯片开始播放的位置,单击分割按钮,右击前面的片段,选择“删除”命令,去掉前面无用的片段,如图 7. 64 所示。利用相同的方法去掉尾部无用的片段,这里要保证剩余的有效片段时长大约为 10 秒,如图 7. 65 所示。

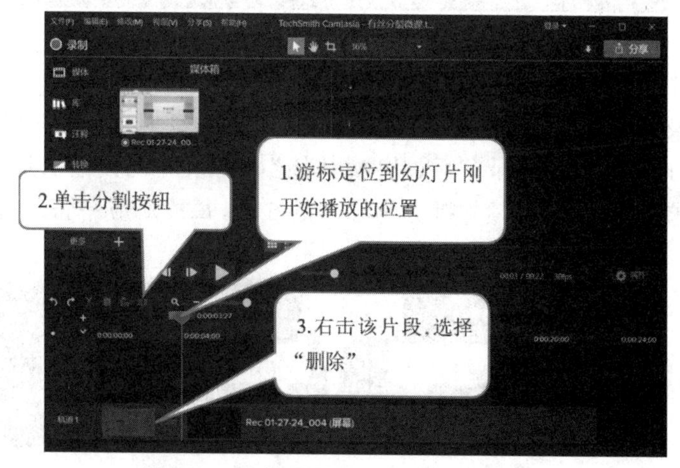

图 7. 64 去掉录屏视频前面无用的片段

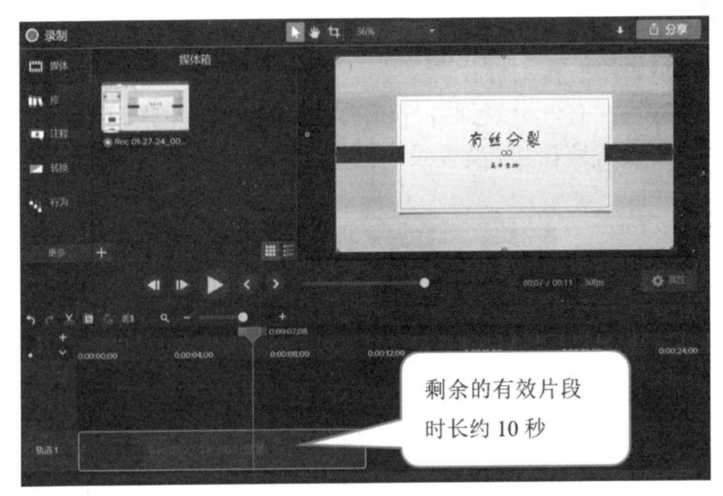

图 7.65　剪辑后的录屏视频

(2)单独录制并剪辑第二张幻灯片。

类似地,录制第二张幻灯片,录制完成后,第二张幻灯片的录屏视频自动添加到“媒体箱”中,将该录屏视频拖动到轨道1的后面,再对其进行剪辑(去掉首尾无用片段后保留10秒左右时长),如图7.66所示。

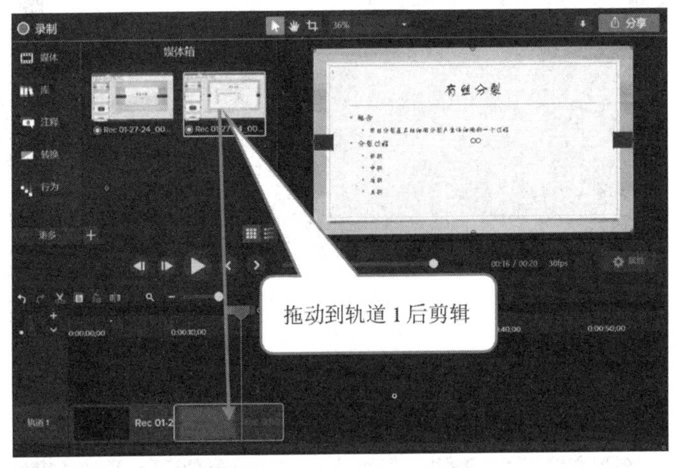

图 7.66　录制第二张幻灯片并拖动到轨道1进行剪辑

(3)录制剩余的5张幻灯片并进行剪辑。

连续放映并录制剩余所有幻灯片(第3,4,5,6,7张),放映时,每张幻灯片的放映时长不短于表7.1中要求的时长。完成录制后,从“媒体箱”中将录屏视频拖动到轨道1的后面,按表7.1的时长要求,剪辑录屏视频并拆分为独立的5段,每段对应一张幻灯片。剪辑结果如图7.67所示。

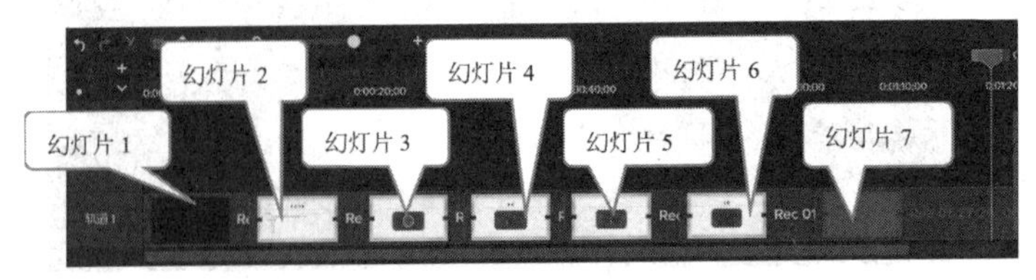

图 7.67　录制与剪辑后的7段录屏视频

步骤4　添加字幕。

将游标定位到第一个录屏视频的中间位置，单击左侧的“字幕”按钮，单击“添加字幕”按钮，输入字幕文本“同学们好，这节课学习有丝分裂”，添加的字幕块在轨道2上，如图7.68所示。

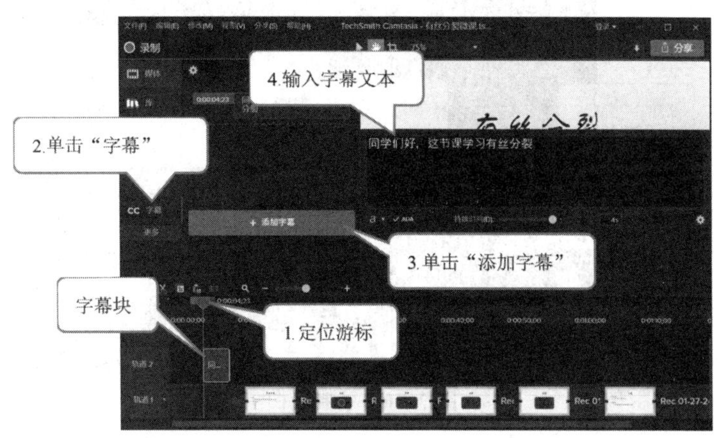

图7.68　对第一个录屏视频添加字幕

模仿以上方法继续为剩余的6个录屏视频添加字幕，字幕文本内容参见表7.1，添加结果如图7.69所示。

图7.69　字幕添加结果

小提示

①添加字幕后，需要通过调整字幕块的位置（开始时间）和长短（时长），以保证字幕与微课视频的内容同步。

②当字幕内容较多时，为避免字幕多行显示，建议将字幕文本拆分为多个句子，为每个句子单独创建一条字幕。

步骤5　插入配音。

下面有两种插入配音的方法，可选择其中一种进行操作。

（1）通过麦克风录制旁白插入真人配音。

将游标定位到第一个字幕块前面的位置，单击左侧的“旁白”按钮，单击“开始录制”按钮，当预览区出现字幕时，利用麦克风阅读字幕文字内容，如图7.70所示。阅读完毕后，单击“停止”按钮，在打开的对话框中设置保存位置为“D:\微课”，文件名采用默认名称，单击“保存”按钮，如图 7.71 所示。保存的旁白可在轨道 3 中查看，如图 7.72 所示。

类似地，继续根据字幕录制并保存后续的旁白。

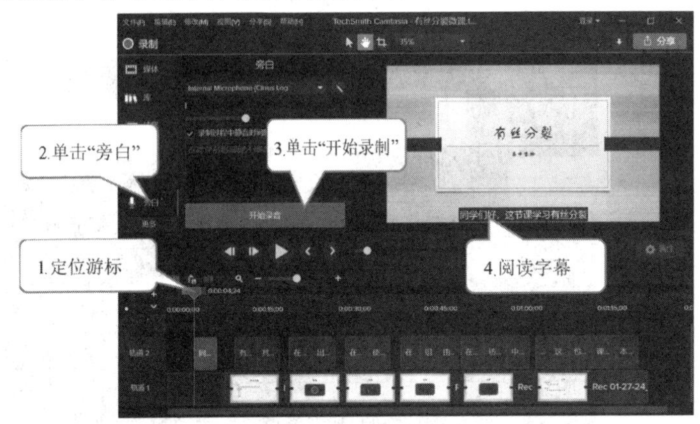

图 7.70　录制旁白

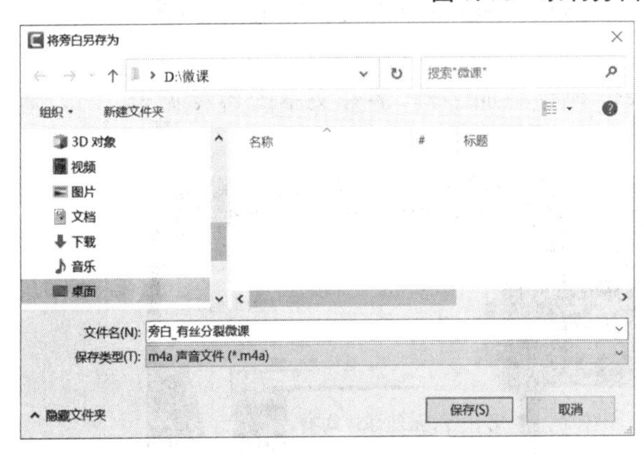

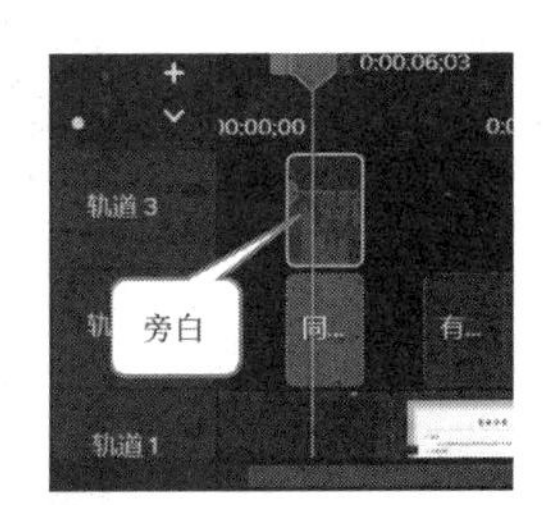

图 7.71　保存旁白　　　　图 7.72　轨道 3 中的旁白

(2)通过导入语音文件插入机器人配音。

本任务的机器人配音文件已经在素材文件夹中给出，这里直接导入。

在左侧工具栏中，选择“媒体→+→导入媒体...”命令，在打开的对话框中选中全部 7 个语音文件，单击“打开”按钮，将这些文件导入到“媒体箱”，如图 7.73 所示。

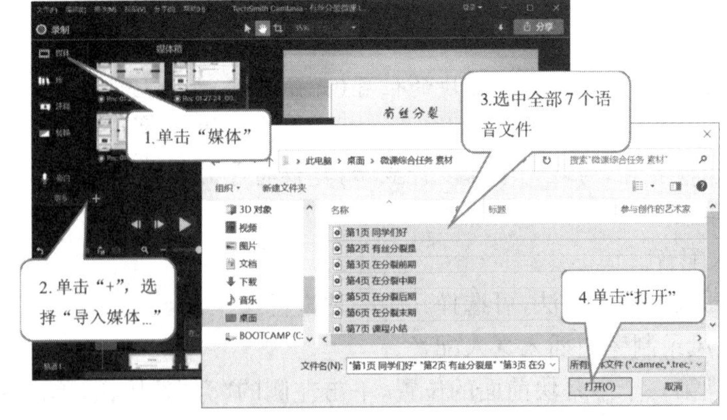

图 7.73　导入语音文件

从“媒体箱”中，分别将 7 个语音依次拖动到轨道 3 中，在轨道 3 中调整每个语音块的位置，以使语音块尽量与轨道 2 中的字幕同步对齐，如图 7.74 所示。

图 7.74　拖动 7 个语音添加到轨道 3

小提示

如须重新生成机器人配音文件，则可以根据表 7.1 中的字幕文本内容，利用机器人语音生成工具生成。机器人语音生成工具可自行搜索并安装使用。

步骤 6　人物视频抠像。

选择“媒体→+→导入媒体…”命令，在打开的对话框(见图 7.75)中双击“绿色背景人物视频”文件，将其添加到“媒体箱”中。

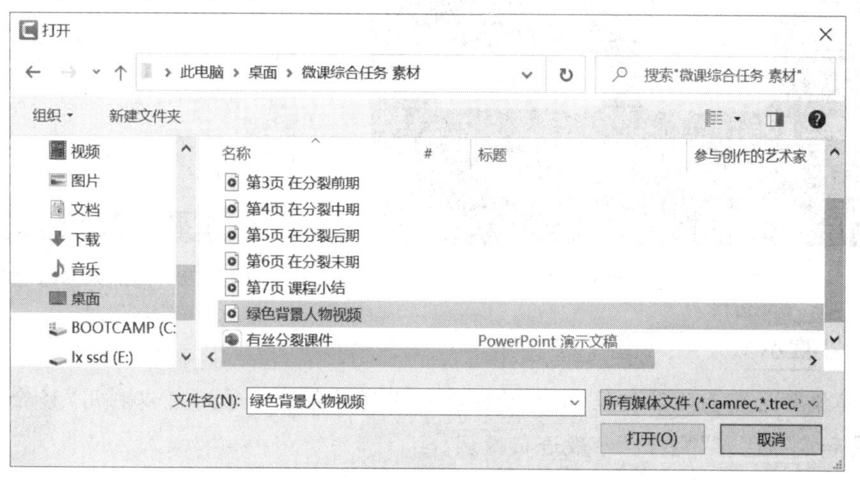

图 7.75　打开“绿色背景人物视频”

从“媒体箱”中将“绿色背景人物视频”文件拖动到轨道 4 中，在轨道 4 调整该视频块的位置和时长，使其与轨道 3 中的第一页字幕同步对齐。将游标移动到该视频出现的位置，在预览区适当调整人物视频画面的位置和大小，如图 7.76 所示。

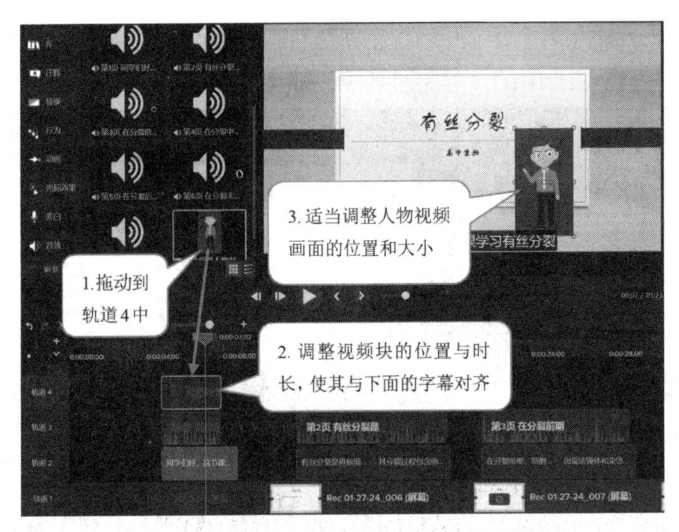

图 7.76 向轨道 4 添加“绿色背景人物视频”

单击左侧的“视觉效果”按钮，将“视觉效果”面板中的“移除颜色”图标拖动到轨道 4 的绿色背景人物视频块上，在右侧的“属性”窗口中，单击“移除颜色”面板中的颜色按钮，再单击取色笔按钮(见图 7.77)，用取色笔单击人物视频的绿色背景，即可删除绿色背景，删除背景效果如图 7.78 所示。

图 7.77 移除颜色

图 7.78 删除人物绿色背景效果

小提示

如果移除背景颜色效果欠佳(如人物轮廓四周有绿色边框等)，可以利用“移除颜色”中的“容差”“柔和度”“色彩”“去边”参数进行微调。

步骤 7 添加背景音乐。

本任务只为第一张幻灯片视频添加背景音乐。

将“背景音乐”文件添加到“媒体箱”中(见图 7.79)，从“媒体箱”中将“背景音乐”文件拖动到轨道 5 中，在轨道 5 中调整“背景音乐”块的位置和时长，使其与轨道 1 中的第一张幻灯片视频同步对齐，如图 7.80 所示。

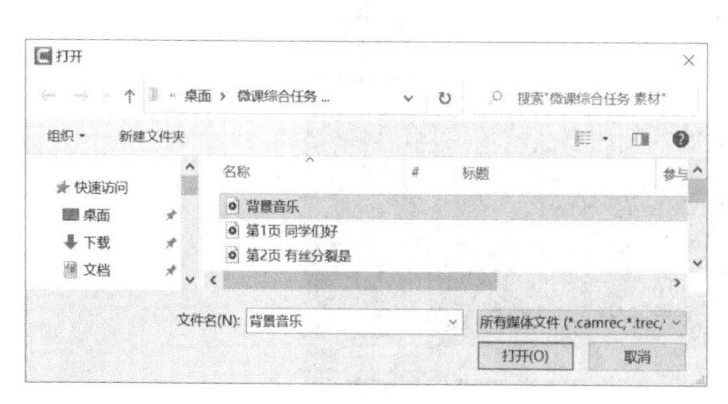

图 7.79 导入背景音乐

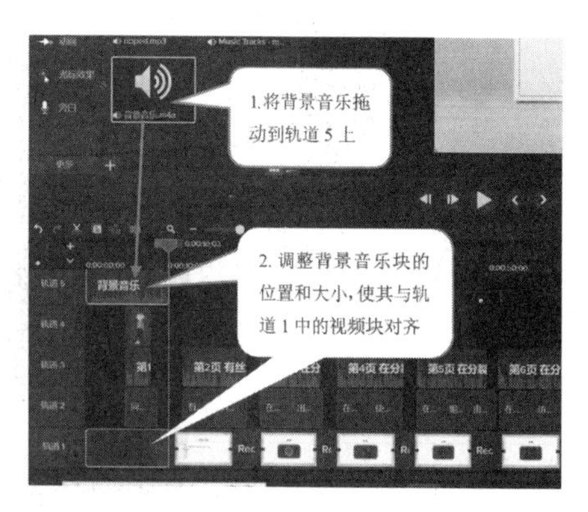

图 7.80 轨道 5 中插入背景音乐

小提示

可以将工具栏“音效”面板中的“淡入”和“淡出”图标拖动到轨道 5 的背景音乐块上,为音乐添加淡入与淡出效果。

步骤 8 添加注释。

本步骤利用“注释”工具对第二张幻灯片视频中的“前期”“中期”“后期”“末期”4 行文字进行强调。

单击左侧的“注释”按钮,在“注释”面板中,单击草图运动按钮,在“草图运动”面板中,将方框图标拖动到第二张幻灯片视频上方的轨道 4 中,在轨道 4 中调整注释块的位置使其与下面的字幕块右对齐,调整其时长为 3 秒,将游标移动到预览区可见注释块的位置,在预览区调整红色注释框的位置和大小,使其包围视频画面中的 4 行时期名称,如图 7.81 所示。

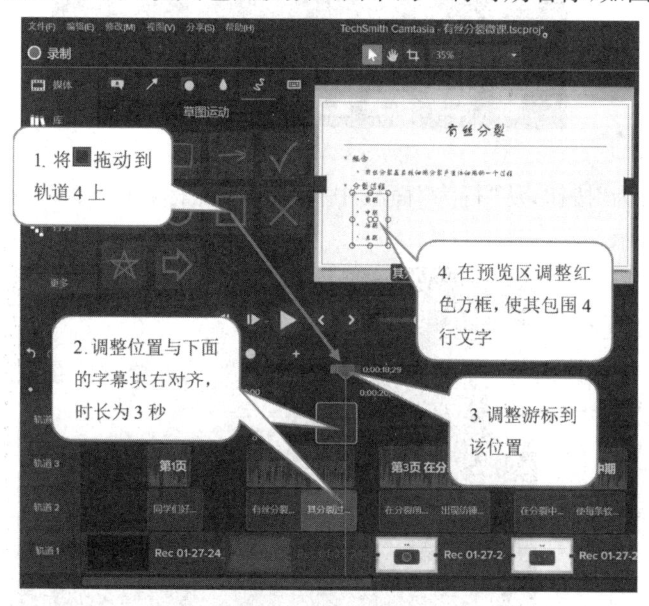

图 7.81 添加注释

步骤 9 添加转场效果。

单击左侧的“转换”按钮,从“转换”面板中将某转换图标(如“折叠”)拖动到轨道 1 中每两个录屏视频的衔接处,如图 7.82 所示。

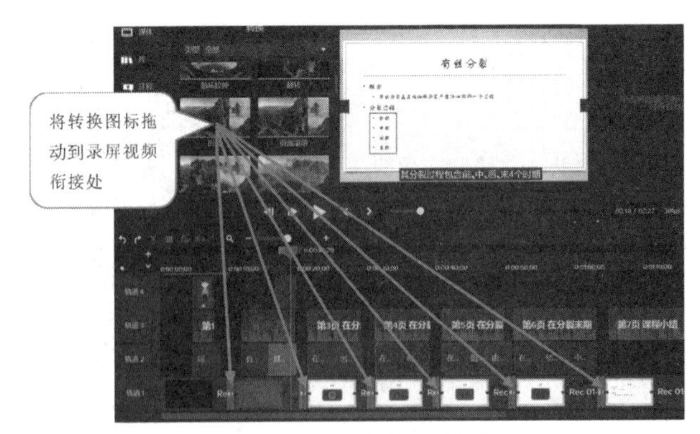

图 7.82　添加转场效果

步骤 10　添加图片并设置行为效果。

将“谢谢观看图片”文件添加到“媒体箱”中，从“媒体箱”中将此图片拖动到轨道 4 后面，在轨道 4 中调整图片的位置使其与第 7 张幻灯片录屏视频右对齐，调整图片时长为 4 秒，在预览区适当调整图片的位置和大小，如图 7.83 所示。

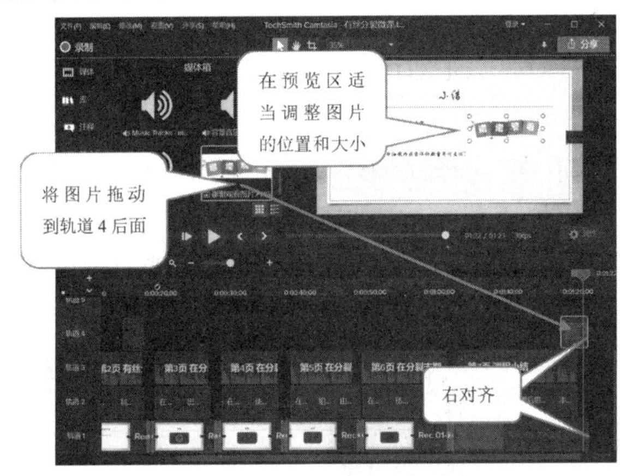

图 7.83　插入图片

单击左侧的“行为”按钮，从“行为”面板中将某行为图标（如“漂移”）拖动到“谢谢观看图片”上，如图 7.84 所示。

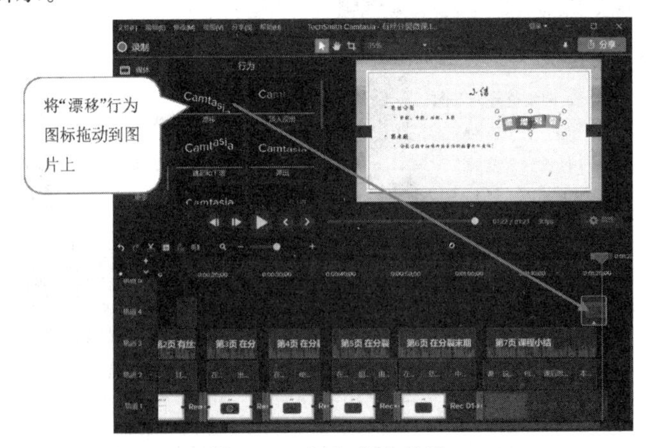

图 7.84　添加行为效果

步骤 11　发布生成视频（mp4 格式）。

在菜单中,选择“分享→本地文件...”命令,打开“生成向导”对话框,如图 7.85 所示。

图 7.85　打开“生成向导”对话框

在“生成向导”第一页(见图 7.86)中选择“自定义生成设置”选项,单击“下一页”按钮;在第二页(见图 7.87)中选择“MP4 -智能播放器(HTML5)”选项,单击“下一页”按钮;在第三页(见图 7.88)中取消勾选“控制器生成”复选框,单击“下一页”按钮;在第四页(见图 7.89)中直接单击“下一页”按钮;在第五页(见图 7.90)(生成向导末页)中设置文件名为“有丝分裂微课”,设置保存位置为“D:\微课”,单击“完成”按钮开始渲染视频(见图 7.91),当进度条到达 100%时,完成视频的生成。

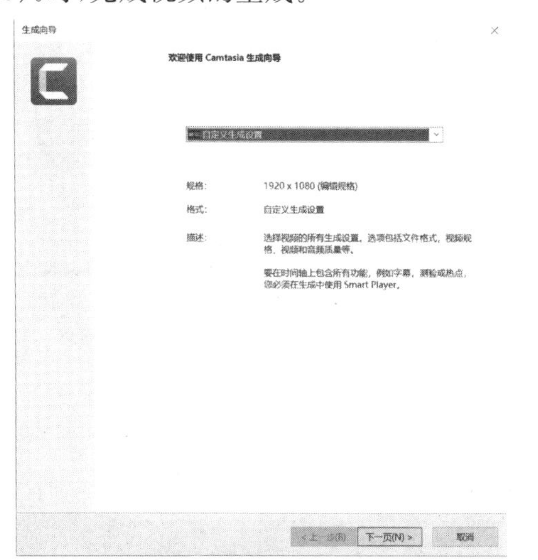

图 7.86　“生成向导”第一页

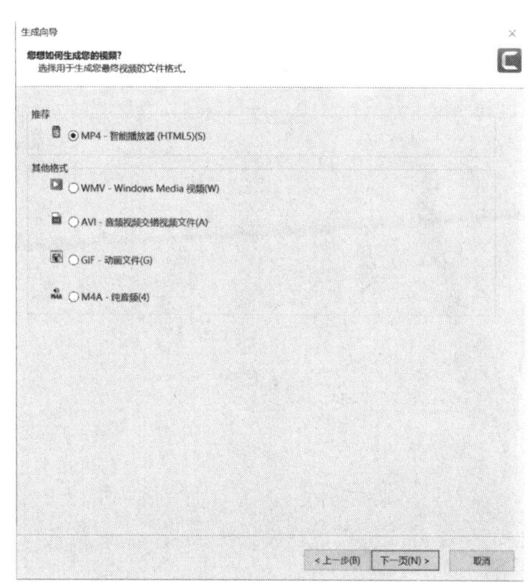

图 7.87　“生成向导”第二页

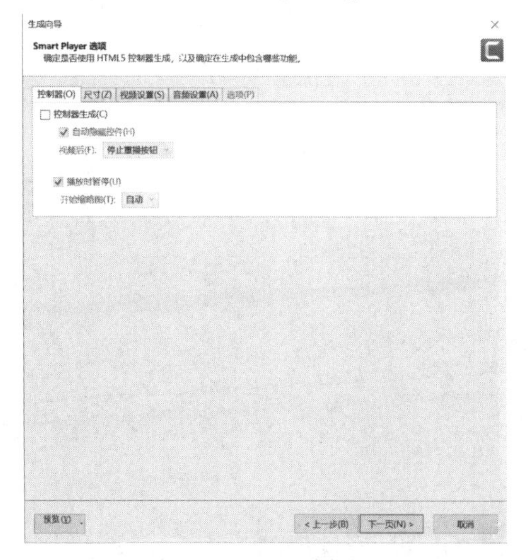

图 7.88　“生成向导”第三页

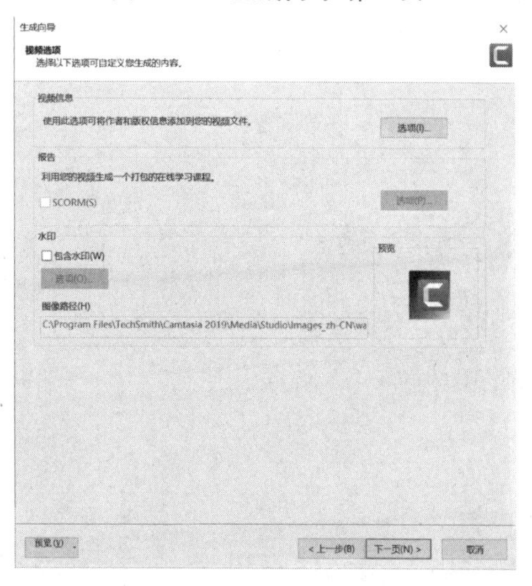

图 7.89　“生成向导”第四页

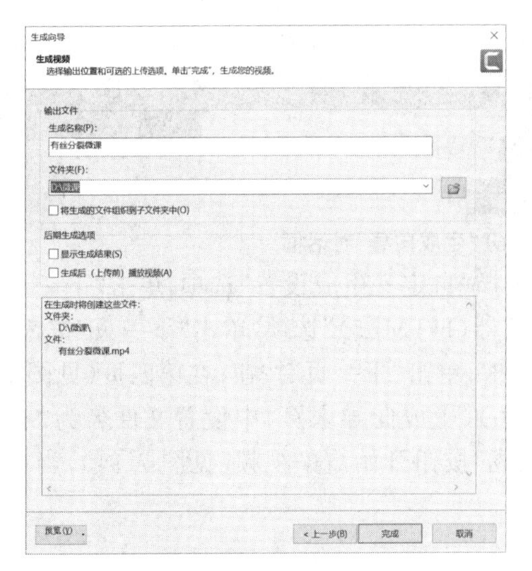

图 7.90 “生成向导”第五页

图 7.91 渲染视频

★技能拓展

AI数字媒体设计与制作

拓展一　AI 内容创作模型

1. 百度文心一言

文心一言由文心大模型驱动，具备理解、生成、逻辑、记忆 4 大基础能力，能够帮助用户轻松完成各类复杂任务。理解能力包括理解潜台词、复杂句式、专业术语等；生成能力可以快速生成文本、代码、图片、图表、视频等；逻辑能力指能够解决复杂的逻辑难题、困难的数学计算、重要的职业/生活决策等；记忆能力可以在多轮对话过后，记忆对话重点，解决复杂问题。

文心一言是通过“新建对话”开始生成内容的。对话以指令词的形式展开，指令词的基本格式如下：

指令词 ＝ 根据（参考信息）＋完成（动作）＋达成（目标）＋满足（要求）。

参考信息：包含文心一言完成任务时需要参考的一切背景和材料，如报告、知识、数据库、对话上下文等。

动作：需要文心一言帮助解决的事情，如撰写、生成、总结、回答等。

目标：需要文心一言生成的目标内容，如答案、方案、文本、图片、视频、图表等。

要求：需要文心一言遵循的任务细节要求，如按××格式输出、按××语言风格撰写等。

指令词中的动作和目标是必需的选项。例如，生成一份介绍中国古代建筑典型样式的视频脚本，如图 1 所示。

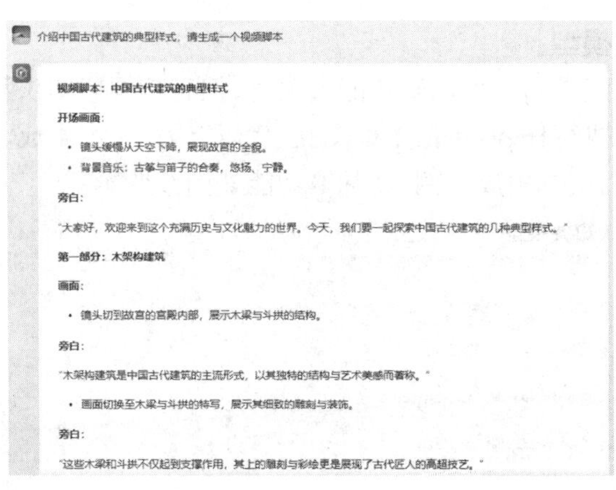

图 1　百度文心一言——文本生成功能

2. 腾讯混元助手

腾讯混元助手是由腾讯研发的大语言模型的平台产品，具备跨领域知识和自然语言理解能力，能通过人机自然语言对话的方式，理解用户指令并执行任务，帮助用户获取信息、知识和灵感。腾讯混元助手可以提供多种任务执行能力，包括但不限于以下几种。

(1)聊天互动：与它进行聊天互动，它可以根据需求做出回应。

(2)回答问题：它可以回答用户关于历史、科学、文学、技术、体育等各种领域的问题。

(3)编写文章：它可以为用户撰写文章、报告、邮件等。

(4)推荐建议：根据用户的兴趣和需求，它可以为出行、购物、用餐等提供建议。

(5)语言翻译：它可以进行多种语言之间的翻译。

例如，生成一份主题为“中国古代建筑中的数学要素和作用”的 PPT(PowerPoint)大纲，如图 2 所示。

图 2　腾讯混元助手——文本生成功能

3. 讯飞星火认知大模型

讯飞星火认知大模型是新一代认知智能大模型，拥有跨领域知识和语言理解能力，能够基于自然对话方式理解与执行任务，包括多模交互、代码能力、文本生成、数学能力、语言理解、知识问答、逻辑推理等。以文本生成为例，其基本功能如图 3 所示。

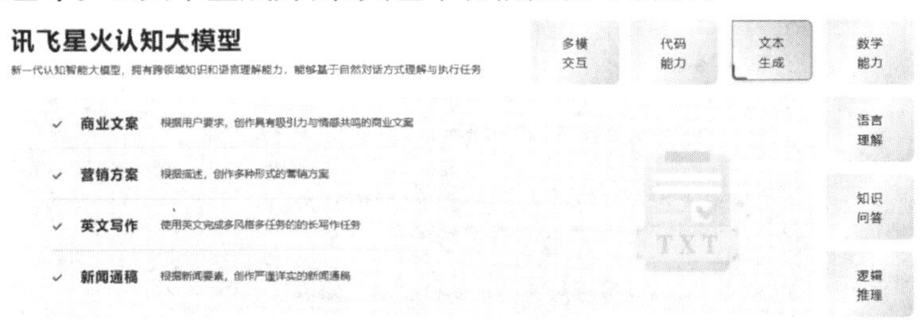

图 3　讯飞星火认知大模型——文本生成功能

拓展二　AI 图片创作

1. 图片生成

(1)利用百度文心一格生成图片。

①自主生成图片。

选择“推荐”方式后，在文本框中输入提示词，描述图片的风格、色彩、形状、细节、纹理等特征，再选择画面类型，设置生成图片的比例、数量等参数，如图 4 所示。单击“立即生成”按钮，就可以等待图片的生成了。

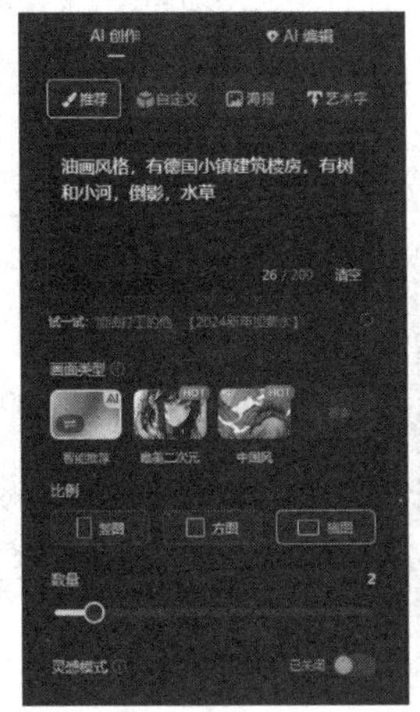

图 4　文心一格——自主生成图片

②以图生图。

选择“自定义”方式后，在文本框中输入提示词，描述图片的风格、色彩、形状、细节、纹理等特征，再选择“AI 画师”，上传参考图，设置影响比重的参数(数值越大，参考图的影响越大)，进一步设置生成图片的尺寸、数量等参数，如图 5 所示。单击“立即生成”按钮，就可以等待图片的生成了。

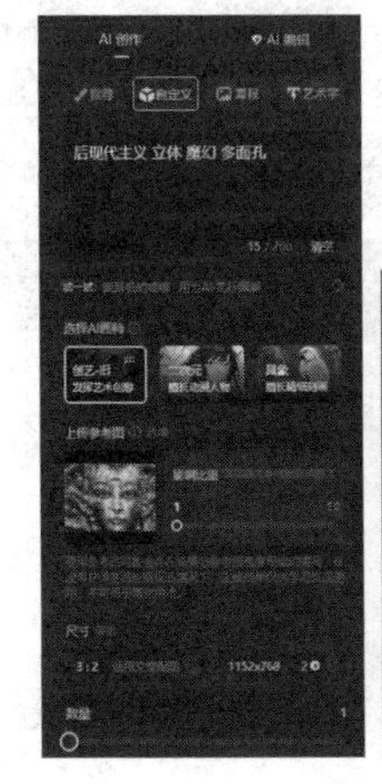

图 5　文心一格——以图生图

(2)利用腾讯智影生成图片

与百度文心一格生成图片的原理相似，在腾讯智影“AI 绘画”功能中，选择“通用绘图”选项，输入图片描绘的提示词，设置模型主题，设置画面比例、生成图片数量等参数，也可以由底图生图，如图 6 所示。与百度文心一格差异较大的有以下几个方面。

①腾讯智影可以设置画面中不要出现的内容，即负向描述词，如图 7 所示。

②腾讯智影可以进行效果预设，选择光照效果、视角、镜头类型等，如图 7 所示。

图 6　腾讯智影——通用绘图

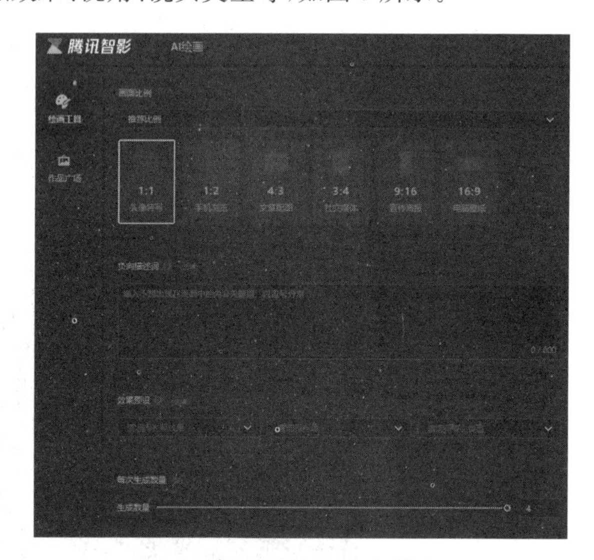

图 7　腾讯智影——负向描述词

③由底图生图时，腾讯智影可以配置图片控制的控图方式，如姿势控图、线稿控图、以图控图等，如图 8 所示。

图 8　腾讯智影——图片控图方式

2. 图片编辑

(1)利用百度文心一格编辑图片。

AI 编辑图片的主要功能包括图片扩展、涂抹消除、涂抹编辑、图片叠加、提升清晰度，如图 9 到图 13 所示。

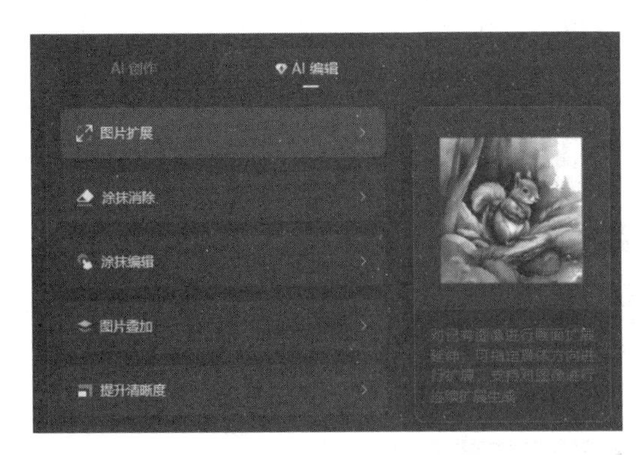

图 9　文心一格——图片扩展

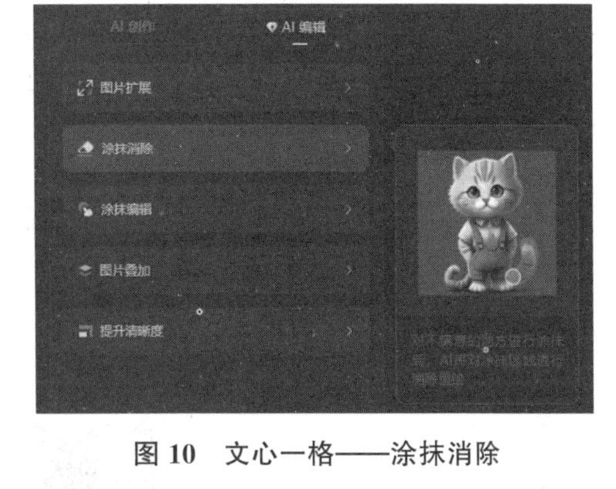

图 10　文心一格——涂抹消除

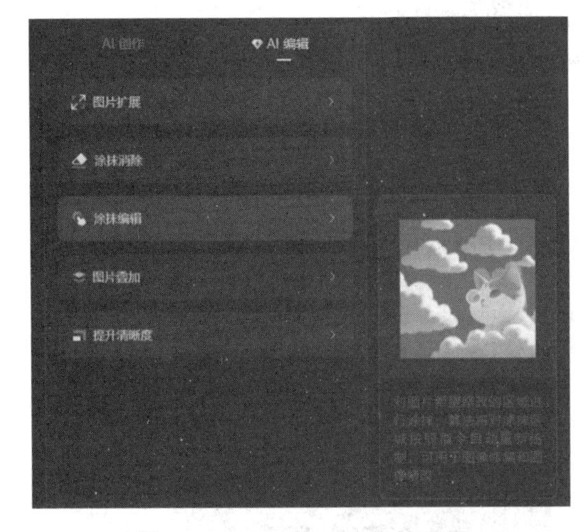

图 11　文心一格——涂抹编辑

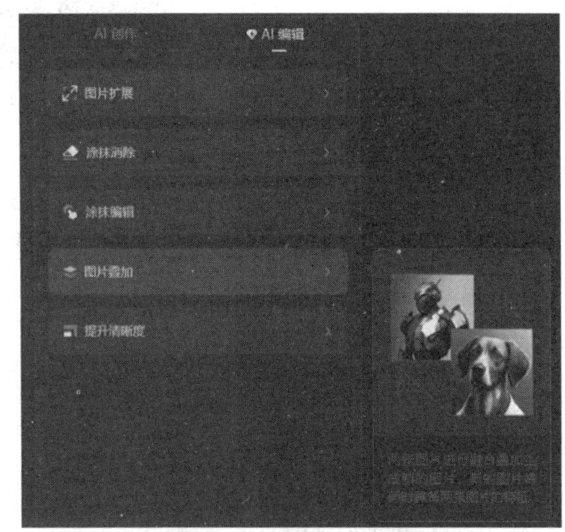

图 12　文心一格——图片叠加

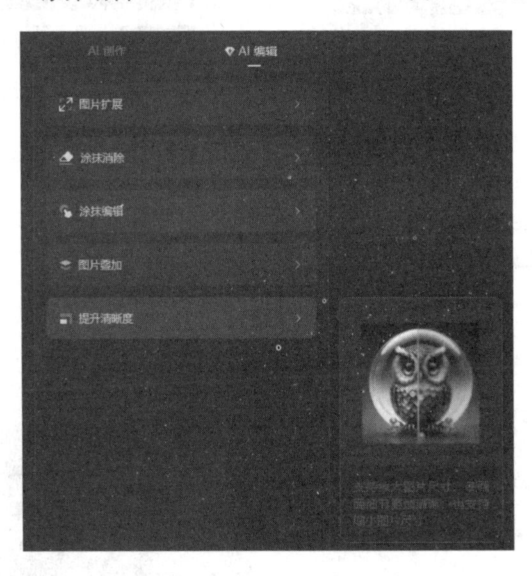

图 13　文心一格——提升清晰度

(2)利用腾讯智影编辑图片。

腾讯智影提供了图像擦除功能,如图 14 所示。

图 14　腾讯智影——图像擦除

(3)利用腾讯 ARC 编辑图片。

腾讯 ARC 是一个免费的 AI 实验项目，提供人像修复功能，可以帮助用户处理模糊的照片，也可以增强动漫照片的线条感等，分别如图 15 和图 16 所示。

图 15　腾讯 ARC——提升清晰度

图 16　腾讯 ARC——提升线条感

3. 图片抠像

(1)利用腾讯智影抠像。

腾讯智影提供了智能抠像功能，如图 17 所示。

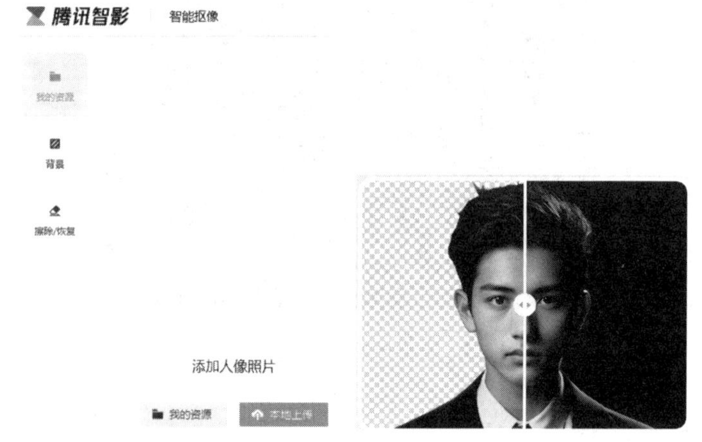

图 17　腾讯智影——智能抠像

(2)利用腾讯 ARC 人物抠像。

腾讯 ARC 提供了人像抠像的功能,如图 18 所示。

图 18　腾讯 ARC——人像抠像

拓展三　AI 视频创作

腾讯智影还是一款云端智能视频创作工具,它无须下载,通过浏览器直接访问。作为一款智能视频创作工具,智影结合强大的 AI 创作能力,提供包括视频剪辑、素材库、文本配音、数字人播报、字幕识别、文章生成视频、智能去水印、智能横屏转竖屏等功能,帮助用户更好地进行视频化的表达。

1. 文章生成视频(含配音字幕)

(1)创作文章/修改文章。

首先输入内容主题,例如小说《简·爱》主人公简·爱的形象塑造和思想阐述,包括人生价值观、爱情观等。单击"AI 创作"按钮后,生成一篇文章,如图 19 所示。还可以根据需要进行扩写或缩写,以及进一步润色等。

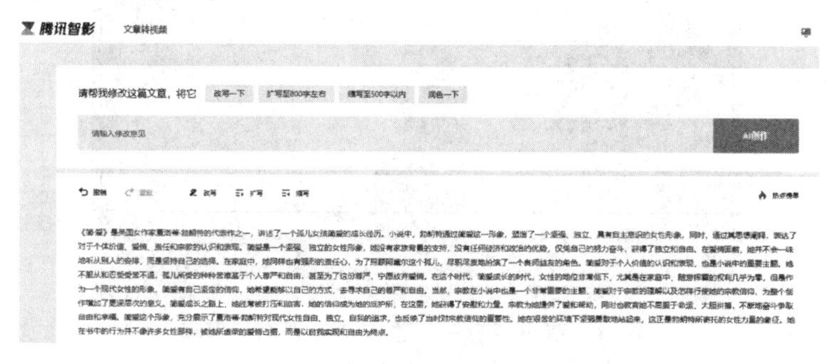

图 19　腾讯智影——文章生成

(2)设置参数,生成视频。

然后根据需要,选择素材范围、成片类型、视频比例、背景音乐、数字人播报、朗读音色等,单击"生成视频"按钮后即可生成视频。在界面右上角的任务中心中可以查看生成视频的进度,如图 20 所示。

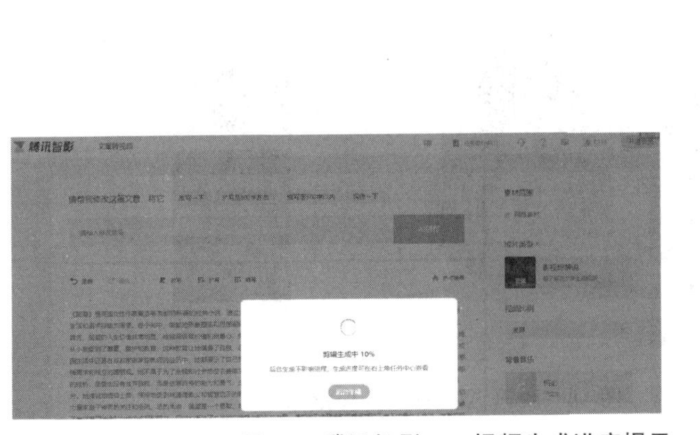

图 20　腾讯智影——视频生成进度提示

数字人播报功能可以帮助用户快速将文本转换为视频内容，输入文本并选择形象，即可生成数字人播报视频。该功能支持多种风格的人物形象、支持背景自定义，适用于新闻播报、教学课件制作等众多场景。

(3)视频剪辑。

最后单击“剪辑”按钮，可以打开视频剪辑界面，浏览生成的视频，如图 21 所示。腾讯智影提供了专业易用的视频剪辑器，在浏览器中即可实现视频多轨道剪辑、添加特效、转场、素材、关键帧、动画、蒙版、变速、倒放、镜像、画面调节等功能。作为一款云端工具，智影支持用户素材的上传存储与管理，用户可上传本地素材并实时剪辑，视频文件上传无须等待。也可使用录制功能，进行录音、录屏、录像操作，快速生成素材。此外，智影强大的 AI 能力，提供了文本朗读、字幕识别、音乐踩点等功能，为创作者提供了高效智能的创作方式。

图 21　腾讯智影——生成视频浏览与剪辑

2. 添加字幕与配音

在视频剪辑功能界面，将游标定位到需要添加字幕的视频位置，单击左侧的“字幕编辑”按钮，在编辑栏中就可以输入字幕的具体文字内容。选择轨道上方的“文本朗读”按钮，选择适合的朗读音色后，单击“生成音频”按钮，就可以生成相应的音频内容(注意将字幕时长和音频时长相匹配)，如图 22 所示。

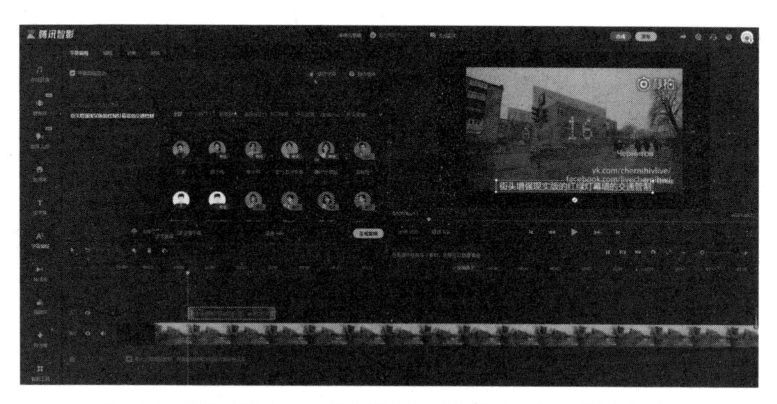

图 22　腾讯智影——视频剪辑功能界面添加字幕与配音

3. 去除水印(logo)

利用“智能小工具”中的“智能抹除”功能(见图 23),上传需要处理的视频文件(见图 24),添加水印抹除框,移动调整其删除水印的目标位置和大小,单击“确定”按钮,就可以将视频中的水印直接抹除掉,如图 25 所示。根据需要还可以进一步设置或者抹除字幕。

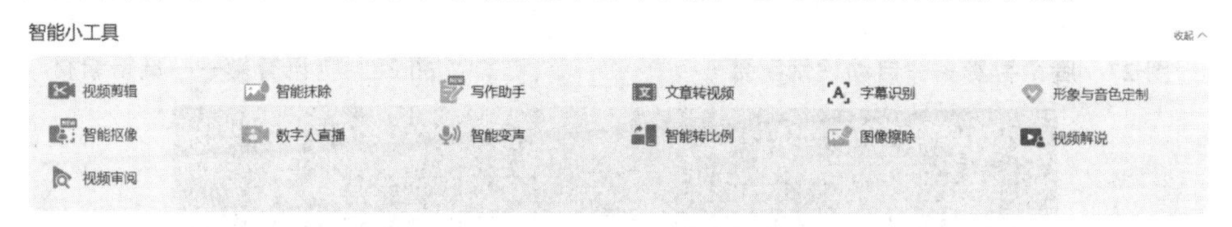

图 23　腾讯智影——智能小工具

图 24　腾讯智影——智能抹除　　图 25　腾讯智影——设置水印抹除框

4. 字幕自动生成

视频字幕自动生成的主要技术是字幕识别。腾讯智影的字幕识别提供了两种路径:其一是上传视频或音频,系统自动识别后生成字幕,支持中文与英文;其二是上传字幕与音视频文件,系统自动完成匹配,同样支持中文与英文,如图 26 所示。

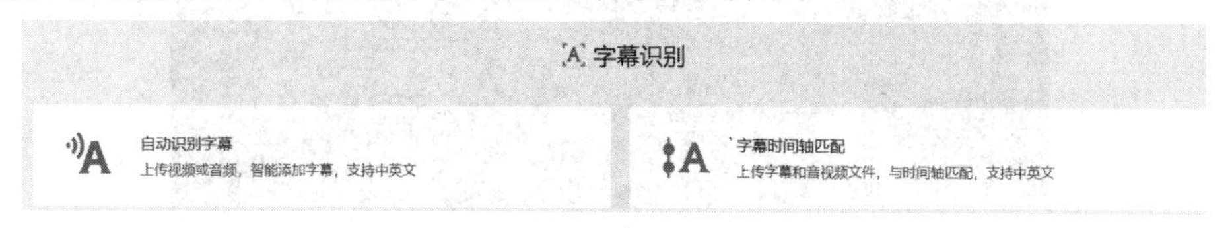

图 26　腾讯智影——字幕识别

选择“自动识别字幕”工具，上传音视频文件，切换视频源语言，如图27所示。进入准备素材界面，在准备素材完成后，单击“生成字幕”按钮，就可以自动生成字幕，如图28所示。进入视频剪辑功能界面，可以查看生成的字幕，如图29所示。

图27　腾讯智影——自动识别字幕　　　　图28　腾讯智影——准备素材

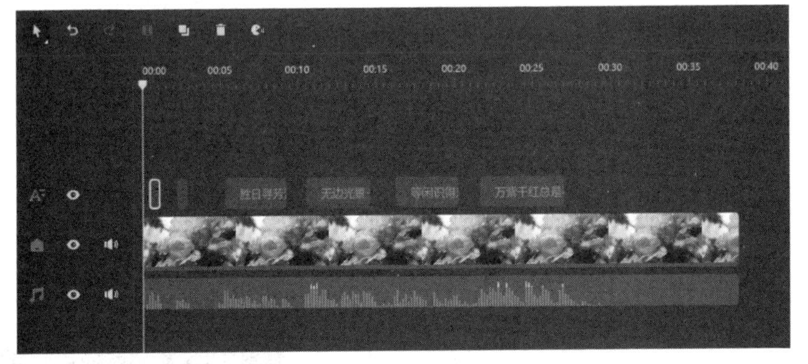

图29　腾讯智影——视频剪辑功能界面查看字幕

5. 视频合成

视频编辑后，可以合成为视频整片。在视频剪辑功能界面，单击上方的“合成”按钮(见图30)，即可合成视频文件。在腾讯智影“我的资源”界面，可以进行视频整片的下载，如图31所示。

图30　腾讯智影——视频剪辑功能界面视频合成

图 31　腾讯智影——视频整片下载

参考文献

[1] 张岩,罗旭,杨亮. 大学计算机实训[M]. 4 版. 北京:高等教育出版社,2021.

[2] 李廉,王士弘. 大学计算机教程:从计算到计算思维[M]. 北京:高等教育出版社,2016.

[3] 薛红梅,申艳光. 大学计算机:计算思维与信息技术[M]. 北京:清华大学出版社,2023.

[4] 王必友. Office 高级应用教程[M]. 2 版. 北京:高等教育出版社,2021.

[5] 李凤霞. 大学计算机实验[M]. 2 版. 北京:高等教育出版社,2020.

[6] 陈焕东,宋春晖. 多媒体技术与应用[M]. 2 版. 北京:高等教育出版社,2016.

[7] 詹青龙,肖爱华. 数字媒体技术导论[M]. 2 版. 北京:清华大学出版社,2023.